高职高专系列教材

化工总控工
技能鉴定培训教程

（第二版）

程志刚　冯文成　主编

中国石化出版社

内 容 提 要

本书是为适应石油和化工行业高技能人才培养要求，为职业院校石油化工类专业学生参加化工总控工职业资格取证培训而专门开发的教材。内容主要包括：结论、基础化学知识技能模块、化工制图知识技能模块、化工机械基础知识技能模块、化工电气仪表知识技能模块、化工安全与环保知识模块、化工总控工中级工和高级工专业知识技能模块七个部分。针对每个模块，以选择、判断、填空、简答、作图、计算、论述等手段来体现化工总控工岗位专业知识，并配以参考答案。同时以各化工单元设备基本操作项目为载体，实现对培训取证学员的化工装置操作技能训练。在此基础上结合培训内容提出了一些相关的参考链接，方便学员在学习过程中查阅相关信息。

本书主要用于高职高专院校石油化工类专业学生化工总控工职业资格职证培训，也可作为相关专业人员的参考书。

图书在版编目(CIP)数据

化工总控工技能鉴定培训教程 / 程志刚，冯文成主编 .—2 版 .
—北京：中国石化出版社，2015(2025. 9 重印)
高职高专系列教材
ISBN 978-7-5114-3718-1

Ⅰ. ①化… Ⅱ. ①程…②冯… Ⅲ. ①化工过程-过程控制-高等职业教育-教材 Ⅳ. ①TQ02

中国版本图书馆 CIP 数据核字（2015）第 263528 号

中国石化出版社出版发行

地址：北京市东城区安定门外大街 58 号
邮编：100011 电话：(010)57512500
发行部电话：(010)57512575
http://www. sinopec-press. com
E-mail：press@ sinopec. com
北京科信印刷有限公司印刷
全国各地新华书店经销

*

787毫米×1092 毫米 16 开本 15. 25 印张 333 千字
2016年1月第2版 2025年9月第2版第7次印刷
定价：38. 00 元

前　　言

随着国内职业院校“多证制”人才培养模式的不断推广，职业资格准入制度在企业的广泛推行，石油和化工行业岗位作为高危特有工种，对职业资格培训与考核取证被各化工企业高度重视。2009年我们为了进一步提高石油化工专业群学生职业技能鉴定培训工作的质量，根据化工行业高技能人才培养目标定位，结合化工企业工艺岗位技术进步发展需求，专门组织编写了高职高专系列教材《化工总控工技能鉴定培训教程》。该教材在内容设计上紧贴国家化工总控工职业岗位标准，在结构上按照化工总控工岗位能力要求，分别设置了基础知识和技能训练两个模块内容。引导受培训者能够综合运用所学知识，系统掌握化工生产基本操作技能。经过多年培训、教学使用，该教材受到普遍关注与好评。

几年来，随着国家职业技能鉴定工作的进一步标准化与规范化，高等职业教育专业与课程体系建设的进一步提升，适应工业生产技术发展与职业教育新要求，同时考虑到当前职业教育毕业生的就业需求，我们在第一版基础上组织编写了《化工总控工技能鉴定培训教程》(第二版)。按照《国家职业技能鉴定命题技术标准》，结合国家职业技能鉴定化工行业题库试题类型，合理安排理论知识与技能培训要求，力求更加客观、公正、科学、规范地指导学员进行职业技能鉴定培训工作。教材分为基础化学、化工制图与化工机械基础、电仪、安全与环保、中级工专业基础和高级工专业基础六个部分，每个部分主要编写了职业技能鉴定考核必须的应知知识和应会技能培训模块。本书主要用作高职高专院校石油化工类专业学生化工总控工职业资格取证培训教材，也可作为中等职业院校相关专业学生职业资格取证工作的培训教材和有关院校学生的学习参考书。

本书共分七章，前四章由兰州石化职业技术学院冯文成完成，第五章~第七章由程志刚完成，程志刚负责本书的统稿工作。中国石油兰州石油化工公司职业鉴定中心主任刘孝祖、工艺工程师焦付和完成了本书各章节的审定工作。在编写过程中，兰州石化职业技术学院牛治刚、周新光、索陇宁、丁伟、赵立祥等同志及化学工业职业技能鉴定指导中心对部分内容的编写给予了大力支持，在此一并表示感谢。

由于时间仓促，不足之处在所难免，欢迎读者提出宝贵意见。

目　　录

第一章　绪　　论

1.1　编写目的与意义

编写本书的目的是贯彻落实党中央、国务院关于进一步加强高技能人才工作的一项具体举措。在本书编写过程中，主要依据国家人力资源和社会保障部制定的化工总控工职业标准，结合石油化工企业目前化工工艺技术进步要求，以及石油化工类职业院校目前高技能人才培养过程中的现实条件和教学要求，在反复研究总结化工总控工职业岗位能力要求的基础上，按照化工总控工取证过程中，中级工、高级工、技师三个层次的职业标准，选择了一些相关的通用性基础知识和技能要求，将它们组合成六个教学单元，在每个单元中采取回答问题的方式，编制了一定量的单元知识技能题目，帮助参加取证人员在学习中领会和理解，并熟悉其相关的技能操作要领。通过学习与培训，使得他们达到国家化工总控工岗位职业标准，通过国家组织的相关职业标准层次，获得相应的职业资格，成为石油化工企业装置工艺操作岗位的技能型人才和装置工艺专家，为企业装置工艺技术进步提供有力的人力资源保障。

1.2　化工总控工培养目标与定位

石油化工产业是知识技术密集型产业，同时它的特点是连续型生产过程，不允许对生产中发生的问题随机停车处理。而且因生产过程绝大多数处于高温、高压、易燃、易爆、有毒及腐蚀环境，要求对生产工艺操作过程中发生的问题作出迅速准确的判断并及时处理。否则可能发生意想不到的恶性事故，给国家和企业造成巨大损失。因此对化工类专业高职人才培养目标的定位不同于一般加工制造业通用性工种的职业能力定位，不仅要求工艺操作人员熟悉加工装置工艺流程，具备驾驭装置的操作技能，还需具备相关的化学、化工专业理论和冷静科学的思维判断力和迅速果断的问题处理能力。

因此科学理性地定位化工总控工培养目标，从中提炼化工总控工主要培训内容：(1)具备一定的基础化学知识，能够把握加工组分的化学结构、化学反应条件和反应机理，为从事产品加工和应对突发事件从基础理论和物质变化规律上给予正确的指导；(2)具有一定的化工工艺制图和视图技能，能够准确地描述和制作装置加工工艺流程，为准确理性地驾驭装置、形成科学规范的操作技术奠定基础；(3)具备一定的化工设备知识与维护技能，了解加工设备的工程技术指标和性能，为科学有效地使用设备、保养设备提供保证；(4)掌握扎实的工艺基础理论知识和娴熟的化工装置计算机操作技能，不仅具备装置开车、运行操作、事故分析处理、停车等工序的操作技能，还须具备装置运行过程中物料平衡、能量平衡、各种催化剂、添加剂使用等参数的计算能力，为保持操作思路和操作过程高度统一、准确提供保证；(5)具备一定的化工安全知识和防范能力，为应对突发事件，作出科学准确判断和及时有效地处理各种事故做好准备；(6)具有一定的生产过程自动化知识和简单仪器设备的维护能力；(7)具有一定的合作协调能力和团队合作精神；(8)具备一定的工程适应能力，其中包括装置改造适应能力和装置加工不同产品的适应能力。

本书正是通过对以上职业技能的分解与强化，来全面系统地帮助培训取证人员掌握这些相关的知识和技能，最终达到国家化工总控工职业标准。

1.3　化工总控工职业标准

本标准对初级、中级、高级、技师、高级技师的技能要求依次递进，高级别涵盖低级别的要求。

1.3.1　初级工的职业标准

初级工职业标准见表1-1。

表1-1　初级工职业标准

职业功能	工作内容	技能要求	相关知识
开车准备	工艺文件准备	1. 能识读、绘制工艺流程简图 2. 能识读本岗位主要设备的结构简图 3. 能识读本岗位操作规程	1. 流程图各种符号的含义 2. 化工设备图形代号知识 3. 本岗位操作规程、工艺技术规程
	设备检查	1. 能确认盲板是否抽堵、阀门是否完好、管路是否通畅 2. 能检查记录报表、用品、防护器材是否齐全 3. 能确认应开、应关阀门的阀位 4. 能检查现场与总控室内压力、温度、液位、阀位等仪表指示是否一致	1. 盲板掣抽堵知识 2. 本岗位常用器具的规格、型号及使用知识 3. 设备、管道检查知识 4. 本岗位交流中心控系基本知识
	物料准备	能引进本岗位水、气、汽等公用工程介质	公用工程介质的物理、化学特征
总控操作	运行操作	1. 能进行自控仪表、计算机控制系统的台面操作 2. 能利用总控仪表和计算机控制系统对现场进行遥控操作及切换操作 3. 能根据指令调整本岗位的主要工艺参数 4. 能进行常用计量单位换算 5. 能完成日常的巡回检查 6. 能填写各种生产记录 7. 能悬挂各种警示牌	1. 生产控制指示及调节知识 2. 各项工艺指标的制定标准和依据 3. 计量单位换算 4. 巡回检查知识 5. 警示牌的类别及挂牌要求
	设备维护保养	1. 能保持总控仪表、计算机的清洁卫生 2. 能保持打印机的清洁、完好	仪表、控制系统维护知识
事故判断与处理	事故判断	1. 能判断设备的温度、压力、液位、流量异常等事故障 2. 能判断传动设备的跳车事故	1. 装置运行参数 2. 跳车事故的判断方法
	事故处理	1. 能处理酸碱等腐蚀介质的灼伤事故 2. 能按指令切断事故物料	1. 酸碱等腐蚀介质灼伤事故的处理方法 2. 有毒有害物料的理化性质

1.3.2 中级工的职业标准

中级工职业标准见表 1-2。

表 1-2 中级工职业标准

职业功能	工作内容	技能要求	相关知识
开车准备	工艺文件准备	1. 能识读并绘制带控制点的工艺流程图(PID) 2. 能绘制主要设备结构简图 3. 能识读工艺配管图 4. 能识记工艺技术规程	1. 带控制点的工艺流程图中控制点符号的含义 2. 设备结构图绘制方法 3. 工艺管道轴测图绘图知识 4. 工艺技术规程知识
	设备检查	1. 能完成本岗位设备的查漏、置换操作 2. 能确认本岗位电气、仪表是否正常 3. 能检查确认安全阀、爆破膜等安全附件是否处于备用状态	1. 压力容器操作知识 2. 仪表联锁、报警基本原理 3. 联锁设定值，安全阀设定值、校验值，安全阀校验周期知识
	物料准备	能将本岗位原料、辅料引进到界区	本岗位原料、辅料理化特性及规格及规格知识
总控操作	开车操作	1. 能按操作规程进行开车操作 2. 能将各工艺参数调节至正常指标范围 3. 能进行投料配比计算	1. 本岗位开车操作步骤 2. 本岗位开车操作注意事项 3. 工艺参数调节方法 4. 物料配方计算知识
	运行操作	1. 能操作总控仪表、计算机控制系统对本岗位的全部工艺参数进行跟踪监控和调节，并能进行参数调节 2. 能根据中控分析结果和质量要求调整本岗位的操作 3. 能进行物料衡算。	1. 生产控制参数的调节方法 2. 中控分析基本知识 3. 物料衡算知识
	停车操作	1. 能按操作规程进行停车操作 2. 能完成本岗位介质的排空、置换操作 3. 能完成本岗位机、泵、管线、容器等设备的清洗、排空操作 4. 能确认本岗位阀门处于停车时的开阀状态	1. 本岗位停车操作步骤 2. “三废”排放点、“三废”处理要求 3. 介质排空、置换知识 4. 岗位停车要求
事故判断与处理	事故判断	1. 能判断物料中断事故 2. 能判断跑料、串料等工艺事故 3. 能判断停水、停电、停气、停汽等突发事故 4. 能判断常见的设备、仪表故障 5. 能根据产品质量标准判断产品质量事故	1. 设备运行参数 2. 岗位常见事故的原因分析知识 3. 产品质量标准
	事故处理	1. 能处理温度、压力、液位、流量异常等故障 2. 能处理物料中断事故 3. 能处理跑料、串料等工艺事故 4. 能处理停水、停电、停气、停汽等突发事故 5. 能处理产品质量事故 6. 能发相应的事故信号	1. 设备温度、压力、液位、流量异常的处理方法 2. 物料中断事故处理方法 3. 跑料、串料事故处理方法 4. 停水、停电、停气、停汽等突发事故的处理方法 5. 产品质量事故的处理方法 6. 事故信号知识

1.3.3 高级工的职业标准

高级工职业标准见表 1-3。

表 1-3 高级工职业标准

职业功能	工作内容	技能要求	相关知识
开车准备	工艺文件准备	1. 能制工艺配管简图 2. 能识读仪表联锁图 3. 能识记工艺技术文件	1. 工艺配管图绘制知识 2. 仪表联锁图知识 3. 工艺技术文件知识
	设备检查	1. 能完成多岗位化工设备的单机运行 2. 能完成多岗位试压、查漏、气密性试验、置换工作 3. 能完成多岗位水联动试车操作 4. 能确认多岗位设备、电气、仪表是否符合开车要求 5. 能确认多岗位的仪表联锁、报警设定值以及控制阀阀位 6. 能确认多岗位开车前准备工作是否符合开车要求	1. 化工设备知识 2. 装置气密性试验知识 3. 开车需具备的条件
	物料准备	1. 能指挥引进多岗位的原料、辅料到界区； 2. 能确认原料、辅料和公用工程介质是否满足开车要求。	熟悉公用工程运行参数
总控操作	开车操作	1. 能按操作规程完成多岗位的开车操作 2. 能指挥多岗位的开车工作 3. 能将多岗位的工艺参数调节至正常指标范围	1. 多岗位的操作 2. 相关岗位操作注意事项
	运行操作	1. 能进行多岗位的工艺优化操作 2. 能根据控制参数的变化，判断产品质量 3. 能进行催化剂还原、钝化等特殊操作 4. 能进行热量衡算 5. 能进行班组经济核算	1. 岗位单元操作原理、反应机理 2. 操作参数对产品理化性质的影响 3. 催化剂升温还原、钝化等操作方法及注意事项 4. 热量衡算知识 5. 班组经济核算知识
	停车操作	1. 能按工艺操作规程要求完成多岗位停车操作 2. 指挥多岗位完成介质的排空、置换操作 3. 能确认多岗位阀门处于停车时的开阀状态	1. 装置排空、置换知识 2. 装置“三废”名称及“三废”排放标准、“三废”处理的基本工作原理 3. 设备安全交出检修的规定
事故判断与处理	事故判断	1. 能根据操作参数、分析数据判断装置事故隐患 2. 能分析、判断仪表联锁动作的原因	1. 装置事故的判断和处理方法 2. 操作参数超指标的原因
	事故处理	1. 能根据操作参数、分析数据处理事故隐患 2. 能处理仪表联锁跳车事故	1. 事故隐患处理方法 2. 仪表联锁跳车事故处理方法

1.3.4　技师的职业标准

技师职业标准见表 1-4。

表 1-4　技师职业标准

职业功能	工作内容	技能要求	相关知识
总控操作	开车准备	1. 能编写装置开车前的吹扫、气密性试验、置换等操作方案 2. 能完成装置开车工艺流程的确认 3. 能完成装置开车条件的确认 4. 能识读设备装配图，能绘制技术改造简图	1. 吹扫、气密性试验、置换方案编写要求 2. 机械、电气、仪表、安全环保、质量等相关岗位的基础知识 3. 机械制图基础知识
	运行操作	1. 能指挥装置的开车、停车操作 2. 能完成装置技术改造项目实施后的开车、停车操作 3. 能指挥装置停车后的排空、置换操作 4. 能参与停车过程和停车后的验收工作 5. 能参与新装置及装置改造后的验收工作 6. 能进行主要设备效能计算 7. 能进行数据统计和处理	1. 装置技术改造方案实施知识 2. 物料回收方法 3. 装置验收知识 4. 设备效能计算知识 5. 数据统计处理知识
事故判断与处理	事故判断	1. 能够判断装置温度、压力、流量、液位等参数大幅度波动的事故原因 2. 能分析电气、仪表、设备等事故	1. 装置温度、压力、流量、液位等参数大幅度波动的原因分析方法 2. 电气、仪表、设备等事故原因的分析方法
	事故处理	1. 能处理装置温度、压力、流量、液位等参数大幅波动事故； 2. 能组织装置事故停车后恢复生产的工作 3. 能组织演练事故应急预案。	1. 装置温度、压力、流量、液位等参数大幅度波动的处理方法； 2. 装置事故停车后恢复生产的要求； 3. 事故应急预案知识
管理	质量管理	能组织开展质量攻关活动	质量管理知识
	生产管理	1. 引导班组进行经济活动分析 2. 用统计技术对生产工况进行分析 3. 参与装置的性能负荷测试工作	1. 管理知识 2. 基础知识 3. 性能负荷测试要求
培训与指导	理论培训	1. 能撰写生产技术总结 2. 能编写常见事故处理预案 3. 初级、中级、高级操作人员进行理论培训	1. 总结撰写知识 2. 预案编写知识
	操作指导	1. 特有操作技能和经验 2. 初级、中级、高级操作人员进行现场培训指导	

1.3.5　高级技师的职业标准

高级技师职业标准见表 1-5。

表 1-5　高级技师职业标准

<table>
<tr><th>职业功能</th><th>工作内容</th><th>技能要求</th><th>相关知识</th></tr>
<tr><td rowspan="2">总控操作</td><td>开车准备</td><td>1. 能编制装置技术改造后的开车、停车方案
2. 能参与改造项目工艺图纸的审定</td><td rowspan="2">1. 装置的有关设计资料知识
2. 装置的技术文件知识
3. 同类型装置的工艺、生产控制技术知识
4. 装置优化计算知识
5. 产品物料、热量衡算知识</td></tr>
<tr><td>运行操作</td><td>1. 能组织完成同类型装置的联动试车、化工投产试车
2. 能编制优化生产方案并组织实施
3. 能组织实施同类型装置的停车检修
4. 能进行装置或产品物料平衡、热量平衡的工程计算
5. 能进行装置优化的相关计算
6. 能绘制主要设备结构图</td></tr>
<tr><td rowspan="2">事故判断与处理</td><td>事故判断</td><td>1. 能判断反应突然终止等工艺事故
2. 能判断有毒有害物料泄漏等设备事故
3. 能判断着火、爆炸等重大事故</td><td rowspan="2">1. 化学反应突然终止的判断及处理方法
2. 有毒有害物料泄漏的判断及处理方法
3. 着火、爆炸事故的判断及处理方法</td></tr>
<tr><td>事故处理</td><td>1. 能处理反应的突然终止等工艺事故
2. 能处理有毒有害物料泄漏等设备事故
3. 能处理着火、爆炸等重大事故
4. 能落实装置安全生产的措施</td></tr>
<tr><td rowspan="3">管理</td><td>质量管理</td><td>1. 能编制提高产品质量的方案并组织实施
2. 能按质量管理体系要求指导工作</td><td>1. 影响产品质量的因素
2. 质量管理体系相关知识</td></tr>
<tr><td>生产管理</td><td>1. 能组织实施本装置的技术改进措施项目
2. 能进行装置经济活动分析</td><td>1. 实施项目技术改造措施的相关知识
2. 装置技术经济指标知识</td></tr>
<tr><td>技术改进</td><td>1. 能编写工艺、设备改进方案
2. 能参与重大技术改造方案的审定</td><td>1. 工艺、设备改进方案的编写要求
2. 技术改造方案的编写知识</td></tr>
<tr><td rowspan="2">培训与指导</td><td>理论培训</td><td>1. 能撰写技术论文
2. 能编写培训大纲</td><td rowspan="2">1. 技术论文撰写知识
2. 培训教案、教学大纲的编写知识
3. 本职业的理论及实践操作知识</td></tr>
<tr><td>操作指导</td><td>1. 能对技师进行现场指导；
2. 能系统讲授本职业的主要知识</td></tr>
</table>

第二章　基础化学部分

2.1　基本知识点

2.1.1　应知

1. 工业和生活对水的净化和利用；
2. 氢气、氧气、氯气、氯化氢的性质、制备方法；
3. 硫的氢化物、含氧酸的性质，硫酸的制备；
4. 氨的性质和制备；
5. 氮的氧化物、硝酸的性质，硝酸的制备；
6. 烧碱、纯碱的性质、制备和用途；
7. 常见金属如钠、铝、铁的性质、用途等；
8. 滴定分析的分类、方式，滴定管的类型和使用等；
9. 有机化合物的特性、分类、结构；
10. 基本有机化学反应，如氧化还原反应、水解、水合、脱水反应等；
11. 石油、天然气、煤的来源、组成、性质、加工方法及应用；
12. 最基本的有机合成原料“三烯”“三苯”“一炔”的性质、工业来源及用途；
13. 理想气体状态方程，真实气体状态方程，如 Van der Waals、RK、Virial 等状态方程；
14. 热力学第一定律、第二定律的内容及表述；
15. 完全理想体系的相平衡；
16. 化学反应平衡、平衡移动原理等。

2.1.2　应会

一、选择题

1. 化学混凝沉淀法属于废水的(　　)。

A. 物理处理方法　　B. 化学处理方法
C. 生物处理方法　　D. 物理化学处理方法

2. 化工企业对污水处理方法有多种，其中化学处理法包括(　　)。

A. 混凝法、过滤法、沉淀法　　B. 混凝法、中和法、离子交换法法
C. 离子交换法、氧化还原法、生物处理　　D. 浮选法、氧化还原法、中和法

3. 目前对人类环境造成危害的酸雨主要是由(　　)气体造成的。

A. CO_2　　B. H_2S　　C. SO_2　　D. CO

4. COD 是指在一定条件下，用(　　)氧化废水中有机物所消耗的氧量。

A. 还原剂　　B. 强氧化剂　　C. 酸溶液　　D. 碱溶液

5. 工业废水中衡量该废水可生化性的重要指标是(　　)。

A. COD　B. BOD　C. TOD　D. BOD/COD

6. 化工生产过程的“三废”是指(　　)

A. 废水、废气、废设备　B. 废管道、废水、废气

C. 废管道、废设备、废气　D. 废水、废气、废渣

7. 在压力单位“mH_2O”中，水的温度状态应指(　　)。

A、0℃　B. 4℃　C. 20℃　D. 25℃

8. 输送浓硫酸的喷射器为了防腐，内壁可采用(　　)。

A. 环氧树脂　B. 有机玻璃　C. 聚乙烯塑料　D. 耐酸陶瓷

9. 下列哪种材质的设备适用于次氯酸钠的储存(　　)。

A. 碳钢　B. 不锈钢　C. 玻璃钢　D. 铸铁

10. 碱液的输送不能采用(　　)。

A. 无缝钢管　B. 铸铁管　C. 铅管　D. 铝管

11. 要准确量取一定量的液体，最适当的仪器是(　　)。

A. 量筒　B. 烧杯　C. 试剂瓶　D. 滴定管

12. 在只含有 Cl^- 和 Ag^+ 的溶液中，能产生 AgCl 沉淀的条件是(　　)。

A. 离子积 > 溶度积　B. 离子积 < 溶度积

C. 离子积 = 溶度积　D. 不能确定

13. 下列物质中属于酸碱指示剂的是(　　)。

A. 钙指示剂　B. 铬黑 T　C. 甲基红　D. 二苯胺

14. 对于真实气体，下列与理想气体相近的条件是(　　)。

A. 高温高压　B. 高温低压　C. 低温高压　D. 低温低压

15. 影响化学反应平衡常数数值的因素是(　　)。

A. 反应物浓度　B. 温度　C. 催化剂　D. 产物浓度

16. 利用下列哪种方法能制备乙醇(　　)。

A. 乙烯通入水中　B. 溴乙烷与水混合加热

C. 淀粉在稀酸下水解　D. 乙醛蒸气和氢气通过热的镍丝

17. 封闭系统经任意循环过程，则(　　)。

A. $Q=0$　B. $w=0$　C. $Q+w=0$　D. 以上均不对

18. 相同条件下，质量相同的下列物质，所含分子数最多的是(　　)。

A. 氢气　B. 氯气　C. 氯化氢　D. 二氧化碳

19. 在分光光度计中，其原理为(　　)。

A. 牛顿定律　B. 朗伯-比尔定律

C. 布朗定律　D. 能斯特定律

20. 化合物：①乙醇、②碳酸、③水、④苯酚的酸性由强到弱的顺序是(　　)。

A①②③④　B. ②③①④　C. ④③②①　D. ②④③①

21. 气体 CO 与 O_2 在一坚固的绝热箱内发生化学反应，系统的温度升高，则该过程(　　)。

A. $\Delta U=0$　B. $\Delta H=0$　C. $\Delta S=0$　D. $\Delta G=0$

22. 下列气体中不能用浓硫酸做干燥剂的是(　　)。

A. NH_3　B. Cl_2　C. N_2　D. O_2

23. 烷烃①正庚烷　②正己烷 ③2-甲基戊烷 ④正癸烷的沸点由高到低的顺序是(　　)。

A. ①②③④　　B. ③②①④　　C. ④③②①　　D. ④①②③

24. 对于二组分系统能平衡共存的最多相数为(　　)。

A. 1　　B. 2　　C. 3　　D. 4

25. 工业上所谓的“三酸两碱”中的两碱通常指的是(　　)。

A. 氢氧化钠和氢氧化钾　　B. 碳酸钠和碳酸氢钠

C 氢氧化钠和碳酸氢钠　　D. 氢氧化钠和碳酸钠

26. 随着化学工业的发展，能源的种类也变得越来越多样化了，现在很多城市都开始使用天然气，天然气的主要成分是(　　)。

A. CO　　B. CO_2　　C. H_2　　D. CH_4

27. 国际上常用(　　)的产量来衡量一个国家的石油化学工业水平。

A. 乙烯　　B. 甲烷　　C. 乙炔　　D. 苯

28. 国家禁止用工业酒精配制饮料，这是因为工业酒精中含有少量会使人中毒的(　　)。

A 甲醇　　B. 乙醇　　C. 乙酸乙酯　　D. 乙醚

29. 氯气泄漏后，处理空气中氯的最好方法是向空气中(　　)。

A. 喷洒水　　B. 喷洒石灰水

C 喷洒 NaI 溶液　　D. 喷洒 NaOH 溶液

30. 氨气和氯化氢气体一样，可以作喷泉实验，这是由于(　　)。

A. 氨的密度比空气小　　B. 氨水的密度比水小

C. 氨分子是极性分子，极易溶于水　　D. 氨气很容易液化

31. 通常把只改变物质的外部状态和形态，而不改变物质的组成的变化称为(　　)。

A. 物理变化　　B. 化学变化　　C. 形状变化　　D. 状态变化

32. 我们把能保持物质一切化学性质的最小粒子称(　　)。

A. 分子　　B. 原子　　C. 中子　　D. 原子核

33. 质量流量与体积流量的关系为(　　)。

A. $W=Q/\rho$　　B. $W=Q/A$　　C. $W=QA$　　D. $W=Q\rho$

34. 化学方程式 $2H_2+O_2=\!=\!=2H_2O$(液)+571.5kJ，其化学方程式前面的系数表示的是(　　)。

A. 分子数　　B. 物质的量　　C. 质量　　D. 体积

35. 氢离子浓度(pH)的测定方法是(　　)。

A. 酸碱指示法　　B. 甘汞电极法

C 玻璃电极法　　D. 锑电极法

36. 在稀酸溶液中，pH 值增加时，溶液的酸性(　　)。

A. 增加　　B. 减弱　　C. 不一定　　D. 不变

37. 在氢气和氧气化合生成水的反应中，8g 氢气恰好与氧气完全反应，氧气的质量是(　　)。

A. 38g　　B. 32g　　C. 48g　　D. 64g

38. 下列物质中，不能作干燥剂的是(　　)。

A. 生石灰　　B. 烧碱　　C. 石灰石　　D. 浓硫酸

39. 在0℃和1atm(1atm=101.325kPa)下，任何气体的摩尔体积均为(　　)L/mol。

A. 22.4　B. 2.24　C. 224　D. 2240

40. 物质从固态直接变成气态叫(　　)。

A. 汽化　B. 蒸发　C. 升华　D. 凝华

41. 下列分子中有两对共用电子对的是(　　)。

A. Cl_2　B. NH_3　C. H_2O　D. $CaCl_2$

42. 在氧化还原法滴定中，高锰酸钾法使用的是(　　)。

A. 特殊指示剂　B. 金属离子指示剂　C. 氧化还原指示剂　D. 自身指示剂

43. 水银温度计的使用最高温度一般在(　　)。

A. 100℃以下　B. 200℃以下　C. 300℃以下　D. 500℃以下

44. 乙醇温度计的使用最高温度一般在(　　)。

A. 10℃以下　B. 50℃以下　C. 100℃以下　D. 150℃以下

45. 用25mL的移液管移出的溶液体积应记为(　　)。

A. 25mL　B. 25.0mL　C. 25.00mL　D. 25.0000mL

46. 下列物质中为共价键化合物的是(　　)。

A. 硫酸钠　B. 氯化氢　C. 氯化钠　D. 氢氧化钠

47. 要增大二氧化碳在水中的溶解度，可采用(　　)方法。

A. 升高温度　B. 加大水量　C. 不断搅拌　D. 增加压强

48. 当某溶液的氢氧根浓度为10^{-9}mol/L时，则它的pH值为(　　)。

A. 9　B. −9　C. 5　D. −5

49. 当某溶液的氢离子浓度为10^{-3}g/L时，它的pH值为(　　)。

A. −3　B. 3　C. −11　D. 11

50. 现有4份浓度均为0.1mol/L的溶液，其中pH值最大的是(　　)。

A. NaCl　B. Na_2CO_3　C. $NaHSO_4$　D. Na_2SO_4

51. 原子的化学性质决定于(　　)。

A. 核外电子数　B. 质子数　C. 电子层数　D. 最外层电子数

52. 单位质量的某物质，温度升高或降低1K时，所吸收或放出的热量，称为这种物质的(　　)。

A. 焓　B. 比热容　C. 显热　D. 潜热

53. 下列物质中氧元素的百分含量为50%的是(　　)。

A. CO_2　B. CO　C. SO_2　D. H_2O

54. 用$Na_2S_2O_3$滴定I_2，终点颜色是(　　)。

A、蓝色变无色　B. 蓝色出现　C. 无色变蓝色　D. 无现象

55. 下列物质不属于纯净物的是(　　)。

A. 氨气　B. 浓盐酸　C. 干冰　D. 氯酸钾

56. 在一定温度下，增大反应压力，平衡向着(　　)的方向移动。

A. 分子数减小，体积减小　B. 分子数减小，体积增大

C. 分子数增大，体积减小　D. 分子数增大，体积增大

57. 达到化学平衡时，各反应物和生成物的平衡浓度(　　)。

A. 改变　B. 相等　C. 不改变　D. 不相等

58. 烯烃的沸点、熔点、密度随相对分子质量的增加而(　　)。

A、升高　B. 下降　C. 不变　D. 无法确定

59. 下列对烯烃的物理性质的叙述中说法正确的是(　　)。

A. 含 2~4 个碳原子的烯烃为气体　B. 含 4~8 个碳原子的烯烃为液体

C. 含 2~4 个碳原子的烯烃不为气体　D. 含 8~12 个碳原子的烯烃为固体

60. 下列化合物在水中溶解度最大的是(　　)。

A. 丙醇　B. 甲乙醚　C. 丙烷　D. 甘油

61. 下列化合物中不溶于水的是(　　)。

A. 乙酸　B. 乙酸乙酯　C. 乙醇　D. 乙胺

62. 下列金属常温下能和水发生反应的是(　　)。

A. Fe　B. Cu　C. Mg　D. Na

63. 在冷浓硝酸中最难溶解的金属是(　　)。

A. Cu　B. Ag　C. Al　D. Zn

64. 目前工业上乙烯的主要来源是(　　)。

A. 乙醇脱水　B. 乙炔加氢　C. 煤的干馏　D. 石油裂解

65. C_5~C_{11}(40~200℃的馏分)是(　　)，可作为燃料，也可作为化工原料。

A. 汽油　B. 煤油　C. 石油气　D. 柴油

66. C_1~C_4(40℃以下的馏分)是(　　)，可作为燃料。

A. 汽油　B. 煤油　C. 石油气　D. 柴油

67. 未经过预处理的水不可作为(　　)用水。

A. 补充循环冷却　B. 消防　C. 冲洗　D. 施工

68. 物料应按规定的使用期限储存，无规定使用期限的，一般储存不超过(　　)年。

A. 0.5　B. 1　C. 2　D. 3

69. “嫦娥一号”卫星运载火箭的动力由高氯酸氨(NH_4ClO_4)分解提供。高氯酸氨分解有可能排入大气的物质是(　　)。

A. H_2O　B. SO_2　C. CO_2　D. CO

70. 下列除杂所用试剂或方法正确的是(　　)。

A. 除去 CaO 中少量的 $CaCO_3$，用稀盐酸

B. 除去 CO 中的少量 CO_2用氢氧化钠溶液

C. 除去 $CuSO_4$中少量的铁粉用水溶解后过滤

D. 除去 CO_2少量的 SO_2用烧碱溶液

71. 建筑材料有砖、钢筋、水泥、生石灰、大理石、PVC 塑料(聚氯乙烯)等。对上述一些建筑材料主要成分的分类不正确的是(　　)。

A. 铁-单质　B. 氧化钙-氧化物

C. 碳酸钙-酸　D. 聚氯乙烯-有机物

72. 下列做法不会危及人体健康的是(　　)。

A. 把霉变大米淘净后继续食用　B. 用甲醛水溶液浸泡水产品

C. 根据医嘱适量服用补钙剂　D. 用聚氯乙烯做食品包装袋

73. 现有：①液态氧、②铁锈、③食盐水、④小苏打、⑤氢氧化钾、⑥石油，对上述物质分类全部正确的是(　　)。

A. 盐—③④　B. 纯净物—④⑤⑥　C. 碱—①⑤　D. 混合物—②③⑥

74. 下列叙述正确的是(　　)

A. 铁在潮湿的空气中能形成致密的氧化物薄膜因而不易锈蚀

B. 稀释浓硫酸时，先在烧杯内倒入浓硫酸，再缓慢注入水，并不断搅拌

C. 棉花、铝合金、合成纤维、合成橡胶都是合成材料

D. 生活中常用肥皂水区别硬水与软水

75. 打开瓶盖后没有闻到特殊气味，可推测该物体不可能是(　　)。

A. 食盐水　B. 纯净水　C. 澄清石灰水　D. 白醋

76. 成语"细水长流"可理解为(　　)。

A. 在家用细细的长流水洗衣服或刷牙

B. 节约每一滴水，形成"细水长流"的水资源

C. 地球淡水储量丰富，可供人类永久使用

D. 水龙头漏水可让其"细水长流"方便使用

77. 由种类相同的元素组成的一组物质是(　　)。

A. 冰和干冰　B. 银和水银　C. 烧碱和纯碱　D. 水和双氧水

78. 下列金属活动性由强至弱的顺序及元素名称、符号均正确的一组是(　　)。

A、钾 K>钙 Ca>钠 Na>镁 Mg　B. 铝 Al>锌 Zn>铁 Fe>锡 Sn

C. 铅 Pb>铜 Cu>汞 Hg　D. 金 Au>银 Ag>铂 Pt

79. 2007 年诺贝尔物理奖授予了法国科学家阿尔贝·费尔和德国科学家彼得·格林贝格尔，以表彰他们发现巨磁电阻效应。该成果推动了磁信息材料的发展，$MgFe_2O_4$是一种磁信息材料，广泛用于电子计算机。$MgFe_2O_4$中 Fe 的化合价为(　　)。

A. +1　B. +2　C. +3　D. +4

80. 分子组成和相对分子质量完全相同，但分子结构不同，因而性质不同的物质叫(　　)。

A. 同系物　B. 同系列　C. 同分异构体　D. 同族物

81. 配平下列反应式：$FeSO_4+HNO_3+H_2SO_4 \longrightarrow Fe_2(SO_4)_3+NO\uparrow+H_2O$，下列答案中系数自左到右正确的是(　　)。

A. 6、2、2、3、2、4　B. 6、2、3、3、2、4

C. 6、2、1、3、2、1　D. 6、2、3、3、2、9

82. 将 $NO_3^-+Zn+OH^-+H_2O \longrightarrow NH_3+Zn(OH)_4^{2-}$配平后，离子方程中 H_2O 的系数是(　　)。

A. 2　B. 4　C. 6　D. 8

83. 以下储存物质的方法正确的是(　　)。

A. 少量白磷储存在二硫化碳中　B. 水玻璃储存在带玻璃塞的玻璃瓶中

C. 少量钠储存在酒精中　D. 少量钠储存在煤油中

84. 下列物质中，分子之间不存在氢键的是(　　)。

A. C_2H_5OH　B. CH_4　C. H_2O　D. HF

85. 氧和臭氧的关系是(　　)。

A. 同位素　B. 同素异形体　C. 同分异构体　D. 同一物质

86. 相同条件下，质量相同的下列物质，所含分子数最多的是(　　)。

A. 氢气　B. 氯气　C. 氯化氢　D. 二氧化碳

87. 关于 O_2 和 O_3 的说法错误的是(　　)。

A. 它们是同素异形体　B. O_3 比 O_2 更稳定

C. O_3 的氧化性比 O_3 强　D. O_3 在水中的溶解度比 O_2 大

88. 在标准物质下，相同质量的下列气体中体积最大的是(　　)。

A. 氧气　B. 氮气　C. 二氧化硫　D. 二氧化碳

89. 在向自行车胎打气时，充入车胎的气体温度(　　)。

A. 升高　B. 降低　C. 不变　D. 不一定相同

90. 下列各组元素，哪组属于同一周期(　　)。

A. 钠、镁、钾　B. 碳、氧、氮　C. 氮、磷、氧　D. 镁、碳、氮

91. 在元素周期表中，下列有关硫的说法正确的是(　　)。

A. 原子序数是 16　B. 相对原子质量是 16

C. 它属于金属元素　D. 质子数是 32.06

92. 硼砂是治疗口腔炎中成药冰硼散的主要成分，其分子式为(　　)。

A. H_3BO_3　B. $Na_2B_4O_7 \cdot 8H_2O$

C. $Na_2B_4O_7 \cdot 10H_2O$　D. $Na_2BO_3 \cdot 10H_2O$

93. 下列描述正确的是(　　)。

A. 原子和分子均是微观粒子，原子在化学变化中不能再分，则分子在化学变化中也不能再分

B. 锌和铜均是金属，锌能与稀硫酸反应放出氢气，则铜也能与稀硫酸反应放出氢气

C. 金刚石和石墨都是碳的单质，金刚石十分坚硬，则石墨也十分坚硬

D. 硫酸与盐酸均是酸，H_2SO_4 在水溶液中能电离出 H^+，则 HCl 在水溶液中也能电离出 H^+

94. CO 和 CO_2 中相同的是(　　)。

A. 碳元素的百分含量　B. 原子种类

C. 原子个数比　D. 元素质量比

95. 19 世纪中叶，门捷列夫的突出贡献是(　　)。

A. 提出原子学说　B. 发现元素周期率

C. 提出分子学说　D. 发现氧气

96. 1L pH = 6 的盐水和 1L pH = 8 盐水溶液混合后其溶液的 $[H^+]$ 等于(　　)。

A. 10^{-7}　B. 10^{-6}　C. 10^{-8}　D. $10^{-7.5}$

97. pH = 3 和 pH = 5 的两种 HCl 溶液，以等体积混合后，溶液的 pH 是(　　)。

A. 3.0　B. 3.3　C. 4.0　D. 8.0

98. pH 玻璃电极在使用前应(　　)。

A. 在水中浸泡 24h 以上　B. 在酒精中浸泡 24h 以上

C. 在氢氧化钠溶液中浸泡 24h 以上　D. 不必浸泡

99. SO_2 和 Cl_2 都具有漂白作用，若将等物质量的两种气体混合，在作用于潮湿的有色物质，则可观察到有色物质(　　)。

A. 立即褪色　　B. 慢慢褪色
C. 先褪色后恢复原色　　D. 不褪色

100. pH 值不相同的两种溶液，前者$[H^+]$为后者 10 倍的一组是(　　)。
A. pH=4 与 pH=6　　B. pH=10 与 pH=9
C. pH=3 与 pH=4　　D. pH=9 与 pH=8

101. 下列关于溶液的叙述，正确的是(　　)。
A. 无色透明的液体一定是溶液　　B. 溶液中各部分的性质均相同
C. 植物油分散到水中可以形成溶液　　D. 溶液中只能有一种溶质

102. 向 20℃的饱和澄清石灰水中投入适量的氧化钙粉末，充分反应，下列说法错误的是(　　)。
A. 溶液温度未冷却到 20℃时，溶液一定是饱和溶液
B. 溶液温度未冷却到 20℃时，溶质质量分数比甲溶液大
C. 溶液温度恢复到 20℃时，溶液质量比钾溶液小
D. 溶液温度恢复到 20℃时，溶液的溶质质量分数和甲溶液的相等

103. 常温下，在 15g 氯化钠中加入 60g 水，完全溶解后，溶液中氯化钠的质量分数为(　　)。
A. 15%　　B. 20%　　C. 25%　　D. 33.3%

104. 某工厂常用 1 体积的浓硫酸(密度为 $1.84g/cm^3$，溶液的质量分数为 98%)和 7 体积蒸馏水混合来配制体积比浓度为 1∶7 的稀硫酸，该稀硫酸中溶质的质量分数最接近于(　　)。
A. 10%　　B. 15%　　C. 20%　　D. 25%

105. 下列物质的水溶液呈碱性的是(　　)。
A. 氯化钾　　B. 硫酸钠　　C. 甲醇　　D. 碳酸氢钠

106. 要准确量取 25.00mL 的稀盐酸，可用的仪器是(　　)。
A. 25mL 移液管　　B. 25mL 量筒
C. 25mL 酸式滴定管　　D. 25mL 碱式滴定管

107. 下列叙述中正确的是(　　)。
A. 升高温度时，饱和溶液一定变不成饱和溶液
B. 降低温度时，不饱和食盐水可能变成饱和食盐水
C. 有晶体析出的一定是浓溶液
D. 用加热蒸发的方法，能使医用酒精变成无水酒精

108. 现有 95%(质量)含量的工业乙醇 1000kg，其中含有杂质(　　)。
A. 5kg　　B. 95kg　　C. 50kg　　D. 150kg

109. 已知 25%氨水的密度为 $0.91g/cm^3$，5%氨水的密度为 $0.98g/cm^3$，若将上述两种溶液等体积混合，所得氨水溶液的质量分数是(　　)。
A. 等于 15%　　B. 大于 15%　　C. 小于 15%　　D. 无法估算

110. 相同温度下等物质量浓度的下列溶液中，pH 值最小的是(　　)。
A. NH_4Cl　　B. NH_4HCO_3　　C. NH_4HSO_4　　D. $(NH_4)_2SO_4$

111. 在氢硫酸溶液中加入少量下列物质：①O_2、②Cl_2、③SO_2、④$CuSO_4$，能使溶液

pH 值减小的是(　　)。

A. ①③　　B. ②④　　C. ②③④　　D. ①

112. 将滴有甲基橙的乙酸钠饱和溶液加热，溶液的颜色是(　　)。

A. 黄色不变　　B. 黄色变橙色　　C. 黄色变红色　　D. 橙色不变

113. 下列溶液一定是碱性的是(　　)。

A. 溶液中 $C(OH^-)>C(H^+)$　　B. 溶液中含有 OH^-

C. 滴加甲基橙溶液后显红色　　D. 滴加甲基橙后溶液变黄色

114. 下列物质的水溶液能导电，但属于非电解质的是(　　)。

A. CH_3CH_2COOH　　B. Cl_2　　C. NH_4HCO_3　　D. SO_2

115. 某制药厂尾气中含少量 SO_2 气体，一般用 NaOH 溶液或氨水吸收，以防止污染环境。分别用 0. 1mol/L 的 NaOH 溶液或同浓度的氨水处理相同量的尾气，两种方法所需吸收液的体积关系是(　　)。

A. NaOH 溶液的体积大于氨水　　B. NaOH 溶液的体积等于氨水

C. NaOH 溶液的体积小于氨水　　D. 无法判断

116. 以下是几种酸碱指示剂变色的 pH 值范围：①甲基橙 3. 1 ~ 4. 4、②甲基红 4. 4 ~ 6. 2、③酚酞 8. 2 ~ 10，现用 0. 1000mol/L NaOH，溶液滴定浓度相近的甲酸时，上述指示剂(　　)。

A. 都可以用　　B. 只能用③　　C. 可以用①或②　　D. 可以用②或③

117. 从溶液的组成上分，溶液可分为(　　)。

A. 气体溶液　　B. 气体溶液和液体溶液

C. 液体溶液和固体溶液　　D. 气体溶液、液体溶液和固体溶液

118. 下列性质属于金属共性的是(　　)。

A. 硬度很大、熔点很高　　B. 有良好的导电性、传热性

C. 银白色的固体　　D. 易与酸反应产生氢气

119. 物质的用途与性质密切相关，下列说法不正确的是(　　)。

A. 氮气常用作保护气，是由于氮气的化学性质不活泼

B. 洗涤剂常用来洗涤油污，是因为洗涤剂有乳化功能

C. 铁制栏杆表面常涂“银粉漆”(铝粉)防生锈，是由于铝的化学性质比铁稳定

D. C、CO、H_2 常用来冶炼金属，是因为它们都具有还原性

120. 乙酸的化学性质与盐酸相似，能腐蚀很多物质。下列不容易被乙酸腐蚀的是(　　)。

A. 镀锌水管　　B. 铜制塑像　　C. 大理石栏杆　　D. 铝合金门窗

121. 比较煤与石油，下列说法正确的是(　　)。

A. 都是化石燃料　　B. 都是含有碳元素的有机物

C. 综合利用的途径相同　　D. 都可直接用作家用燃料

122. 下列关于氧气的说法正确的是(　　)。

A. 氧气能支持燃烧，可作燃料

B. 氧气能跟所有物质发生氧化反应

C. 水中的生物能依靠微溶于水中的氧气而生存

D. 带火星的木条一定能在含有氧气的集气瓶中复燃

123. 金属钠着火时，可以用来灭火的物质和器材是(　　)。

A. 煤油　B. 砂子　C. 泡沫灭火器　D. 浸湿的布

124. 金属钠应保存在(　　)。

A. 酒精中　B. 液氨中　C. 煤油中　D. 空气中

125. 下列气体的取制中，与氨气的实验室制取装置相同的是(　　)。

A. Cl_2　B. CO_2　C. H_2　D. O_2

126. 下列金属常温下能与水反应的是(　　)。

A. Fe　B. Cu　C. Mg　D. Na

127. 在冷浓硝酸中最难溶解的金属是(　　)。

A. Cu　B. Ag　C. Al　D. Zn

128. 下列关于金属钠的叙述，错误的是(　　)。

A. 钠与水作用放出氢气，同时生成氢氧化钠

B. 少量钠通常储存在煤油里

C. 和 Au、Ag 等金属一样，钠在自然界中，可以以单质的形式存在

D. 金属钠的熔点低，密度、硬度都较低

129. 下列物质常温下可盛放在铁制或铝制容器中的是(　　)。

A. 浓盐酸　B. 浓硫酸　C. 硫酸铜　D. 稀硝酸

130. 下列金属所制器皿不能用于盛装浓硫酸的是(　　)。

A. Al　B. Fe　C. Cr　D. Zn

131. 单质 M 和单质 N 化合成 MN(其中 M 显正价)，下列说法正确的是(　　)。

A. N 被氧化　B. M 是氧化剂　C. M 发生氧化反应　D. 具有还原性

132. 氮分子的结构很稳定的原因是(　　)。

A. 氮原子是双原子分子　B. 氮是分子晶体

C. 在常温常压下，氮分子是气体　D. 氮分子中有三键其键能大于双原子分子

133. 具有可燃性和还原性，分别在空气中燃烧，生成物相同的一组物质是(　　)。

A. H_2和 C　B. C 和 CO　C. C 和 CO_2　D. H_2和 CO

134. 下列气体：①H_2、②CO、③CH_4在空气中点燃前，必须检验其纯度的是(　　)。

A. 只有①　B. ①②　C. ①③　D. ①②③

135. 当氧化铜中混有少量炭粉时，提纯的方法是(　　)。

A. 隔绝空气加热混合物　B. 在氢气流中加入混合物

C. 在氧气流中加热混合物　D. 加入足量盐酸，待反应终止后过滤

136. 下列说法正确的是(　　)。

A. 碳单质都是黑色固体　B. 无定形碳都是纯碳物质

C. 碳在空气中燃烧可能生成一氧化碳　D. 碳在不充分燃烧时吸收热量

137. 起固定氮作用的化学反应是(　　)。

A. 氮气与氢气在一定条件下反应生成氨气

B. 一氧化氮与氧气反应生成二氧化氮

C. 氨气经催化氧化生成一氧化氮

D. 由氨气制碳酸氢铵和硫酸铵

138. 下列物质中，不属于合金的是(　　)。

A. 硬铝　B. 黄铜　C. 钢铁　D. 水银

139. 下列晶体中，不属于原子晶体的是(　　)。

A. 干冰　B. 水晶　C. 晶体硅　D. 金刚石

140. 氮化硅(Si_3N_4)是一种新型的耐高温耐磨材料，工业上有广泛用途，它属于(　　)。

A. 原子晶体　B. 分子晶体　C. 金属晶体　D. 离子晶体

141. 氯元素常见的化合价是(　　)。

A. -1、0　B. -1、0、+1

C. -1、0、+1、+3　D. -1、0、+1、+3、+5、+7

142. 铜元素常见的化合价是(　　)。

A. 0　B. +1　C. +2　D. +2、+1

143. 除去混在 Na_2CO_3 粉末中的少量 $NaHCO_3$ 最合理的方法是(　　)。

A. 加热　B. 加 NaOH 溶液　C. 加盐酸　D. 加 $CaCl_2$ 溶液

144. 电解食盐水，在阴、阳电极上产生的是(　　)。

A. 金属钠、氯气　B. 氢气、氯气

C. 氢氧化钠、氯气　D. 氢氧化钠、氧气

145. 下列各组物质中，不能发生中和反应的是(　　)。

A. 碳酸钙和盐酸　B. 氢氧化钠和盐酸

C. 氢氧化钙和盐酸　D. 氢氧化镁和硫酸

146. 下列属于中和反应的是(　　)。

A. $Na_2CO_3+2HCl = 2NaCl+H_2O+CO_2$　B. $2NaOH+H_2SO_4 = Na_2SO_4+2H_2O$

C. $SO_2+2NaOH = NaSO_3+H_2O$　D. $Zn+CuSO_4 = ZnSO_4+Cu$

147. 下列脱除杂质所用试剂或方法正确的是(　　)。

A. 除去 CaO 中的少量的 $CaCO_3$ 用稀盐酸

B. 除去 CO 中少量的 CO_2 用氢氧化钠溶液

C. 除去 $CuSO_4$ 中少量的铁粉用水溶解后过滤

D. 除去 CO_2 中的少量的 SO_2 用烧碱溶液

148. 下列关于水的说法中不正确的是(　　)。

A. 水是由氢元素和氧元素组成的化合物　B. 城市污水必须经过净化处理后才能排放

C. 清澈透明的泉水是纯净物　D. 水资源是宝贵的，一定要节约用水

149. 下列说法不正确的是(　　)。

A. 乙酸不是酸　B. 铅笔不含铅　C. 水银不是银　D. 干冰不是冰

150. 你认为下列描述有错误的是(　　)。

A. 碳能形成多种单质，如：金刚石、石墨、C_{60} 等

B. C、CO、CO_2、H_2、C_2H_5OH 均可作为燃料使用

C. SO_2、CO_2、CO 都是非金属氧化物，都可用氢氧化钠溶液吸收

D. 盐酸、硫酸化学性质相似，都能使指示剂变色，与活泼金属反应放出氢气，与金属氧化物作用生成盐和水

151. 物质 X 可发生下列所示的两个反应：①X+酸──→盐+水，②X+水──→碱，则 X 是(　　)。

A. CaO　　B. Fe_2O_3　　C. Fe_3O_4　　D. $KClO_3$

152. 下列各组离子在水溶液中能大量共存的是(　　)。

A. Fe^{2+}、Ca^{2+}、CO_3^{2-}、OH^-　　B. Na^+、SO_4^{2-}、Cl^-、OH^-

C. Ba^{2+}、H^+、Cl^-、OH^-　　D. Ag^+、NH_4^+、NO_3^-、OH^-

153. 下列物质不属于有机合成材料的是(　　)

A. 合金　　B. 塑料　　C. 合成橡胶　　D. 合成纤维

154. 下列有关钢的说法错误的是(　　)。

A. 钢是含有少量碳及其他金属的铁　　B. 钢是金属材料

C. 钢的性能优于生铁　　D. 钢不可能生锈

155. 下列物质不需用棕色试剂瓶保存的是(　　)。

A. 浓 NHO_3　　B. $AgNO_3$　　C. 氨水　　D. 浓 H_2SO_4

156. 下列哪种方法不能制备氢气(　　)。

A. 电解食盐水溶液　B. 加 NaOH 溶液　　C. 加盐酸　　D. 加 $CaCl_2$溶液

157. 氯化氢的水溶性是(　　)。

A. 难溶　　B. 微溶　　C. 易溶　　D. 极易溶

158. 氯化氢气体能使(　　)。

A. 干燥的石蕊试纸变红色　　B. 干燥的石蕊试纸变蓝色

C. 湿润的石蕊试纸变红色　　D. 湿润的石蕊试纸变蓝色

159. 盛烧碱溶液的瓶口，常有白色固体物质，其成分是(　　)。

A. 氧化钠　　B. 氢氧化钠　　C. 碳酸钠　　D. 过氧化钠

160. 钢中含碳量(　　)。

A. 小于 0.2%　　B. 大于 0.7%　　C. 0.2%~1.7%　　D. 任意值

161. 下列气态氢化物中，最不稳定的是(　　)。

A. NH_3　　B. H_2S　　C. PH_3　　D. H_2O

162. 下列不能通过电解食盐水得到的是(　　)。

A. 烧碱　　B. 纯碱　　C. 氢气　　D. 氯气

163. 下列物质久置空气中会变质的是(　　)。

A. 纯碱　　B. 亚硝酸钠　　C. 氢硫酸　　D. 硫单质

164. 干燥 H_2S 气体，通常选用的干燥剂是(　　)。

A. 浓 H_2SO_4　　B. NaOH　　C. P_2O_5　　D. $NaNO_3$

165. 下列与人的生理有关的叙述中，不正确的是(　　)。

A. 脂肪(由碳、氢、氧元素组成)在人体内代谢的最终产物是 CO_2和 H_2O

B. 剧烈运动时人体代谢加快，代谢产物不能及时排出，血液的 pH 值增大

C. 人的胃液中含有少量盐酸，可以帮助消化

D. 煤气中毒主要是 CO 与血红蛋白牢固结合，使血红蛋白失去输氧能力

166. 检验烧碱中含纯碱的最佳方法是(　　)。

A. 加热有气体生成

B. 焰色反应为黄色火焰

C. 加入 $CaCl_2$溶液有白色沉淀生成

D. 加入 $BaCl_2$溶液有白色沉淀生成

167. 下列物质中，既能与盐酸反应，又能与 NaOH 溶液反应的是(　　)。

A. Na_2CO_3　　B. $NaHCO_3$

C. $NaHSO_4$　　D. Na_2SO_4

168. 只加入一种试剂，一次就能鉴别 NH_4Cl、KCl、Na_2CO_3、$(NH_4)_2SO_4$ 四种溶液是(　　)。

A. NH_3　　B. SO_2　　C. N_2　　D. $Ba(OH)_2$

169. 通常情况下能共存且能用浓硫酸干燥的气体组是(　　)。

A. SO_2、Cl_2、H_2S　　B. O_2、H_2、CO

C. CH_4、Cl_2、H_2　　D. CO、SO_3、O_2

170. 能用来分离 Fe^{3+}和 Al^{3+}的试剂是(　　)。

A. 氨水　　B. NaOH 溶液和盐酸

C. 氨水和盐酸　　D. NaOH 溶液

171. 下列各组物质中，不能产生氢气的是(　　)。

A. Zn+HCl　　B. Cu+HNO_3(浓)

C. Mg+H_2O(沸水)　　D. Al+NaOH

172. 水和空气是宝贵的自然资源，与人类、动植物的生存发展密切相关。以下对水和空气的认识，你认为正确的是(　　)。

A. 饮用的纯净水不含任何化学物质

B. 淡水资源有限和短缺

C. 新鲜空气是纯净的化合物

D. 目前城市空气质量日报的监测项目中包括二氧化碳含量

173. 浓硫酸使蔗糖炭化，是利用浓硫酸的(　　)。

A. 氧化性　　B. 脱水性　　C. 吸水性　　D. 酸性

174. 在某一化学反应中，所谓的惰性气体是指(　　)。

A. 氦、氖、氩、氙　　B. 不参加化学反应的气体

B. 杂质气体　　D. 氮气等

175. 氯气和二氧化硫皆可做漂白剂，若同时用于漂白一种物质，其漂白效果会(　　)。

A. 增强　　B. 不变　　C. 减弱　　D. 不能确定

176. 下列酸中能腐蚀玻璃的是(　　)。

A. 盐酸　　B. 硫酸　　C. 硝酸　　D. 氢氟酸

177. 下列物质中既溶于盐酸又溶于氢氧化钠的是(　　)。

A. Fe_2O_3　　B. Al_2O_3　　C. $CaCO_3$　　D. SiO_2

178. 浓硝酸系强氧化剂，严禁与(　　)接触。

A. 铝制品　　B. 陶

C. 硅铁　　D. 木材、纸等有机物

179. 下列溶液中，须保存于棕色试剂瓶中的是(　　)。

A. 浓硫酸　B. 浓硝酸　C. 浓盐酸　D. 亚硫酸钠

180. 下列物质中，导电性最差的是(　　)。

A. 熔融氢氧化钠　B. 石墨棒　C. 盐酸溶液　D. 固态氢氧化钾

181. $CH_2═CHCOOOCH_3$称为(　　)。

A. 丙烯甲酸酯　B. 丙酸甲酯　C. 丙酰甲酸　D. 乙酸乙酯

182. $CH_2═CHCOCl$ 称为(　　)。

A. 丙烯酸氯　B. 丙烯酰氯　C. 丙烯酸氧氯　D. 丙烯氯氧

183. 化合物 $CH_3CH_2CH(NHCH_2CH_3)CH_3$应称为(　　)。

A. 2-乙氨基丁烷　B. 2-甲基戊氨　C. 甲基乙基丁基胺　D. *N*-甲基戊氨

184. 1-丁炔的分子式可写成(　　)。

A. $CH≡CH$　B. $CH_3—C≡CH$

C. $CH_3—C≡C—CH_3$　D. $CH_3—CH_2—C≡CH$

185. 下列物质不是芳香烃的是(　　)。

A. 苯　B. 甲苯　C. 环己烷　D. 苯乙烯

186. 按系统命名法称下列化合物，不正确的是(　　)。

A. CH_3OH 可称为甲醇　B. CH_3CH_2OH 可称为乙醇

C. $CH_3CCH_3(OH)CH_3$可称为异丙醇　D. $CH_3CH_2CH_2OH$ 可称为正丙醇

187. $(CH_3CH_2)_2CHCH_3$正确命名是(　　)。

A. 2-乙基丁烷　B. 3-乙基丁烷　C. 甲基-戊烷　D. 3-甲基戊烷

188. 下列有机物的命名正确的是(　　)。

A. 4,5-二甲基-3-已醇　B. 2,3-二甲基-1-丁醇

C. 2,3-二甲基-4-丁醇　D. 2,3-二甲基-4-已醇

189. 对有机化合物易燃性质的叙述中，(　　)说法是不正确的。

A. 多数有机化合物有易燃烧的特性

B. 将有机化合物置于坩埚盖上加热时，若用强火加热，则有机化合物燃烧后，一定会生成二氧化碳而不留残渣

C. 有机多卤化物不易燃烧

D. 将有机化合物置于坩埚盖上加热时，多出现炭化变黑的现象

190. 在下列有机化合物的定义中，(　　)的说法是不正确的。

A. 醇、酚、醚都是有机化合物　B. 羰基类化合物是有机化合物

C. 碳酸盐、碳酸氢盐是有机化合物　D. 碳的金属化合物一定不是有机化合物

191. 下列有机化合物的定义中，(　　)说法是不正确的。

A. 羧酸及其衍生物一定不是有机化合物　B. 胺类化合物是有机化合物

C. 碳单质、碳的氧化物是有机化合物　D. 金属羰基类化合物是有机化合物

192. 在对有机化合物易燃性质的叙述中，正确的是(　　)。

A. 所有有机化合物都极易燃烧

B. 由于有机化合物的熔、沸点比无机化合物的低，因此有机化合物都易燃

C. 将化合物置于坩埚上加热，若发现着火或炭化变黑，则一定是有机化合物，而无变

化者则一定是无机化合物

D. 多数化合物有易燃烧的特质

193. 在对有机化合物易燃性质的叙述中，(　　)说法是不正确的。

A. 有机多卤化物不易燃烧

B. 羧酸盐在燃烧后，会留有残渣

C. 有机碳纤维的燃点，有的会达到3000℃左右

D. 乙醚等低沸点化合物，由于易挥发而不易燃烧，只会爆炸

194. 在对甲醇(沸点为65℃)和乙烷(沸点为-88.6℃)沸点差的解释中正确的是(　　)。

A. 由于甲醇是极性分子，而乙烷是非极性分子，因此在沸点上表现出明显差异

B. 由于甲醇中含有氢键，而乙烷中没有氢键，因此在沸点上表现出明显差异

C. 由于甲醇的摩尔质量比乙烷的摩尔质量小，因此在沸点上表现出明显差异

D. 由于甲醇是极性分子，而乙烷为网状分子，因此在沸点上表现出明显差异

195. 下列说法正确的是(　　)。

A. 只要是有机物就不溶于水

B. 由于有机官能团均为憎水性基团，因此有机物不溶于水

C. 一般情况下，一个亲水性基团，可带4~5个碳

D. 乙二醇由于含有两个亲水性基团，因此它可以任意比例与水混合

196. 下列对烯烃的物理性质叙述中说法不正确的是(　　)。

A. 含2~4个碳原子的烯烃为气体　　B. 含5~15个碳原子的烯烃为液体

C. 含18个以上碳原子的烯烃为蜡状固体　　D. 含4~8个碳原子的烯烃为液体

197. 下列对烯烃的物理性质的说法不正确的是(　　)。

A. 含2~3个碳原子的烯烃不为气体　　B. 含2~4个碳原子的烯烃为气体

C. 含5~15个碳原子的烯烃为液体　　D. 含18个以上的碳原子的烯烃为蜡状固体

198. 下列各组液体混合物能用分液漏斗分开的是(　　)。

A. 乙醇和水　　B. 四氯化碳和水　　C. 乙醇和苯　　D. 四氯化碳和苯

199. 下列化合物中不溶于水的是(　　)。

A. 乙酸　　B. 乙酸乙酯　　C. 乙醇　　D. 乙胺

200. 下列化合物中(　　)在水中的溶解度最大。

A. $CH_3CH_2CH_2CH_3$　　B. $CH_3CH_2OCH_2CH_3$

C. $CH_3CH_2CH_2CHO$　　D. $CH_3CH_2CH_2CH_2OH$

201. 下列物质中，由于发生化学反应而使酸性高锰酸钾褪色，又能使溴水因发生反应而褪色的是(　　)。

A. 苯　　B. 甲苯　　C. 乙烯　　D. 乙烷

202. 下列有机物质中，须保存在棕色试剂瓶中的是(　　)。

A. 丙酮　　B. 氯仿　　C. 四氯化碳　　D. 二硫化碳

203. 芳烃 C_9H_{10}的同分异构体有(　　)。

A. 三种　　B. 六种　　C. 七种　　D. 八种

204. 最常见的一元饱和醇是(　　)。

A. 乙醇　　B. 木糖醇　　C. 丙三醇　　D. 苯酚

205. 下列化合物中属于醛酮类的是(　　)。

A. $RCONH_2$　B. CH_3COCH_3　C. RCOCl　D. $RCH(OH)CH_3$

206. 下列化合物中属于醛酮类的是(　　)。

A. $(CH_3CO)_2O$　B. CH_3CH_2CHO　C. $RCONH_2$　D. CH_3COCl

207. 醛或酮可以通过(　　)进行区分。

A. 羰基的位置　B. 烃基的位置　C. 羧基的位置　D. 醚基的位置

208. 利用系统命名法命名化合物 $CH_3CH_2COCH_3$应是(　　)。

A. 甲乙酮　B. 甲基乙基酮　C. 丁酮　D. 丁醛

209. 利用系统命名法命名化合物$(CH_3)_2CHCH_2C(CH_3)_2CH_2CHO$ 应称为(　　)。

A. 3,3,5-三甲基乙醛　B. 3,3-二甲基庚醛

C. 3,3,5-三甲基乙醇　D. 3,3-二甲基庚醇

210. 用系统命名法命名时，化合物 $CH_3CH(CH_3)CH_2COOH$ 应称为(　　)。

A. 3-甲基丁酸　B. 2-甲基丁酸　C. 异丙基乙酸　D. 异丁基甲酸

211. 化合物$(CH_3CO)_2O$ 属于(　　)。

A. 乙酸　B. 乙酰乙酸　C. 乙酸酐　D. 乙酰丙酮

212. 棉花的主要成分是纤维素[$(C_6H_{10}O_5)_n$]。下列说法不正确的是(　　)。

A. 纤维素是由 C、H、O 三种元素组成的

B. 棉线和羊毛线可用燃烧的方法区别

C. 纤维素中 C、H、O 三种元素的原子个数比为 6∶10∶5

D. 棉花属于合成纤维

213. 甲苯苯环上的 1 个氧原子被含 3 个碳原子的烷基取代，可能得到的一元取代物有(　　)。

A. 三种　B. 四种　C. 五种　D. 六种

214. 下列物质中含羟基的官能团是(　　)。

A. 乙酸甲酯　B. 乙醛　C. 乙醇　D. 甲醚

215. 在下列化合物中不属于醇的化合物是(　　)。

A. CH_2OHCH_2OH　B. CH_3CH_2COOH

C. CH_3CH_2OH　D. $C_6H_5CH_2OH$

216. 苯、液溴、铁粉放在烧瓶中发生的反应是(　　)。

A. 加成反应　B. 氧化反应　C. 水解反应　D. 取代反应

217. 苯硝化时硝化剂应是(　　)。

A. 稀硝酸　B. 浓硝酸

C. 稀硝酸和稀硫酸的混合液　D. 浓硝酸和浓硫酸的混合液

218. 对烯烃的叙述中(　　)是不正确的。

A. 烯烃化合物一定会发生加成反应　B. 在烯烃分子中一定含有碳碳双键

B. 烯烃类化合物不如烷烃类化合物稳定　D. 环烷烃与烯烃的通式相同

219. 对于烯烃来说下列反应中(　　)是加成反应。

A. $R—CH═CH_2+MnO_4^-⟶RCOOH+CO_2+MnO_2$

B. $R—CH═CH_2+Cl_2⟶RCH═CHCl+HCl$

C. $CH_3—CH═CH_2+Br_2 \longrightarrow CH_2BrCH═CH_2+HBr$

D. $CH_2═CH_2+F_2 \longrightarrow CH_2FCH_2F$

220. 对于烯烃来说下列反应中(　　)是氧化反应。

A. $CH_3—CH═CH_2+Br_2 \longrightarrow CH_2BrCH═CH_2+HBr$

B. $R—CHCH_2+MnO_4^- \longrightarrow RCOOH+CO_2+MnO_2$

C. $R—CH═CH_2+H_2O \longrightarrow R—CH_2CH_2O$

D. $R—CH═CH_2 \longrightarrow R—C≡CH + H_2$

221. 对于烯烃来说下列反应中(　　)是氧化反应。

A. $R—CH═CH_2+HCl \longrightarrow R—CH_2CH_2Cl$

B. $R—CH═CH_2+H_2 \longrightarrow RCH_2CH_3$

C. $R—CH═CH_2+O_2 \longrightarrow R—CH(OH)CH(OH)$

D. $R—CH═CH_2 \longrightarrow R—C≡CH + H_2$

222. 在下列反应中属于聚合反应的是(　　)。

A. $R—CH═CH_2+HCl \longrightarrow R—CH_2CH_2Cl$

B. $NCH═CH_2 \longrightarrow [CH_2—CH_2]_n$

C. $R\text{-}CH═CH_2═O_2 \longrightarrow R\text{-}CH(OH)CH(OH)$

D. $R\text{-}CH═CH_2 \longrightarrow R—C≡CH+H_2$

223. 在下列反应中属于一元饱和醇脱水反应的是(　　)。

A. $ROH+HNO_2^- \longrightarrow RONO+H_2O$

B. $ROH+H_2SO_4 \longrightarrow ROSO_3OH+H_2O$

C. $RCH_2CH_2OH \longrightarrow RCH═CH_2+H_2O$

D. $CH_3OH+HCOOH \longrightarrow HCOOCH_3+H_2O$

224. 在下列叙述醇的制备方法中，可行的是(　　)。

A. 烷烃的氧化　　B. 羧酸的还原　　C. 烯烃的氧化　　D. 烯烃的水合

225. $CH_3COOCH_2CH(CH_3)_2+NH_3 \longrightarrow CH_3COONH_2+(CH_3)_2CHCH_2OH$ 属于酯的(　　)。

A. 水解　　B. 醇解　　C. 硝解　　D. 氨解

226. $CH_3COCl+H_2O \longrightarrow CH_3COOH+HCl$ 的反应属于(　　)。

A. 水解　　B. 醇解　　C. 氨解　　D. 硝解

227. $CH_3COCl+CH_3OH \longrightarrow CH_3COOCH_3+HCl$ 的反应属于(　　)。

A. 水解　　B. 醇解　　C. 氨解　　D. 硝解

228. $C_6H_6+Cl_2 \longrightarrow C_6H_5Cl+HCl$ 属于单环芳烃取代反应中的(　　)。

A. 卤代反应　　B. 磺化反应　　C. 硝化反应　　D. 烷基化反应

229. $C_6H_6+HNO_3 \longrightarrow C_6H_5NO_2+H_2O$ 属于单环芳烃取代反应中的(　　)。

A. 卤代反应　　B. 磺化反应　　C. 硝化反应　　D. 烷基化反应

230. $C_6H_6+3H_2 \longrightarrow C_6H_{12}$属于单环芳烃的(　　)。

A. 卤代反应　　B. 烷基化反应　　C. 磺化反应　　D. 加成反应

231. 苯酚与氢氧化钠的反应属于(　　)。

A. 取代反应　　B. 置换反应　　C. 复分解反应　　D. 中和反应

232. 用乙醇生产乙烯的化学反应是(　　)。

A. 氧化反应　B. 水合反应　C. 脱水反应　D. 水解反应

233. 目前工业上乙烯的主要来源是(　　)。

A. 乙醇脱水　B. 乙炔加氢　C. 煤的干馏　D. 石油裂解

234. 有关实验室制乙烯的说法中，不正确的是(　　)。

A. 温度计的水银球要插入到反应物的液面以下

B. 反应过程中溶液的颜色会逐渐变黑

C. 生成的乙烯中混有刺激性气味的气体

D. 加热时要注意使温度缓慢上升至170℃

235. 下列反应属于脱水反应的是(　　)。

A. 乙烯与水反应　B. 乙烯与溴水反应

C. 乙醇与浓硫酸共热于170℃反应　D. 乙烯与氯化氢在一定的条件下反应

236. 工业甲醛溶液一般偏酸性，主要是由于该溶液中的(　　)所造成。

A. CH_3OH　B. HCHO　C. HCOOH　D. H_2CO_3

237. 下列物质中，在空气中能稳定存在的是(　　)。

A. 苯胺　B. 苯酚　C. 乙醛　D. 乙酸

238. 最容易脱水的化合物是(　　)。

A. R_3COH　B. R_2CHOH　C. CH_3OH　D. RCH_2OH

239. 下列反应不属于氧化反应的是(　　)。

A. 乙烯通入酸性高锰酸钾溶液中　B. 烯烃催化加氢

C. 天然气燃烧　D. 醇在一定条件下生成醛

240. 将质量相等的各物质完全酯化时，需乙酸质量最多的是(　　)。

A. 甲醇　B. 己二醇　C. 丙醇　D. 甘油

241. 有四种相同浓度的溶液：①蚁酸(甲酸)、②碳酸、③乙酸、④石炭酸。它们的酸性由强到弱的是(　　)。

A. ①③④②　B. ④③②①　C. ①③②④　D. ③①④②

242. 不利于合成氨 $N_2+3H_2 \rightleftharpoons 2NH_3+92.4kJ$ 的条件是(　　)。

A. 加正催化剂

B. 升高温度

C. 增加压强

D. 不断地让氨气分离出来，并及时补充氮气和氢气

243. 应用化学平衡移动原理可知，合成氨反应过程中(　　)操作有利于氨的生成。

A. 低温，低压　B. 低温，高压　C. 高温，低压　D. 高温，高压

244. 测得某合成氨反应中合成塔入气口体积比为：$N_2 : H_2 : NH_3 = 6 : 18 : 1$，出气口为：$N_2 : H_2 : NH_3 = 9 : 27 : 8$，则氨的转化率为(　　)。

A. 20%　B. 25%　C. 50%　D. 75%

245. 当可逆反应：$2Cl(g)+2H_2O \rightleftharpoons 4HCl(g)+O_2+Q$ 达到平衡时，下面(　　)的操作，能使平衡向右移动。

A. 增大容器体积　B. 减小容器体积　C. 加入氧气　D. 加入催化剂

246. 影响化学反应平衡常数数值的因素是(　　)。

A. 反应物浓度　　B. 温度　　C. 催化剂　　D. 产物浓度

247. 在合成氨反应过程中，为提高氢气反应转化率而采取的措施是(　　)。

A. 增加压力　　B. 升高温度

C. 使用催化剂　　D. 不断增加氢气的浓度

248. 有一高压钢筒，打开活塞后气体喷出筒外，当筒内压力与筒外压力相等时关闭活塞，此时筒内温度将(　　)。

A. 不变　　B. 降低　　C. 升高　　D. 无法判断

249. 二氧化氮存在下列平衡：$2NO_2(g) \rightleftharpoons N_2O_4(g)$，在测定 NO_2 的相对分子质量时，下列条件中较为适宜的是(　　)。

A. 温度 130℃、压力 3.03×10^5 Pa　　B. 温度 25℃、压力 1.01×10^5 Pa

C. 温度 130℃、压力 5.05×10^4 Pa　　D. 温度 0℃、压力 5.05×10^4 Pa

250. 乙酸蒸气能形成二聚分子：$2CH_3COOH(g) = (CH_3COOH)_2(g) + Q$。现欲测定乙酸的相对分子质量，应采用的条件为(　　)。

A. 高温低压　　B. 低温高压　　C. 低温低压　　D. 高温高压

251. 下列物质中，可用作内燃机的抗冻剂的是(　　)。

A. 乙醇　　B. 甲醛　　C. 乙二醇　　D. 乙二酸

252. 反应 $2A(g) \rightleftharpoons 2B(g) + E(g)$（正反应为吸热反应）达到平衡时，要使正反应速率降低，A 的浓度增大，应采取的措施是(　　)。

A. 加压　　B. 减压　　C. 减小 E 的浓度　　D. 降温

253. 化学反应活化能的概念是(　　)。

A. 基元反应的反应热　　B. 基元反应，分子反应需吸收的能量

C. 一般反应的反应热　　D. 一般反应，分子反应需吸收的能量

254. 在 $CO(g) + H_2O(g) \rightleftharpoons CO_2(g) + H_2(g) - Q$ 的平衡中，能同等程度的增加正、逆反应速率的是(　　)。

A. 加催化剂　　B. 增加 CO_2 的浓度　　C. 减少 CO 的浓度　　D. 升高温度

255. 下列说法错误的是(　　)。

A. 一步完成的反应是基元反应

B. 由一个基元反应构成的化学反应称简单反应

C. 由两个或两个以上基元反应构成的化学反应称复杂反应

D. 基元反应都是零级反应

256. 催化剂通过改变反应历程来加快反应速度，这是由于(　　)。

A. 增大碰撞频率　　B. 增大平衡常数值

C. 减小速度常数值　　D. 减低反应活化能

257. 加入正催化剂反应速度加快，下列叙述不正确的是(　　)。

A. 使反应体系的活化分子百分数增高　　B. 使反应体系的活化分子总数增多

C. 使反应体系的活化分子百分数降低　　D. 使反应体系的活化能降低

258. 对于所有零级反应来说，下列叙述正确的是(　　)。

A. 活化能很低的反应　　B. 反应速度与反应物的浓度无关

C. 反应速度常数为零　　D. 反应速度与时间有关

259. 在 NH_3、HNO_3、H_2SO_4的工业生产中，具有共同点的是(　　)。

A. 使用吸收塔设备　　B. 使用尾气吸收装置

C. 使用 H_2作原料　　D. 使用催化剂

260. 在酸碱滴定中，甲基橙的变色范围为(　　)。

A. 3.8~5.4　　B. 3.1~4.4　　C. 4.4~6.8　　D. 3.0~4.6

261. 在酸碱滴定中，甲基红的的变色范围为(　　)。

A. 3.8~5.4　　B. 3.1~4.4　　C. 4.4~6.2　　D. 3.0~4.6

262. 在酸碱滴定中，酚酞的变色范围为(　　)。

A. 6.8~8.0　　B. 8.0~10.0　　C. 9.4~10.6　　D. 7.2~8.8

263. 测定工业硫酸的纯度时，以 NaOH 标准滴定溶液为滴定剂，以甲基红为指示剂，则滴定终点溶液的颜色为(　　)。

A. 无色　　B. 黄色　　C. 红色　　D. 蓝色

264. 用氢氧化钠标准溶液滴定乙酸溶液，以酚酞为指示剂，则滴定终点溶液的颜色为(　　)。

A. 无色　　B. 粉红色　　C. 红色　　D. 橙色

265. 用 Na_2CO_3标定盐酸溶液的浓度时，以溴甲苯酚-甲基红为指示剂，则滴定终点溶液的颜色为(　　)。

A. 绿色　　B. 黄色　　C. 暗红色　　D. 紫色

二、判断题

1. 烧碱的化学名称为氢氧化钠，而纯碱的化学名称为碳酸钠。
2. 当溶液中氢氧根离子大于氢离子浓度时溶液呈碱性。
3. 温度升高，对所有的反应都能加快反应速度，从而使生产能力提高。
4. 固体废弃物处理的基本途径常用：露天堆存法、焚烧法、化学处理法以及填埋法等。
5. 当前对环境恶化的控制主要通过对污染排放的总量控制和末端治理。
6. 为了除去水中的重金属离子，采用臭氧氧化法对铬、铅、汞的除去效果都比较好。
7. 温室效应是因为排放 CO_2造成的。
8. 能产生废气、废水、废渣的设备和装置都是污染源。
9. 工业废水的处理方法有物理法、化学法和生物法。
10. 化工污染防治的主要措施：采用无污染或污染少的生产工艺、改进设备，实现闭路循环，淘汰有毒产品，回收和综合利用。
11. 含有有机物的废水一般采用生化处理方法。
12. 所谓“三烯、三苯、一炔、一萘”是基本的有机原料，其中三烯是指乙烯、丙烯、丁烯。
13. 浓硫酸稀释时只能把水缓缓倒入浓硫酸中，并不断地加以搅拌，切不可反过来。
14. 75%的乙醇水溶液中，乙醇称为溶质，水称为溶剂。
15. 酸碱的强弱性是由离解常数大小决定的。
16. 乙酸乙酯在稀硫酸或氢氧化钠水溶液中都能水解，水解的程度前者较后者小。
17. 一定量气体反抗一定的压力进行绝热膨胀时，其热力学能总是减少的。
18. 液体的饱和蒸气压与温度无关。

19. 理想稀薄溶液中的溶质遵守亨利定律，溶剂遵守拉乌尔定律。

20. 去离子水的电导率越高，纯度越高。

21. 能水解的盐，其水溶液不是显酸性，就是显碱性。

22. 以石墨为电极，电解氯化铜水溶液，阴极的产物是铜。

23. 在酸性溶液中，K^+、I^-、SO_4^{2-}、MnO_4^-可以共存。

24. 容量分析法是以化学反应为基础的分析方法，所有化学反应都能作为容量分析法的基础。

25. 碱金属有强还原性，它的离子有强氧化性。

26. 电子层结构相同的离子，核电荷数越小，离子半径就越大。

27. 乙炔的工业制法，过去用电石生产乙炔，由于碳化钙生产耗电太多，目前已改用天然气和石油为原料生产乙炔。

28. 金属铝的两性指的是酸性和碱性。

29. 硝酸在工业生产中所产生的尾气可用氢氧化钠溶液吸收。

30. 理想气体状态方程是：$PV=RT$。

31. 在化合物 $FeCl_3$中，铁的化合价为 2，$FeCl_2$中铁的化合价为 3。

32. 蒸气压越大的物质越难挥发。

33. 浓硫酸具有强氧化性、吸水性和脱水性。

34. 在一定条件下，当气液处于平衡时，一定数量溶剂所能溶解的溶质的数量称为溶解度。

35. 饱和蒸气压与液体的量无关，而决定于液体的本性和温度。

36. 质量百分比浓度是溶液的质量与溶质的质量的百分比。

37. 物质的溶解过程都吸热，结晶过程都放热。

38. 含碳元素的化合物一定是有机物。

39. 在 4℃（277K）条件下纯水的密度为 1000 kg/m^3。

40. 1mol 的氮气其质量为 1 kg。

41. 化学变化是指既改变物质的形状，同时也使得物质的组成发生变化的过程。

42. 密度大于 277K 的纯水的液体，其相对密度大于 1。

43. 温度升高，电解质溶液的电离度降低，金属的电阻率升高。

44. 两种或两种以上的物质生成一种新物质的反应叫化合反应。

45. 纯水的氢离子浓度等于氢氧根离子，等于 10^{-7}mol/L。

46. 摩尔定律表示溶液混合前后，溶液的摩尔数相等，用 $M_1V_1=M_2V_2$表示。

47. 溶解度在 1～10g 的物质叫微溶物质。

48. 稀释定律表示溶液在稀释后溶液中的溶质量保持不变。

49. 溶有过量三氧化硫的硫酸，统称为发烟硫酸。

50. 1998 年诺贝尔化学奖授予科恩(美)和波普尔(英)，以表彰他们在理论化学领域做出的重大贡献。他们的工作使实验室和理论能够共同协力探讨分子体系的性质，引起整个化学领域正在经历一场革命性的变化，化学不再是纯实验科学。

51. pH＝6. 70 与 56. 7%的有效数字位数相同。

52. 滴定管可用于精确量取溶液体积。

53. CCl_4是极性分子。

54. 常温下浓硝酸可以用铝槽储存，说明铝与浓硝酸不反应。

55. 次氯酸是强氧化剂，是一种弱酸。

56. 要求测量精度在1℃，测温范围在200℃以下时，一般使用水银精密温度计。

57. 只有极性共价键分子，一定是极性分子。

58. 硝酸具有酸的通性，能与活泼金属反应放出氢气。

59. 11. 9g的MnO_4^-离子的物质的量是1. 0mol($M_{KMnO_4}=158.03$)。

60. 18gCH_4与18g的水，在标准状况下所占体积一样多。

61. 在NaOH中只存在离子键。

62. 从溶剂状态的角度上，可将溶液划分为电解质溶液和非电解质溶液。

63. 溶解度是指在室温下，100g溶剂中溶解溶质的最大值。

64. 将溶解度换算成物质的量浓度时，可将100g溶剂按100mL去估算体积。

65. 0. 1mol/L HNO_3溶液和0. 1mol/L HAc溶液的pH值相等。

66. 已知1L氯化镁溶液中，含有0. 02mol氯离子，则该溶液物质的量浓度为0. 01mol/L。

67. 将氢氧化钠溶液和氨水溶液各稀释1倍，两者的氢氧根浓度也各稀释1倍。

68. 低温空气分离和变压吸附空气都可制取氧气。

69. Fe、Al经表面钝化后可制成多种装饰材料。

70. HNO_3是一种中强酸，浓溶液具有强氧化性。

71. MnO_2与浓盐酸离子方程式为$MnO_2+4H^++2Cl^-=\!=\!=Mn^{2+}+2H_2O+Cl_2\uparrow$

72. 电解食盐水阳极得到的是氯气，发生的是还原反应；阴极得到的是氢气，发生的是氧化反应。

73. SiO_2是H_4SiO_4的酸酐，因此可用SiO_2与H_2O作用制得硅酸。

74. 氨基($-NH_2$)与伯碳原子相连的氨是一级胺。

75. 苯、甲苯、乙苯都可以使酸性$KMnO_4$溶液褪色。

76. 苯酚含有羟基，可与乙酸发生酯化反应生成乙酸苯酯。

77. 烯烃的加成反应就是把双键打开的反应。

78. 由于羧基为亲水性基团，因此草酸可以任意比例与水混合。

79. 一般从碳架和官能团两个方面对有机化合物进行分类。

80. 三硝基苯酚不属于酚类化合物。

81. 苯的硝化反应是可逆反应。

82. 单环芳烃类有机化合物一般情况下与很多试剂易发生加成反应，不易进行取代反应。

83. 含有碳-碳双键的化合物一定是烯烃。

84. 烯烃的氧化反应就是把双键断开的反应。

85. 一元饱和醇能与氢卤酸发生反应生成卤代烃。

86. 一元饱和醇与含氧无机酸作用，所得产物叫无机酸酯。

87. $CH_3COOCH_2CH(CH_3)_2+CH_3OH\longrightarrow CH_3COOCH_3+(CH_3)_2CHCH_2OH$属于酯的硝解。

88. 应用化学平衡移动原理可知，合成氨反应过程中低温、高压操作有利于氨的生成。

89. 当在一定条件下，化学反应达到平衡时，平衡混合物中各组分浓度保持不变。

90. 一切实际过程都是热力学不可逆的，是热力学第二定律的表达式。

91. 不可能把热从低温物体传到高温物体而不引起其他变化。

92. 在满足需要的前提下，采样样品量越少越好。

93. 当液体样品储存在不同容器时，样品的采样部位的选取也不一样。

94. 气体采样时，要根据样气的压力选择不同的容器。

95. 略高于大气压的正压气体采样时要先减压。

96. 在一般情况下，开车阶段中需要增加分析频次。

97. 在间歇式敞口合成工艺开车阶段中，需要增加分析频次。

98. 甲基橙在酸性溶液下为红色，在碱性溶液下为橙色。

99. 用氢氧化钠标准溶液滴定乙酸溶液时，以酚酞为指示剂，则滴定终点溶液的颜色为浅粉红色。

2.1.3　参考答案

一、选择题

题号	1	2	3	4	5	6	7	8	9	10	11	12
答案	B	B	C	B	D	D	B	D	C	D	D	A
题号	13	14	15	16	17	18	19	20	21	22	23	24
答案	C	B	B	D	C	A	B	D	A	A	D	D
题号	25	26	27	28	29	30	31	32	33	34	35	36
答案	D	D	A	A	B	C	A	A	D	B	A	B
题号	37	38	39	40	41	42	43	44	45	46	47	48
答案	D	C	A	C	C	D	C	C	C	B	D	C
题号	49	50	51	52	53	54	55	56	57	58	59	60
答案	B	B	D	B	C	A	B	A	C	A	A	D
题号	61	62	63	64	65	66	67	68	69	70	71	72
答案	B	D	C	D	A	C	A	D	A	B	C	C
题号	73	74	75	76	77	78	79	80	81	82	83	84
答案	D	D	D	B	D	A	C	C	B	C	D	B
题号	85	86	87	88	89	90	91	92	93	94	95	96
答案	B	A	B	B	A	B	A	C	D	B	B	A
题号	97	98	99	100	101	102	103	104	105	106	107	108
答案	B	A	A	C	B	B	B	C	D	A	B	C
题号	109	110	111	112	113	114	115	116	117	118	119	120
答案	C	C	B	A	A	D	B	B	D	B	C	B
题号	121	122	123	124	125	126	127	128	129	130	131	132
答案	A	C	B	C	D	D	C	C	B	D	C	D
题号	133	134	135	136	137	138	139	140	141	142	143	144
答案	B	D	C	C	A	D	A	A	D	D	A	B
题号	145	146	147	148	149	150	151	152	153	154	155	156
答案	A	B	B	C	A	C	A	B	A	D	D	D
题号	157	158	159	160	161	162	163	164	165	166	167	168
答案	D	C	C	C	C	B	C	C	B	C	B	D

题号	169	170	171	172	173	174	175	176	177	178	179	180
答案	C	D	B	B	B	B	C	D	B	D	B	D
题号	181	182	183	184	185	186	187	188	189	190	191	192
答案	A	B	A	D	C	C	D	A	B	C	C	D
题号	193	194	195	196	197	198	199	200	201	202	203	204
答案	D	B	D	D	A	B	B	D	C	B	D	A
题号	205	206	207	208	209	210	211	212	213	214	215	216
答案	B	B	A	C	A	A	C	D	D	C	B	D
题号	217	218	219	220	221	222	223	224	225	226	227	228
答案	D	D	D	B	C	B	C	D	D	A	B	A
题号	229	230	231	232	233	234	235	236	237	238	239	240
答案	C	D	D	C	D	D	C	C	B	A	B	D
题号	241	242	243	244	245	246	247	248	249	250	251	252
答案	C	B	B	B	A	B	A	B	C	A	C	D
题号	253	254	255	256	257	258	259	260	261	262	263	264
答案	B	A	D	D	C	B	D	B	C	B	B	B
题号	265											
答案	C											

二、判断题

题号	1	2	3	4	5	6	7	8	9	10	11	12
答案	√	√	×	×	×	×	×	√	√	√	√	×
题号	13	14	15	16	17	18	19	20	21	22	23	24
答案	×	×	√	√	√	×	√	×	×	√	×	×
题号	25	26	27	28	29	30	31	32	33	34	35	36
答案	×	√	√	×	√	×	×	×	√	×	√	×
题号	37	38	39	40	41	42	43	44	45	46	47	48
答案	×	×	×	×	×	√	×	√	√	√	×	√
题号	49	50	51	52	53	54	55	56	57	58	59	60
答案	√	√	×	√	×	×	√	√	×	×	×	×
题号	61	62	63	64	65	66	67	68	69	70	71	72
答案	×	×	×	√	×	√	×	√	√	×	√	×
题号	73	74	75	76	77	78	79	80	81	82	83	84
答案	×	×	×	×	×	√	√	×	×	×	×	×
题号	85	86	87	88	89	90	91	92	93	94	95	96
答案	√	√	×	√	√	√	√	×	√	√	×	√
题号	97	98	99									
答案	×	×	√									

2.2　相关技能实训项目

化学基础技能训练：

1. 氢气、氧气的制备；
2. 氯气、氯化氢的制备；
3. 硫酸或硝酸的制备；
4. 烧碱或纯碱制备；

5. 滴定分析操作实验；

6. 基本有机合成实验。

以上操作技能均在《化学实验技术》中已经有比较详尽的叙述，各种化学理论知识中也有比较系统的制备操作方法，这里不再赘述。

2.3 相关资料链接

1.《无机化学》高职高专化学教材编写组编，高等教育出版社；
2.《无机化学实验》高职高专化学教材编写组编，高等教育出版社；
3.《有机化学》高职高专化学教材编写组编，高等教育出版社；
4.《有机化学实验》高职高专化学教材编写组编，高等教育出版社；
5.《分析化学》高职高专化学教材编写组编，高等教育出版社；
6.《分析化学实验》高职高专化学教材编写组编，高等教育出版社；
7.《物理化学》高职高专化学教材编写组编，高等教育出版社；
8.《物理化学实验》高职高专化学教材编写组编，高等教育出版社。

第三章　化工制图、化工机械基础部分

3.1　基本知识点

3.1.1　应知

1. 流程图的种类、各类流程图的基本构成及图中各类管道、阀门和设备的表示方法；
2. 常用的检修工具介绍、使用方法示范以及使用过程中的注意事项；
3. 化工管路的组成、连接及各部分的作用；
4. 化工管路安装、拆卸顺序及注意事项；
5. 化工阀门种类及结构介绍；
6. 化工阀门拆卸的顺序以及装拆注意事项；
7. 化工阀门常见的故障及检修；
8. 常用材料的种类、性能，化工设备分类、各类化工设备对材料的要求等。

3.1.2　应会

一、选择题

1. 下列哪种材质的设备适用于次氯酸钠的储存(　　)。

A. 碳钢　　B. 不锈钢　　C. 玻璃钢　　D. 铸铁

2. 当介质的温度超过 800℃时，为提高管材的抗蠕变性能和持久性能，必须选用材料(　　)。

A. 不锈钢　　B. 特殊的耐高温合金钢　　C. 高锰钢　　D. 铜

3. 化工容器应优先选用的材料是(　　)。

A. 碳钢　　B. 低合金钢　　C. 不锈钢　　D. 钛钢

4. 下列四种阀门，可用于调节流量的阀门是(　　)。

A. 截止阀　　B. 闸阀　　C. 考克阀　　D. 蝶阀

5. 安全阀的功用：(　　)。

A. 排放泄压和报警　　B. 泄压　　C. 阻断火焰　　D. 报警

6. 安全阀使用必须进行调压，当操作压力为常压时，其压力值应为(　　)。

A. 操作压力值　　B. 操作压力的约 1.2 倍

C. 操作压力的约 2.0 倍　　D. 操作压力的 2.5 倍

7. 下列装置中，属于防爆泄压装置的是(　　)。

A. 爆破片　　B. 安全水封　　C. 压力表　　D. 单向阀

8. 化工企业中压力容器泄放压力的安全装置有安全阀与(　　)等。

A. 疏水阀　　B. 止回阀　　C. 防爆膜　　D. 节流阀

9. 在化工工艺流程图中，仪表控制点以(　　)在相应的管道上用符号画出。

A. 虚线　　B. 细实线　　C. 粗实线　　D. 中实线

10. 工艺流程图中，表示辅助物料管线的是(　　)。
A. 粗实线　B. 中实线　C. 粗虚线　D. 细虚线
11. 零件的某一部分向基本投影面投影所得到的视图是(　　)。
A. 局部视图　B. 旋转视图　C. 剖视图　D. 斜视图
12. 化工管路中，外表面涂银白色的管道内走的是(　　)。
A. 油类及可燃液体　B. 冷冻水　C. 仪表用空气　D. 煤气及可燃气体
13. 图纸中的比例 2∶1 表明(　　)。
A. 图形比实物大　B. 图形比实物小　C. 一样大　D. 都不是
14. 工艺流程图包含(　　)。
A. 方案流程图　B. 物料流程图和首页图
C. 管道及仪表流程图　D. 以上都是
15. 在工艺管道流程图中，仪表位号的第一个字母表示(　　)。
A. 被测变量　B. 仪表功能　C. 工段号　D. 管段序号
16. 在初步设计中，(　　)不包括在内。
A. 带控制点的工艺流程图　B. 物料流程图
C. 设备一览表　D. 管路布置图
17. 能组织、实施和指挥生产的技术文件是(　　)。
A. 设备平面布置图　B. 物料流程图
C. 管路布置图　D. 带控制点的工艺流程图
18. 不属于化工设备结构特点的是(　　)。
A. 形体基本以回转体为主　B. 壳体上开孔和管口多
C. 大多采用非金属材料　D. 各部分结构尺寸相差悬殊
19. 下列不属于化工工艺图范围的是(　　)。
A. 工艺流程图　B. 化工设备图
C. 设备布置图　D. 管道布置图
20. 化工制图中工艺物料管道用(　　)线条绘制流程图。
A. 细实线　B. 中实线　C. 粗实线　D. 细虚线
21. 工艺流程图基本构成是(　　)。
A. 图形　B. 图形和标注
C. 标题栏　D. 图形、标注和标题栏
22. 管道的常用表示方法是(　　)。
A 管径代号　B. 管径代号和外径
C 管径代号、外径和壁厚　D. 管道外径
23. 管子的公称直径是指(　　)。
A. 内径　B. 外径
C. 平均直径　D. 设计、制造的标准直径
24. 在工艺管架中管路采用 U 形管的目的是(　　)。
A. 防止热胀冷缩　B. 操作方便　C. 安装需要　D. 调整方向
25. 热水泵入口一般选用(　　)。

A. 截止阀　B. 闸阀　C. 球阀　D. 挡板

26. 中压容器设计压力在(　　)。

A. $0.98MPa \leqslant P < 1.2MPa$　B. $1.2\ MPa < P \leqslant 1.5\ MPa$

C. $1.568\ MPa \leqslant P < 9.8MPa$　D. $1.568\ MPa \leqslant P \leqslant 98MPa$

27. 在化工管路中，对于要求强度高、密封性能好、能拆卸的管路，通常采用(　　)。

A. 法兰连接　B. 承插连接　C. 焊接　D. 螺纹连接

28. (　　)在管路上安装时，应特别注意介质出入阀口的方向，使其“低进高出”。

A. 闸阀　B. 截止阀　C. 蝶阀　D. 旋塞阀

29. 表示(　　)。

A. 螺纹连接，手动截止阀　B. 焊接连接，自动闸阀；

C. 法兰连接，自动闸阀　D. 法兰连接，手动截止阀

30. 闸阀的阀盘与阀座的密封面泄漏，一般采用(　　)方法进行修理。

A. 更换　B. 加垫片　C. 研磨　D. 防漏胶水

31. 当截止阀阀芯脱落时，流体(　　)。

A. 流量不变　B. 流量减少　C. 不能通过　D. 流量加大

32. 随着季节的变化，设备所加润滑油(　　)改变。

A. 不需要　B. 不一定　C. 无规定　D. 需要

33. 物料管线一般都铺成(　　)坡度。

A. 1/50　B. 1/100　C. 1/150　D. 1/200

34. 普通弹簧管压力表用于不同介质时，应喷涂不同的颜色，如燃料气用(　　)。

A. 褐色　B. 红色　C. 深绿色　D. 白色

35. 下列比例中，(　　)是优先选用的比例。

A. 4∶1　B. 1∶3　C. 5∶1　D. $1:1.5\times10^n$

36. 在三视图中，能够反映物体前后位置关系的视图为(　　)。

A. 主视图和左视图　B. 俯视图和左视图

C. 右视图和左视图　D. 在三个视图中都有可能

37. 在三视图中，与高度有关的视图是(　　)。

A. 主视图和左视图　B. 俯视图和左视图

C. 右视图和左视图　D. 三个视图都有关系

38. 在三视图中，能够反映物体上下位置关系的视图为(　　)。

A. 主视图和左视图　B. 俯视图和左视图

C. 右视图和左视图　D. 在三个视图中都有可能

39. 在三视图中，与宽度有关的视图是(　　)。

A. 主视图　B. 右视图

C. 左视图　D. 三个视图都有关系

40. 零件图的主要作用是 C 和(　　)。

A. 直接指导制造零件　B. 指导读零件的结构

C. 检验零件的图样　D. 读零件图与装配图关系

41. 剖视图的剖切符号为断开的(　　)线。

A. 细实　B. 点划　C. 虚　D. 粗实

42. 管道轴测图一般定 Z 轴为(　　)。

A. 东西方向　B. 南北方向　C. 上下方向　D. 左右方向

43. 化工工艺流程图是一种表示(　　)的示意性图样，根据表达内容的详略，分为方案流程图和施工流程图。

A. 化工设备　B. 化工过程　C. 化工工艺　D. 化工生产工程

44. 化工工艺流程图分为(　　)和施工流程图。

A. 控制流程图　B. 仪表流程图　C. 设备流程图　D. 方案流程图

45. 电动卷扬机应按规程做定期检查，每(　　)至少一次。

A. 周　B. 月　C. 季　D. 年

46. 常用的检修工具有：起重工具、(　　)、检测工具和拆卸与装配工具。

A. 扳手　B. 电动葫芦　C. 起重机械　D. 钢丝绳

47. 游标卡尺上与游标 0 线对应的零件尺寸为 28mm，游标总长度为 19mm，有 20 个刻度，游标与主尺重合刻度线为 5，该零件的实际尺寸是(　　)。

A. 28. 5mm　B. 28. 25mm　C. 28. 1mm　D. 28. 75mm

48. 下列工具操作有误的是(　　)。

A. 使用手锤工作时要戴手套，锤柄、锤头上不得有油污

B. 尖头錾、扁錾、盘根錾头部有油应及时清除

C. 锉刀必须装好木柄方可使用

D. 使用钢锯锯削时用力要均匀，被锯的管子或工作件要夹紧

49. 含碳量在 0. 25%~0. 5%内，通过淬火及高温回火可获得良好的综合力学性能的这类钢，叫(　　)。

A. 渗碳钢　B. 调制钢　C. 弹簧钢　D. 都不对

50. 碳钢和铸铁都是铁和碳的合金，它们的主要区别是含(　　)量不同。

A. 硫　B. 碳　C. 铁　D. 磷

51. 在化工设备中广泛应用的 20 号钢属于(　　)。

A. 低碳钢　B. 中碳钢　C. 高碳钢　D. 低合金钢

52. 灰铸铁 HT200，其数字 200 表示的是(　　)。

A. 抗拉强度　B. 抗压强度　C. 硬度　D. 材料型号

53. 16Mn 是一种平均含碳量为 0. 16%的(　　)。

A. 低合金钢　B. 普通碳素结构钢　C. 优质碳素钢　D. 高合金钢

54. 以下属于化工容器常用的低合金钢是(　　)。

A. Q235AF　B. 16Mn　C. 65Mn　D. 45 钢

55. 高温管道是指温度高于(　　)℃的管道。

A. 30　B. 350　C. 450　D. 500

56. 疏水阀门用于蒸汽管道上自动排除(　　)。

A. 蒸汽　B. 冷凝水　C. 空气　D. 以上均不是

57. (　　)方式在石油化工管路的连接中应用极为广泛。

A. 螺纹连接　　B. 焊接　　C. 法兰连接　　D. 承插连接

58. 化工管路常用的连接方式有(　　)。

A. 焊接和法兰连接　　B. 焊接和螺纹连接

C. 螺纹连接和承插式连接　　D. A 和 C 都是

59. 水泥管的连接适宜采用的连接方式为(　　)。

A. 螺纹连接　　B. 法兰连接　　C. 承插式连接　　D. 焊接连接

60. 一般化工管路由：管子、管件、阀门、支管架、(　　)及其他附件所组成。

A. 化工设备　　B. 化工机器　　C. 法兰　　D. 仪表装置

61. 法兰或螺纹连接的阀门应在(　　)状态下安装。

A. 开启　　B. 关闭　　C. 半开启　　D. 均可

62. 化工容器按工作原理和作用的不同可分为：反应容器、换热容器、储存容器和(　　)。

A. 过滤容器　　B. 蒸发容器

C. 分离容器　　D. 气体净化分离容器

63. 下列关于法兰连接优点的叙述中(　　)是不正确的。

A. 强度高　　B. 密封性好　　C. 使用范围广　　D. 经济

64. 利用可绕轴旋转的圆盘来控制管路的启闭，转角大小反映阀门的开启程度，这是(　　)。

A. 闸阀　　B. 蝶阀　　C. 球阀　　D. 旋塞阀

65. 合成氨中氨合成塔属于(　　)。

A. 低压容器　　B. 中压容器　　C. 高压容器　　D. 超高压容器

66. 通用离心泵的轴封采用(　　)。

A. 填料密封　　B. 迷宫密封　　C. 机械密封　　D. 静密封

67. 管道连接采用活接头时，应注意使水流方向(　　)。

A. 从活接头公口到母口　　B. 从活接头母口到公口

C. A 与 B 均可　　D. 视现场安装方便而定

68. 设备结构图包括的内容是(　　)。

A. 一组视图

B. 一组视图、必要的尺寸、管口符号

C. 标题栏、零件编号及明细栏，技术特性表

D. 一组视图、必要的尺寸、管口符号和管口表、标题栏、零件编号及明细栏，技术特性表和技术要求

69. 下列流程中，(　　)包含零件编号及明细栏的内容。

A. 工艺流程图　　B. 设备布置图　　C. 管路布置图　　D. 设备结构图

70. 包含管口符号和管口表内容的图是(　　)。

A. 工艺流程图　　B. 施工流程图

C. 设备结构图　　D. 带控制点流程图

71. 化工设备图主要包括的尺寸类别为(　　)。

A. 特性尺寸、装备尺寸　　B. 安装尺寸、外形尺寸

C. 总体尺寸、其它尺寸　D. 以上所有选项

72. 反映化工设备的主要性能、规格的尺寸是(　　)。

A. 特性尺寸　B. 装配尺寸　C. 安装尺寸　D. 外形尺寸

73. 表示设备总长、总高、总宽，以确定该设备所占空间的尺寸类型是(　　)。

A. 特性尺寸　B. 装配尺寸　C. 安装尺寸　D. 外形尺寸

74. 一个实体的轴测投影只有(　　)可见的平面。

A. 1　B. 2　C. 3　D. 4

75. (　　)是反应物体三维形状的二维图形。

A. 剖视图　B. 平面图　C. 立面图　D. 轴测图

76. 轴测图是反映物体(　　)维形状的(　　)维图形。

A. 二、二　B. 二、三　C. 三、二　D. 三，三

77. 下列说法错误的是(　　)。

A. 轴测图的线性尺寸，一般应沿轴测轴方向标注

B. 轴测图的线性尺寸数值为零件的基本尺寸

C. 在轴测图中标注圆的直径时，尺寸线盒尺寸界线应分别平行于圆所在平面内的轴测轴

D. 在轴测图中标注角度数字一般写在尺寸线的中断处，字头朝上

78. 有一条蒸汽管道和两条涂漆管道相向并行，这些管道垂直面排列时由上而下排列顺序是(　　)。

A. 粉红-红-深绿　B. 红-粉红-深绿

C. 红-深绿-粉红　D. 深绿-红-粉红

79. 工艺物料代号 PA 是(　　)。

A. 工艺气体　B. 工艺空气

C. 气液两相工艺物料　D. 气固两相工艺物料

80. 化工工艺流程图中的设备用(　　)线画出，主要物料的流程线用(　　)实线表示。

A. 细，粗　B. 细，细　C. 粗，粗　D. 粗，细

81. 在方案流程图中，设备的大致轮廓线应用(　　)表示。

A. 粗实线　B. 细实线　C. 中粗实线　D. 双点划线

82. 在工艺流程图中，公用工程埋地管线由(　　)表示。

A. 粗实线　B. 粗虚线　C. 中粗线　D. 细虚线

83. 在工艺流程图中，流程线相交时，一般同一物料流程线交叉时，应做到(　　)。

A. 先断后不断　B. 先不断后断　C. 主不断辅断　D. 主断辅不断

84. 在化工工艺流程图中，仪表控制点以(　　)在相应的管道上用符号画出。

A. 虚线　B. 细实线　C. 粗实线　D. 中实线

85. 工艺技术规程的作用是(　　)。

A. 指导生产的主要技术文件　B. 生产准备工作的主要依据

C. 新建厂房(车间)的基本技术文件　D. 以上均是

86. 关于工艺技术规程的作用，下列说法错误的是(　　)。

A. 工艺规程编制的质量高低，对保证产品质量起着重要作用

B. 是工艺装备、材料定额、工时定额设计与计算的主要依据
C. 是直接指导工人操作的生产法规
D. 与产品成本、劳动生产率、原材料消耗没有直接关系

87.(　　)的内容强调的内容有：品名、剂型、处方、生产工艺的操作要求，物料、中间产品、成品的质量标准和技术参数及储存注意事项，物料平衡的计算方法，成品容器、包装材料的要求等。
A. 工艺技术规程　B. 岗位操作规程
C. 标准操作规程　D. 作业指导规程

88.(　　)包括装置概况、工艺原理、流程说明、工艺指标等内容。
A. 工艺技术规程　B. 仪表控制操作规程
C. 安全技术规程　D. 设备操作规程

89. 下列说法正确的是(　　)。
A. 工艺技术规程包括装置概况、工艺原理、流程说明、工艺指标等内容
B. 仪表控制操作规程包括装置概况、工艺原理、流程说明、工艺指标等内容
C. 安全技术规程装置包括概况、工艺原理、流程说明、工艺指标等内容
D. 设备操作规程装置包括概况、工艺原理、流程说明、工艺指标等内容

90. 技术规程规定主要控制的工艺指标不包括(　　)。
A. 原料指标　B. 半成品、成品指标
C. 公用工程指标　D. 人员指标

91. 技术规程的工艺指标中(　　)规定了水、电、汽和风等指标。
A. 原料消耗　B. 能耗　C. 公用工程　D. 成品消耗

92. 技术规程的工艺指标中(　　)规定了温度、流量、压力等指标。
A. 原料消耗　B. 能耗　C. 公共工程　D. 操作条件

93. 以下选项中(　　)不是按容器在生产中作用分类的压力容器。
A. 反应压力容器　B. 换热压力容器
C. 分离压力容器　D. 导热压力容器

94. 以下选项中不属于压力容器的是(　　)。
A. 反应釜　B. 蒸锅　C. 导热管　D. 储罐

95. 下列压力容器中属于反应压力容器的是(　　)。
A. 分解塔　B. 热交换器　C. 分离器　D. 储罐

96. 以下压力容器安全操作正确的是(　　)。
A. 避免误操作造成超温超压事故　B. 压力容器应做到平稳操作
C. 坚持容器运行期间的巡回检查　D. 以上皆是

97. 以下对压力容器操作人员的要求正确的是(　　)。
A. 严格执行各项规章制度，精心操作，认真填写操作运行记录或生产工艺记录，确保生产安全
B. 对任何有害压力容器的违章指挥，应拒绝执行
C. 努力学习业务知识，不断提高操作技能
D. 以上皆是

98. 反应器的联锁条件有(　　)。

A. 反应器入口温度过高　　B. 反应器入口温度过低

C. 热点温度过低　　D. 出口温度过高

99. 下列(　　)不是阀门填料泄漏的原因。

A. 填料装的不严密　　B. 压盖未压紧

C. 填料老化　　D. 堵塞

100. 利用阀杆升降带动与之相连的圆形阀盘，改变阀盘与阀座间的距离达到控制启闭的法门是(　　)。

A. 闸阀　　B. 截止阀　　C. 蝶阀　　D. 旋塞阀

101. 下列关于截止阀的特点叙述中不正确的是(　　)。

A. 结构复杂　　B. 操作简单

C. 不易于调节流量　　D. 启闭缓慢时无水锤

102. (　　)一般适用于低温、低压流体且需作迅速全启和全闭的管道。

A. 旋塞阀　　B. 闸阀　　C. 截止阀　　D. 隔膜阀

二、判断题

1. 设备上的安全阀泄漏后，可以关闭根部阀后长期使用。

2. 化工管路中的公称压力就等于工作压力。

3. 在化工管路中，通常在管路的相对低点安装有排气阀。

4. 安全阀是通过阀片的破裂来泄放介质，以降低容器内的压力，防止爆炸。

5. 在工艺流程图中，主要物料流程线用粗实线表示，辅助物料流程线用中实线表示。

6. 在带控制点的工艺流程图中，管径一律用公称直径标注。

7. 化工工艺图包括工艺流程图、设备布置图和管路布置图。

8. 化工工艺流程图不考虑各设备的相对位置和标高。

9. 在带控制点工艺流程图中，仪表位号标注为 TRC-101 表示一个温度记录控制回路。

10. 画流程图时，用粗实线画主要物料流程线，用中粗实线画辅助物料流程线，用细实线画设备轮廓线。

11. 在工艺流程图在绘制中，应按物料经过先后顺序从左向右进行布置。

12. 为了防腐蚀，化工厂大型管道的材质更多选用不锈钢。

13. 一般压力容器用钢是指常规工作条件的容器用钢，它包括碳素钢、普通低合金钢和高合金钢。

14. 在进行圆柱管螺纹连接时，螺纹连接前必须在外螺纹上加填料，填料在螺纹上的缠绕方向，应与螺纹的方向一致。

15. 管路焊接时，应先点焊定位，焊点应在圆周均布，然后经检查其位置正确后方可正式焊接。

16. 闸阀具有流体阻力小、启闭迅速、易于调节流量等优点。

17. 截止阀的泄漏可分为外漏和内漏两种情况，由阀盘与阀座间结合不紧密造成的泄漏属于内漏。

18. 工艺流程图中的管道、阀及设备应采用 HG/T 20519—1992 系列标准绘制。

19. 化工管路中通常在管路的相对低点安装有排液阀。

20. 安全阀在设备正常工作时是处于关闭状态的。

21. 管道的法兰连接属于可拆卸连接，焊接连接属于不可拆卸连接。

22. 球阀的阀芯经常采用铜材或陶瓷材料制造，主要目的是为了使阀芯耐磨损和防止介质腐蚀。

23. 设备是生产的物质基础，润滑是设备运行的必要条件。

24. 对设备应认真执行“清洁、润滑、紧固、调整、防腐”十字作业。

25. 搞好设备润滑，可以延长设备使用寿命，才能保障安全生产。

26. 保温层物质的传热系数越小越好。

27. 转子流量计在水平安装时应特别注意转子与管道中心重合。

28. 垫片的厚度愈大，变形量愈大，密封效果愈好。

29. 截止阀出入口安装反了没有影响。

30. 化工设备检修后重新打开前必须进行置换。

31. 法兰连接时，一般中压、低压情况下采用金属垫片。

32. 管道吹扫冲洗时必须将流量计和节流孔板拆除。

33. 盲板制做以钢板为佳，也可用石棉板或马口铁皮等材料代替，制作时应留有手柄，厚度小于管壁厚度。

34. 进行管线、设备强度试验，其水压试验压力为正常压力的 2 倍。

35. 压力容器的安全阀应垂直安装，并尽可能安装在容器的入口处。

36. 防爆泄压设施包括采用安全阀、爆破片、防爆门和放空导管。

37. 跑、冒、滴、漏是石油化工生产中的大害之一。

38. 压力表使用范围通常为全量程的 1/3～1/2。

39. 按要求，疏水阀的漏气率应<3%。

40. 摩擦是机器能量损失的主要原因。

41. 疏水阀的漏气率是指在同一时间内漏汽量和疏水量之比。

42. 在动压润滑轴承中，润滑油压力愈高，润滑效果愈好。

43. 在设备中加入润滑剂，达到降低摩擦和减少磨损的方法称为润滑。

44. 变速箱中，低速转轴比高速转轴粗。

45. 某轴套零件图中尺寸为 $\phi\,25^{+0.053}_{+0.02}$，表明 $\phi25$ 为基本尺寸，最大极限尺寸为 $\phi25.053$，最小极限尺寸为 $\phi25.02$。

46. 目前最常用的安全附件有安全阀、防爆片、压力表、液面计、温度计等。

47. 某轴套尺寸为 $\phi\,32^{+0.015}_{-0.02}$ 表明上偏差为 0.015，下偏差为-0.02，公差为 0.005。

48. 单向阀在生产中常用于只允许流体向一定方一向流动，防止在流体压力下降时发生倒流的现象。

49. 一个密闭的容器，当其内部和外部承受流体的压力时称压力容器。

50. 设备、管线、阀门、仪表要有醒目准确的标牌，并标出物流走向。

51. 实际尺寸等于基本尺寸，则零件一定合格。

52. 上下偏差和公差都可以为正、为负和为 0。

53. 工艺流程图中的标注，是注写设备位号及名称、管段编号、控制点及必要的说明。

54. 化工工艺流程图只包含施工流程图。

55. 一个流程有流程线、物料流向、名称及物料的来源和去向构成。

56. 按部标规定，管道布置图中标注、坐标以米为单位，取小数点两位。

57. 流动物料的单元为一个特定的时间间隔。

58. 气体压力高于大气压力样品气体叫负压气体。

59. 经纬仪主要用于测量构件的水平和高度。

60. 为防止往复泵、齿轮泵超压发生事故，一般在排出管线切断阀前应设置安全阀。

61. 甲乙两零件，甲的硬度为 250HBS，乙的硬度为 52HRS，则甲比乙硬。

62. 錾子前脚的作用是减小切屑变形，使切屑轻快。

63. 15CrMo 是常用的一种高温容器用钢。

64. Q235A 属于优质碳素结构钢。

65. 在阀门型号 H41T-16 中，4 是表示法兰连接。

66. 管件是管路中的重要零件，它起着连接管子、改变方向、接触支管和封闭管路作用。

67. 工作温度为-1.6℃的管道为低温管道。

68. 水-煤气管道广泛应用在小直径的低压管路上。

69. 制造压力容器的钢材一般采用中碳钢。

70. 截止阀安装时应使管路流体由下向上流过阀座口。

71. 法兰连接是化工管路最常用的连接方式。

72. 管道的法兰连接属于可拆连接，焊接连接属于不可拆连接。

73. 工作介质为气体的管道，一般应用不带油的压缩空气或氮气进行吹扫。

74. 在工作管道的连接中，法兰连接和螺纹连接各有优缺点。

75. 在化工设备中能承受操作压力 $P \geqslant 100\text{MPa}$ 的容器是高压容器。

76. 管法兰和压容器法兰的公称直径均应为所连接管子的外径。

77. 化工企业中，管道的连接方式只有焊接与螺纹连接两种。

78. 设备结构图包括的内容有一组视图、必要的尺寸、管口符号和管口表、标题栏、零件编号及明细栏，技术特性表。

79. 设备装置图表达一台设备的结构形状、技术特性、各部件之间的相互关系以及必要的尺寸、制造要求及检验要求。

80. 化工设备图中特性尺寸表示设备总长、总高、总宽，以确定该设备所占空间。

81. 化工设备图中装配尺寸表示零部件之间装配关系和相对位置的尺寸。

82. 轴测图是反映物体二维形状的三维图形。

83. 轴测图是反映物体三维形状的二维图形。

84. 剖视图是反映物体三维形状的二维图形。

85. 工艺流程图中设备用细实线表示。

86. 轴测图的线性尺寸，一般应沿轴测轴方向标注。

87. 轴测图的线性尺寸，一般应沿水平方向标注。

88. 轴测图的尺寸数字应按相应的轴测图形标注在尺寸线的上方。

89. 酸碱性反应介质可采用不锈钢材质的反应器。

3.1.3 参考答案

一、选择题

题号	1	2	3	4	5	6	7	8	9	10	11	12
答案	C	B	B	A	A	A	A	C	B	B	A	A
题号	13	14	15	16	17	18	19	20	21	22	23	24
答案	A	D	A	D	D	C	B	C	D	C	D	A
题号	25	26	27	28	29	30	31	32	33	34	35	36
答案	B	C	A	B	D	C	C	D	C	B	C	B
题号	37	38	39	40	41	42	43	44	45	46	47	48
答案	A	A	C	A	D	C	D	D	B	C	B	A
题号	49	50	51	52	53	54	55	56	57	58	59	60
答案	B	B	A	A	A	B	C	B	C	D	C	D
题号	61	62	63	64	65	66	67	68	69	70	71	72
答案	B	C	D	B	C	A	A	D	D	C	D	A
题号	73	74	75	76	77	78	79	80	81	82	83	84
答案	D	C	D	C	D	C	B	A	B	C	B	B
题号	85	86	87	88	89	90	91	92	93	94	95	96
答案	D	D	A	A	A	D	C	D	D	C	A	D
题号	97	98	99	100	101	102						
答案	D	D	C	B	C	A						

二、判断题

题号	1	2	3	4	5	6	7	8	9	10	11	12
答案	×	×	×	×	√	√	√	×	√	√	√	×
题号	13	14	15	16	17	18	19	20	21	22	23	24
答案	√	√	√	×	√	√	√	√	√	√	√	√
题号	25	26	27	28	29	30	31	32	33	34	35	36
答案	√	√	×	×	×	√	×	√	×	√	×	√
题号	37	38	39	40	41	42	43	44	45	46	47	48
答案	√	×	√	√	×	×	√	√	√	√	×	√
题号	49	50	51	52	53	54	55	56	57	58	59	60
答案	√	√	×	×	√	×	√	×	√	×	×	√
题号	61	62	63	64	65	66	67	68	69	70	71	72
答案	×	√	√	×	√	√	×	√	×	√	√	√
题号	73	74	75	76	77	78	79	80	81	82	83	84
答案	×	√	×	×	×	√	√	×	√	×	√	×
题号	85	86	87	88	89							
答案	√	√	×	√	×							

3.2 相关技能实训项目

3.2.1 技能训练1 化工工艺流程图的绘制与识读

- **训练目标**

1. 了解化工工艺流程图的识读方法；
2. 掌握化工工艺流程图绘制的方法和步骤；
3. 掌握物料流程图和工艺管道及仪表流程图的作用和特点。

- **训练要领**

1. 识读工艺流程图：主要了解掌握物料介质的工艺流程、设备的数量、名称和设备位号，所有管线的管段号、物料介质、管道规格、管道材料，管件、阀件及控制点(测压点、测温点、流量、分析点)的部位和名称及自动控制系统，与工艺设备有关的辅助物料水和气的使用情况，以便在管路安装和工艺操作实践中，做到心中有数。

2. 工艺流程图绘制：工艺流程图一般按工艺装置的主项(工段或工序)为单元绘制，流程简单的可以画成一张总工艺流程图，绘制方法可按化工制图要求进行。

3. 物料流程图由图形、标准、物流平衡表和标题栏组成。物料流程图的绘制步骤：①按照确定的工艺管线和设备型式先画出流程示意图。②根据所编物料代号的数量及物料所涉及成分的数量在物料流程图的下方或右方画出物料平衡表。③进行物料衡算及热量衡算。④整理计算结果。将物料衡算和热量衡算的结果加以整理，并填入物料平衡表。

4. 工艺管道及仪表流程图包括：①工艺设备一览表的所有设备(机器)。②所有的工艺管道，包括阀门、管件、管道附件等，并标注出所有的管段号及管径、管材、保温情况等。③标注出所有的检测仪表、调节控制系统、分析取样系统。④对成套设备或机组在带控制点工艺流程图中以双点划线框图表示制造厂的供货范围，仅注明外围与之配套的设备、管线的衔接关系。

- **思考与分析**

1. 物料流程图的识图及注意事项。
2. 带控制点工艺流程图的特点及一般规定。
3. 工艺流程图中设备的表示方法。
4. 工艺流程图中阀门与管件的表示方法。

3.2.2 技能训练2 化工管路安装基本操作

- **训练目标**

1. 能根据流体输送流程简图，准备安装管线所需的管件、仪表等以及所需的工具和易耗品。
2. 掌握管线的正确组装和管道试压程序。
3. 掌握管线的拆除程序。
4. 能做到管线拆装过程中的安全规范。

- **训练要领**

1. 熟悉各种工具的正确使用方法。如扳手、螺丝刀、角尺、管钳、切管器、套丝机、找正仪等。

2. 管路安装顺序是由下到上，将管件、仪表、阀门按流体输送图进行安装。阀门需关闭安装且注意介质流向，安装过程保证横平竖直，水平管其偏差不大于15mm/10m，但其全长不能大于50mm，垂直管偏差不能大于10mm。

3. 管道试压：实验压力(表压)为工作压力的1.5倍，但不小于200kPa，保压时间5min。

4. 管路拆除顺序是由上到下，先拆仪表、阀门，后拆管线，切记拆除前关闭泵的进出口阀门和打开排液阀、放空阀。

- **思考与分析**

1. 管路安装过程中法兰连接和螺纹连接的优缺点。
2. 管路布置的基本原则。
3. 在哪些情况下管路需要热补偿。

3.2.3 技能训练3 化工阀门的选用与安装

- **训练目标**

1. 了解阀门的种类和用途。
2. 掌握截止阀、闸阀、球阀、止回阀、安全阀、疏水阀、仪表调节阀的结构及工作原理。
3. 掌握阀门的正确使用和拆卸安装。

- **训练要领**

1. 阀门识别：能正确判定常用阀门的名称及结构型式。如截止阀、闸阀、球阀等。
2. 掌握阀门的故障判断，内漏和外漏问题。
3. 阀门的选用：一般开关情况下应首先选闸阀，对要求有一定调节作用的开关场合和输送液化石油气、液态烃介质的场合，宜选用截止阀。对于要求能自动防止介质倒流的场合选用止回阀，这三种阀在石油化工生产装置中应用最广，约占整个阀门总量的80%左右；
4. 阀门的安装：应仔细核对所有阀门的型号规格与设计相符，能否满足使用要求。阀门的安装位置不应防碍设备、管道及阀门本身的拆装、维修和操作。对于有方向性的阀门，安装时应根据管道的介质流向确定其安装方向。

- **思考与分析**

1. 如何排除阀门的内漏和外漏？
2. 阀门的选用原则是什么？
3. 疏水阀前后装截止阀的作用是什么？

3.3 相关资料链接

1.《化工制图》；
2.《化工设备基础》。

第四章　电仪部分

4.1　基本知识点

4.1.1　应知

1. 电工基础知识：直流电路、单相正弦交流电路、三相交流电路。

2. 常用电器设备：变压器基本工作原理、三相异步电动机结构、工作原理及特性、常用低压电器及基本控制电路。

3. 安全用电技术：安全用电与节电、静电的危害与防护、电气装置的防火与防爆。

4. 化工检测仪表：压力检测仪表、流量检测仪表、液位检测仪表、温度检测仪表。

5. 化工自动化知识：化工自动控制系统的组成与工作过程、自动控制系统的过渡过程、被控对象的特性、自动控制仪表及控制规律、执行器、典型化工单元的控制系统。

4.1.2　应会

一、选择题

1. 下列四种流量计，哪种不属于差压式流量计(　　)。

A. 孔板流量计　　B. 喷嘴流量计
C. 文丘里流量计　　D. 转子流量计

2. 孔板流量计是(　　)式流量计。

A. 恒截面、变压差　　B. 恒压差、变截面
C. 变截面、变压差　　D. 恒压差、恒截面

3. 压强表上的读数表示被测流体的绝对压强比当地大气压强高出的数值，称为(　　)。

A. 真空度　　B. 表压强　　C. 相对压强　　D. 附加压强

4. 用皮托管来测量气体流速时，其测出来的流速是指(　　)。

A. 气体的平均流速　　B. 气体的最大流速
C. 皮托管头部所处位置上气体的点速度　　D. 无法判断

5. 仪表控制点符号 TRCA—303 所表示的被测变量为(　　)。

A. T　　B. R　　C. RC　　D. 303

6. 基尔霍夫第一定律指出，电路中任何一个节点的电流(　　)。

A. 矢量和相等　　B. 代数和等于零
C. 矢量和大于零　　D. 代数和大于零

7. 正弦交流电的三要素是(　　)。

A. 电压、电流、频率　　B. 周期、频率、角频率
C. 最大值、初相角、角频率　　D. 瞬时值、最大值、有效值

8. 热电偶通常用来测量(　　)500℃的温度。

A. 高于等于　　B. 低于等于　　C. 等于　　D. 不等于

9. 在选择控制阀的气开和气关形式时，应首先从(　　)考虑。

A. 产品质量　　B. 产品产量　　C. 安全　　D. 节约

10. 变压器不能进行以下(　　)变换。

A. 电流变换　　B. 电压变换　　C. 频率变换　　D. 阻抗变换

11. 在工业生产中，可以通过以下(　　)方法达到节约用电的目的。

A. 选择低功率的动力设备　　B. 选择大功率的动力设备

C. 提高电路功率因素　　D. 选择大容量的电源变压器

12. 热电偶测温时，使用补偿导线是为了(　　)。

A. 延长热电偶　　B. 使参比端温度为 0℃

C. 作为连接导线　　D. 延长热电偶且保持参比端温度为 0℃

13. 化工自动化仪表按其功能不同，可分为四大类，即(　　)、显示仪表、调节仪表和执行器。

A. 现场仪表　　B. 异地仪表　　C. 检测仪表　　D. 基地式仪表

14. 仪表输出变化与引起变化的被测变量变化值之比称为仪表的(　　)。

A. 相对误差　　B. 灵敏限　　C. 灵敏度　　D. 准确度

15. 三相异步电动机直接起动造成的危害主要指(　　)。

A. 起动电流大，使电动机绕组被烧毁

B. 起动时在线路上引起较大电压降，造成同一线路负载无法正常工作

C. 起动时功率因数较低，造成很大浪费

D. 起动时起动转矩较低，无法带负载工作

16. 气开式薄膜调节阀，当压缩空气中断时阀门状态是(　　)。

A. 立即关闭　　B. 原位不动　　C. 立即打开　　D. 停止调节

17. 电动机按供电性质可分为(　　)。

A. 交流电机，直流电机　　B. 同步电机，异步电机

C. 普通电机，防爆电机　　D. 同步电机，交流电机

18. 在选择压力表的量程时，一般不超过满量程的(　　)。

A. 1/2　　B. 1/3　　C. 3/4　　D. 1/4

19. 电流的计量单位规定为(　　)。

A. Hz　　B. A　　C. W　　D. I

20. 浮筒液面计卡住时，输出指示(　　)。

A. 到“0 ”　　B. 最大

C. 停住不变　　D. 最小

21. 阻值为 10Ω 的电阻中流过 10A 电流，则电阻两端的电压为(　　)。

A. 1 V　　B. 10V　　C. 20V　　D. 100V

22. 工业控制计算机的内部数据均采用(　　)制。

A. 二进　　B. 四进　　C. 八进　　D. 十进

23. 由一个调节器的输出信号分别控制两个调节器，这种调节称(　　)。

A. 串级调节　　B. 比例调节　　C. 分程调节　　D. 复杂调节

24. 可以精确定量表示均匀程度的值是(　　)。

A. 平均值　B. 标准偏差　C. 极差频数　D. 系统平均值

25. 输入电机的总功与有效功的(　　)称为电动机的功率因数。

A. 乘积　B. 之和　C. 之比　D. 之差

26. I 系列调节器，比例带与比例作用的关系为(　　)。

A. 比例带值越小，比例作用越弱　B. 比例带值不变，比例作用不变

C. 比例带值越大，比例作用越弱　D. 比例带值越大，比例作用越大

27. 压力表盘刻度极限最好为最高压力的(　　)。

A. 2 倍　B. 1 倍　C. 5 倍　D. 2.5 倍

28. 我国所有的交流电频率为(　　)Hz。

A. 60　B. 50　C. 40　D. 30

29. 电动机铭牌上为 20KW，效率为 0.8，输出功率为(　　)。

A. 16kW　B. 20kW　C. 25kW　D. 28kW

30. 三相异步电动机启动电流是其额定电流的(　　)倍。

A. 2~3　B. 4~7　C. 8~10　D. 10~12

31. 当三相负载的额定电压等于电源的相电压时，三相负载应做(　　)连接。

A. Y　B. X　C. △　D. S

32. 三相交流电中，A 相、B 相、C 相与 N(中性线)之间的电压都为 220V，那么 A 相与 B 相之间的电压应为(　　)。

A. 0V　B. 440V　C. 220V　D. 380V

33. 一个电热器接在 10V 的直流电源上，产生一定的热功率。把它改接在交流电源上，使产生的热功率与直流电时相同，则交流电源电压的最大值是(　　)。

A. 7.07V　B. 5V　C. 14V　D. 10V

34. 在负载星形连接的电路中，线电压与相电压的关系为(　　)。

A. $U_{线}=U_{相}$　B. $U_{线}=3U_{相}$　C. $U_{线}=U_{相}/\sqrt{3}$　D. $U_{线}=\sqrt{3}\,U_{相}$

35. 用万用表检查电容器好坏时，(　　)，则该电容器是好的。

A. 指示满度　B. 指示零位

C. 指示从大到小变化　D. 指示从小到大变化

36. 在三相负载不对称交流电路中，引入中线可以使(　　)。

A. 三相负载对称　B. 三相电流对称

C. 三相电压对称　D. 三相功率对称

37. 三相异步电动机的“异步”是指(　　)。

A. 转子转速与三相电流频率不同　B. 三相电流周期各不相同

C. 旋转磁场转速始终小于转子转速　D. 转子转速始终小于磁场转速

38. 变压器的损耗主要有(　　)。

A. 铁损耗　B. 铜损耗

C. 铁损耗和铜损耗　D. 无损耗

39. 三相对称交流电动势相位依次滞后(　　)。

A. 30°　B. 60°　C. 90°　D. 120°

40. 一个“220V、60W”的白炽灯，接在 220V 的交流电源上，其电阻为(　　)。

A. 100Ω　B. 484Ω　C. 3.6Ω　D. 807Ω

41. 要使三相异步电动机反转，只需改变(　　)。

A. 电源电压　B. 电源相序　C. 电源电流　D. 负载大小

42. 日光电路中，启辉器的作用是(　　)。

A. 限流作用　B. 电路的接通与自动断开

C. 产生高压　D. 提高发光效率

43. 异步电动机的功率不超过(　　)，一般可以采用直接启动。

A. 5kW　B. 10kW　C. 15kW　D. 12kW

44. 一般三相异步电动机在额定工作状态下的转差率约为(　　)。

A. 30%～50%　B. 2%～5%　C. 15%～30%　D. 100%

45. 将电气设备金属外壳与电源中性线相连接的保护方式称为(　　)。

A. 保护接零　B. 保护接地　C. 工作接零　D. 工作接地

46. 在电力系统中，具有防触电功能的是(　　)。

A. 中线　B. 地线　C. 相线　D. 连接导线

47. 人体的触电方式中，以(　　)最为危险。

A. 单相触电　B. 两相触电　C. 跨步电压触电　D. 都不对

48. 人体通过的电流值与通电时间的乘积，对人身的安全是一个界限，通常认为(　　)mA 为安全值。

A. 10　B. 20　C. 30　D. 40

49. 对于直接接入电路中的单相电能表，其电压线圈的额定电压应为(　　)。

A. 100V　B. 380V

C. 与线路额定电压相同　D. 220V

50. 配电变压器停电时，应先断开(　　)。

A. 高压侧跌落式熔断器　B. 低压侧隔离开关

C. 低压侧各送出线路的断路器　D. 无要求

51. 电子电位差计是(　　)显示仪表。

A. 模拟式　B. 数字式　C. 图形　D. 无法确定

52. 自动控制系统中完成比较、判断和运算功能的仪器是(　　)。

A. 变送器　B. 执行装置　C. 检测元件　D. 控制器

53. 检测、控制系统中字母 FRC 是指(　　)。

A. 物位显示控制系统　B. 物位纪录控制系统

C. 流量显示控制系统　D. 流量记录控制系统

54. 控制系统中 PI 调节是指(　　)。

A. 比例积分调节　B. 比例微分调节

C. 积分微分调节　D. 比例调节

55. PI 控制规律是指(　　)。

A. 比例控制　B. 积分控制

C. 比例积分控制　D. 微分控制

56. 某仪表精度为 0.5 级，使用一段时间后其最大相对误差为±0.8%，则此表精度为

(　　)级。

A. ±0.8%　B. 0.8　C. 1.0　D. 0.5

57. 一块压力表的最大引用误差(　　)其精度等级时，这块压力表才合格。

A. 大于　B. 小于　C. 等于　D. 大于等于

58. 热电偶温度计是用(　　)导体材料制成的，插入介质中，感受介质温度。

A. 同一种　B. 两种不同　C. 三种不同　D. 四种不同

59. 用电子电位差计配用热电偶测量温度，热端温度升高 2℃，室温(冷端温度)下降 2℃，则仪表示值(　　)。

A. 升高 4℃　B. 升高 2℃　C. 下降 2℃　D. 下降 4℃

60. 转子流量计指示稳定时，其转子上下的压差是由(　　)决定的。

A. 流体的流速　B. 流体的压力

C. 转子的重量　D. 流道截面积

61. 热电偶温度计是基于(　　)的原理来测温的。

A. 热阻效应　B. 热电效应　C. 热磁效应　D. 热压效应

62. 气动执行器有气开式和气关式两种，选择的依据是(　　)。

A. 负反馈　B. 安全　C. 方便　D. 介质性质

63. 热电偶测量时，当导线断路时，温度记录仪表的指示在(　　)。

A. 0℃　B. 机械零点　C. 最大值　D. 原测量值不变

64. 自动控制装置是能克服(　　)，使被控制量回到给定值的装置。

A. 误差　B. 偏差　C. 干扰　D. 测量

65. 自动控制系统组成，以下(　　)项是正确的。

A. 由测量元件、调节器、对象组成

B. 由测量元件、调节器、执行器组成

C. 由被控对象和能实现过程控制的自动化装置组成

D. 有测量元件调节器、对象、执行器组成

66. 在不同的测量条件下，同一被测量的量值测量结果之间的一致性被称为测量结果的(　　)。

A. 重复性　B. 稳定性　C. 复现性　D. 统一性

67. 显示装置能有效辨别的的最小示值差称为(　　)。

A. 灵敏度　B. 分辨力　C. 稳定性　D. 偏移

68. 测量仪器的规定计量特性不受损也不降低，其后仍可在额定操作条件下运行所能承受的极端条件称为(　　)。

A. 参考条件　B. 标准条件　C. 使用条件　D. 极限条件

69. 测量仪器的标称范围上限值和下限值之差的绝对值称为(　　)。

A 测量范围　B. 标称范围　C. 量程　D. 计量规程

70. 测量仪器保持其计量特性随时间恒定的能力称为(　　)。

A. 漂移　B. 稳定性　C. 灵敏度　D. 偏移

71. 测量控制体系是指(　　)。

A. 为确保测量设备与预期使用要求相一致所需的一组相关的或相互作用的需要

B. 用于保证计量可靠和适当的测量准确度的全部法规、技术手段及必要的各种运作

C. 为核查计量器具是否依照法律、法规正确使用和诚实使用，而对计量器具制造、安装、修理或使用进行控制的程序

D. 为实现测量过程连续控制和计量确认所需的一组相关的或相互作用的要素

72. 用标准(偏)差表示的测量不确定度称为(　　)。

A. 扩展不确定度　　B. 均衡不确定度

C. 标准不确定度　　D. 最大允许误差

73. 测量不确定度表示测量值之间的(　　)。

A. 差异性　　B. 分散性　　C. 波动性　　D. 随机性

74. 测量仪器的标称范围与测量范围之间的关系，通常为(　　)。

A. 标称范围大于等于测量范围　　B. 标称范围小于测量范围

C. 测量范围大于标称范围　　D. 标称范围恒等于测量范围

75. 分析结果对误差的要求是(　　)。

A. 越小越好　　B. 符合要求

C. 在允许误差范围内　　D. 无要求

76. 在分析测定中，下面情况属于系统误差的是(　　)。①天平的两臂不等长；②滴定管的读数看错；③试剂中含有微量的被测组分；④在沉淀重量法中，沉淀不完全。

A. ①②　　B. ①③　　C. ②③　　D. ①③④

77. 任何测量误差都可表示为(　　)的代数和。

A. 系统误差与真值　　B. 随机误差与系统误差

C. 随机误差与真值　　D. 测量值与随机误差

78. 测量仪器的误差处于规定的极限范围内的被测量的示值范围为(　　)。

A. 标称范围　　B. 量程　　C. 测量范围　　D. 操作范围

79. 对给定的测量仪器，有规范、规程等所允许的误差极限值称为(　　)。

A. 示值误差　　B. 相对误差

C. 最大允许误差　　D. 绝对误差

80. 在选择测量仪器的最大允许误差时，通常应为所测量对象所要求误差的(　　)。

A. 1/3～1/2　　B. 1/2～1　　C. 1/5～1/3　　D. 1/10～1/5

81. 随机误差有三条特性：有界性、对称性和(　　)。

A. 单峰性　　B. 抵偿性　　C. 双峰性　　D. 以上都不对

82. 计量表精度等级划分是依据计量表的(　　)来划分计量表的精度级别的。

A. 最大引用误差　　B. 相对误差　　C. 绝对误差　　D. 测量值

83. 企业依实际情况，对计量器具(含标准器)划分为(　　)实施管理。

A. A、B、C 三级　　B. A、B、D 三级

C. A、B 二级　　D. A、B、C、D、E 五级

84. 对一次表进行故障检查时，首先要将调节器打到(　　)。

A. 电动操作位置　　B. 自动操作位置

C. 手动操作位置　　D. 气动操作位置

85. 调节系统中调节器正反作用的确定依据是(　　)。

A. 实现闭环回路正反馈　　B. 系统放大倍数合适

C. 生产的安全性　　D. 实现闭环回路负反馈

86. DDZ-Ⅲ调节器(　　)的切换为有扰动的切换。

A. 从“自动”向“软手动”　　B. 从“硬手动”向“软手动”

C. 从“硬手动”向“自动”　　D. 从“自动”向“硬手动”

87. 在信号报警联锁系统中，为了减少联锁电路出现误动作的机会，提高联锁动作的可靠性，可以采用(　　)表决电路。

A. 三选二　　B. 四选三　　C. 三选一　　D. 二选一

88. 下列说法正确的是(　　)。

A. 在自动控制系统中大多是采用正反馈

B. 在自动控制系统中大多是采用负反馈

C. 在自动控制系统中大多是采用正负反馈

D. 在自动控制系统中大多是不采用反馈

89. 比例调节过程的余差与调节器的比例度(　　)。

A. 成反比　　B. 成正比　　C. 的平方成正比　　D. 没有关系

90. 下列说法正确的是(　　)。

A. 当调节过程不稳定时，可增大积分时间或加大比例度，使其稳定

B. 当调节过程不稳定时，只要增大微分时间，就可使其稳定

C. 当调节过程不稳定时，只要减少积分时间，就使其稳定

D. 当调节过程不稳定时，只要减少积分时间或加大比例度，使其稳定

91. DCS 系统操作中，当操作员将 PID 模块置于自动模式时，操作员可直接调节(　　)。

A. 给定值 SP　　B. 测量值 PV　　C. 输出值　　D. 以上都不是

92. 自动控制系统中完成比较、判断、运算功能的仪器是(　　)。

A. 变送器　　B. 执行装置　　C. 检测元件　　D. 控制器

93. 在 DCS 流程画面中，FIC101 中 C 代表(　　)。

A. 显示　　B. 控制　　C. 联锁　　D. 记录

94. 电动调节阀通过接受工业自动化控制系统的信号来驱动阀门，改变阀芯和阀座之间的(　　)，控制管道介质的流量、温度、压力等工艺参数，实现自动化调节功能。

A. 距离大小　　B. 体积大小　　C. 流速大小　　D. 截面积大小

95. 电动调节阀的流量特性有(　　)。

A. 线性特性、等百分比特性两种

B. 等百分比特性、抛物线特性两种

C. 线性特性、等百分比特性及抛物线特性三种

D. 线性特性、抛物线特性两种

96. 电动调节阀由电动执行机构和(　　)连接组合后，经过机械连接装配、调试安装构成。

A. 调节阀　　B. 变送器

C. 调节阀和变送器　　D. 记录仪

97. 气动调节阀由气动执行机构和(　　)连接组合后，经过机械连接装配、调试安装构成的组合仪表。

A. 调节阀　　B. 变送器

C. 调节阀和变送器　　D. 记录仪

98. 气动调节阀阀门动作方式可基本分为(　　)。

A. 单程和多程两种方式　　B. 上下行两种方式

C. 直行程和角行程两种方式　　D. 上下左右四种方式

99. 下列(　　)不属于信号报警与联锁保护系统的组成部分。

A. 发信元件　　B. 执行元件　　C. 控制元件　　D. 逻辑元件

100. 在信号报警系统中，以(　　)表示低限报警或预告报警。

A. 闪光　　B. 红色灯光　　C. 黄色灯光　　D. 绿色灯光

二、判断题

1. 对电气设备实施保护接零和保护接地是防止触电的有效措施。
2. 选择压力表时，精度等级越高，则仪表的测量误差越小。
3. 在一个完整的自动控制系统中，执行器是必不可少的。
4. 测量液体压力时，压力表取压点应在管道下部。测量气体压力时，取压点应在管道上部。
5. 仪表的精度越高，其准确度越高。
6. 在 DCS 系统操作过程中，当过程变量发生报警，只能调用专用报警画面才能查看报警信息。
7. 直流电动机的制动转矩将随着转速的降低而增大。
8. 因为有玻璃隔开，因此水银温度计属于非接触式温度计。
9. 灵敏度高的仪表精确度一定高。
10. 仪表的灵敏度数值越大，则仪表越灵敏。
11. TR 为温度记录仪表。
12. 有电流表监视的电动机运转时，电流表的指针超过红线标记是不允许的。
13. 从安全角度考虑，化工生产的自控阀常用气开和气关阀。
14. LI 为液面显示仪表。
15. 热电偶温度计的测量范围是-20~1600℃。
16. 电气设备突然停止运行，应立即启动备用设备，没有备用设备时，应通知值班电工。
17. 膨胀式温度计的测量范围是 0~300℃。
18. 操作时用右手开闭电源时，要注意左手不要与仪器(设备)相搭连。
19. 在选定的单位相同时，测量值小数点后位数愈多，则测量越精确。
20. 均匀调节系统与串接调节系统在形式上、控制目的上都是一样的。
21. 系统误差即其大小和符号均不改变或按一定规律变化。
22. 在日常巡检中，电动机的巡检内容是电压、温度、声音、异味等。
23. 当仪表空气中断时，气开调节阀的开度为全开。
24. 电机的启动电流约为额定电流的 4~7 倍。

25. FR 表示流量显示仪表。

26. 镍铬-镍硅热电偶的正极为红色，负极为棕色。

27. 电动机轴承温度超过允许值是因为轴承磨损等因素造成的。

28. FIC 为流量调节仪表。

29. 铂铑-铂热电偶的正极为红色，负极为绿色。

30. 压力表是测量容器内部压力的仪表，最常见的压力表有弹簧式和　活塞式两种。

31. DCS 在控制功能上已经完全实现了原常规仪表所具有的功能。

32. DCS 实质上就是一种控制集中、管理分散的工业控制计算机系统。

33. FRC 为流量记录调节仪表。

34. 电动机为 E 级绝缘时，允许温升为 75℃。

35. LRC 为液位调节仪表。

36. 铁-康铜热电隅的正极为白色，负极为棕色。

37. 额定电流是判断电机超载运行的依据。

38. 精度为 1.5 级的压力表，其允许误差为表刻度极限的 1.5%。

39. 差压式变送器主机安装位置的高低对液位测量没有影响。

40. 电动机温升是指环境温度为 40℃时定子绝缘允许的温度升高值。

41. 对一次表进行故障检查时，首先要将调节器打到手动操作位置。

42. 当调节过程不稳定时，可增大积分时间或加大比例度，使其稳定。

43. 校验时把浮筒室底部放空阀打开，然后接一塑料管进行灌水校验。有人说这塑料管一定要和浮筒室一样垂直才能保证校验准确。

44. 在信号报警连锁系统中，为了减少连锁电路出现误动作的机会，提高连锁动作的可靠性，可以采用四选三表决电路。

45. 调节器的测量值大于给定值时，输出信号减少为正动作。

46. 串级调节系统副调节器一般选用调节器规律是比例调节，主调节器用比例积分调节。

47. 比例调节过程的余差与调节器的比例度成正比。

48. 比例积分控制器比例度大能使系统的稳定性提高。

49. DCS 系统操作中，当操作员将 PID 模块置于自动模式时，操作员可以直接调节测试值 PV。

50. DCS 系统操作中，当操作员将 PID 模块置于自动模式时，操作员可以直接调节给定值 SP。

51. DCS 系统操作中，当操作员将 PID 模块置于自动模式时，操作员可以直接调节输出值。

52. 调节阀属于现场仪表。

53. 安装调节阀时，加旁通管路的目的是避免调节阀在使用时发生故障。

54. 电动调节阀的电源只能采用直流电源，且电源电压为 380V。

55. 气开型气体调节阀工作过程中，当气压增加时，阀门向流量增加的方向动作。

56. 气动调节阀安装在加热炉的燃料气管道上，用于根据炉膛的温度或被加热物料在加热炉出口的温度来控制燃料的供应，此时宜选用气关阀更安全些。

57. 因信号压力不稳定造成气动调节阀动作不稳定的原因，只能是压缩机的容量过小。

58. 手动操作能在现场图上体现。

59. 现场图不能清晰看出物料流动的方向。

60. 手动操作不能在现场图上体现。

61. 自动控制仪表不在 DCS 图上。

62. FIC 表示流量显示控制仪表。

63. 工艺仿真模型处于“冻结”状态时，不进行工艺模型的计算，相应的 DCS 仿真软件也处于“冻结”状态，不接受任何工艺操作，即在工艺操作视为无效。

64. 变压器不仅有变压、变流的作用，而且还有变阻抗的作用。

65. 由三相异步电动机的转动原理可知，在电动运行状态下旋转磁场的转速总是小于转子的转速，因此称为“异步”电动机。

66. 变压器是用来降低电压的。

67. 三相异步电动机定子极数越多，则转速越高，反之则越低。

68. 三相交流对流电路中，如采用星形连接时，线电流等于相电流。

69. 直流电动机的制动转矩将随着转速的降低而增大。

70. 在电路中所需的各种直流电压，可以通过变压器变换获得。

71. 三相负载 Y(星形)接时，中线电流一定为零。

72. 将三相异步电动机电源的三根线中的任意两根对调，即可改变其转动方向。

73. 目前家用电风扇、电冰箱、洗衣机中使用的电动机一般均为三相异步电动机。

74. 万用表因其可以测量多种参数，如温度、压力、电阻等故而得名。

75. 照明电路开关必须安装在相线上。

76. 工作接地是将电气设备的金属外壳与接地装置之间的可靠连接。

77. 电气设备的保护接零和保护接地是防止触电的有效措施。

78. 选用熔断器时，不管什么负载，只需比所用电器的额定电流略大或相等即可。

79. 用带有绝缘手柄的电工钳或绝缘手柄的斧头切断带电导线，使触电者脱离电源时，应从电源侧同时切断两根导线。

80. 在自控图纸中，流体的液位用 H 表示。

81. 自控图纸中，FT 代表孔板。

82. FR101 中的 F 代表流量，R 代表显示。

83. 由于防爆型仪表或电气设备在开盖后就失去防爆性能，因此不能在带电的情况下打开外盖进行维修。

84. TRC-121 表示的意义是工号为 1，序号为 21 的温度记录控制仪表。

85. 气开阀在没有气源时，阀门是全开的。

86. 差压变送器只能测量液位。

87. 热电偶的测温范围比热电阻的测温范围宽。

88. 管式加热炉中的燃料调节阀应选用气关阀。

89. 热电阻可以用来测量中、高范围内的温度。

90. 弹簧管压力表只能就地指示压力，不能远距离传送压力信号。

91. 精度等级为 1.0 级的检测仪表表明其最大相对百分误差为±1%。

92. 准确度是指测量结果和实际值的一致程度，准确度高意味着系统误差和随机误差都很小。

93. 在测量过程中，由仪表读得的被测值与真实值之间存在一定的差距，称为理论误差。

94. 仪表的精度等级是根据相对误差划分的。

95. 仪表主要性能指标有精确度、变差、相对误差、复现性、稳定性、可靠性。

96. 热电阻温度计显示仪表指示无穷大可能原因是热电阻短路。

97. 热电偶与显示仪表间采用“三线法”接法。

98. 压力检测仪表测量高温蒸汽介质，必须加装隔离罐。

99. 测温仪表补偿导线连接可以任意接。

100. 一般在高温段用热电偶传感器进行检测，在低温段用热电阻传感器进行检测。

101. 测量液体压力时，压力表取压点应在管道下部，测量气体压力时，取压点应在管道上部。

102. 差压变送器只能用于流量检测系统。

103. 压力表的选择只需要选择合适的量程就行了。

104. 在自动控制系统中，按给定值的形式不同可以分为定值控制系统、随动控制系统和程序控制系统。

105. 简单控制系统包括串级、均匀、前馈、选择性系统等类型。

106. 自动调节系统与自动测量、自动操纵等开环系统比较，最本质的差别就在于反馈。

107. 自动控制系统是具有反馈的闭环调节系统。

108. 自动控制系统是采用自动化装备来代替人工操作的系统。

109. 自动控制系统是一个被控对象、检测元件(变送器)、调节器和执行器构成的自动化装置。

110. 工业自动化仪表是工控机的组成部分之一。

111. 计算机控制系统是工业自动化系统的基本组成部分之一。

112. 计算机控制系统就是自动控制系统一种形式。

113. 自动控制系统是由调节器、对象、执行器等部分组成。

114. 自动控制系统是由被控对象、检测元件(变送器)、调节器和执行器等部件组成。

115. 简单控制系统通常是指由一个测量元件、一个变送器、一个控制器、一个执行器和被控对象所构成的闭环系统，也称为单回路控制系统。

116. 系统输出的被调量和执行量之间存在着反馈回路的系统为闭环系统。

117. 控制系统信号不反馈到系统的输入端，因而不对控制作用产生影响的系统，称为开环控制系统。

118. 闭环自动控制是指控制器与控制系统对象之间既有顺向控制又有反向联系的自动控制。

119. 测量是指以确定量值为目标的一组操作。

120. 实物量具指使用时以固定形态复现或提供给定量的一个或多个已知值的器具。

121. 测量值与真实值之间的差值称为误差。

122. 平行测定次数越多，误差越小。

123. 增加平行试验次数可消除偶然误差。

124. 随机误差等于误差减去系统误差。

125. 误差与不确定度都是不能确定的。

126. 对于同一被测量的不同测量结果，其误差越大，则不正确度也就越大。

127. 量具的偏差等于量具的实际值与标称值之差。

128. 修正值等于负的系统误差，它本身也具有不确定度。

129. 按误差的表示方法来划分，测量误差可以分为随机误差和系统误差。

130. PID 图中仪表功能代码 TIC 表示为温度记录、控制。

4.1.3 参考答案

一、选择题

题号	1	2	3	4	5	6	7	8	9	10	11	12
答案	D	A	B	C	A	B	C	A	C	C	C	A
题号	13	14	15	16	17	18	19	20	21	22	23	24
答案	C	C	B	A	A	C	B	C	D	A	C	B
题号	25	26	27	28	29	30	31	32	33	34	35	36
答案	C	C	A	B	A	B	A	D	C	D	C	C
题号	37	38	39	40	41	42	43	44	45	46	47	48
答案	D	C	D	D	B	B	B	B	A	B	B	C
题号	49	50	51	52	53	54	55	56	57	58	59	60
答案	D	C	A	D	D	A	C	C	B	B	B	C
题号	61	62	63	64	65	66	67	68	69	70	71	72
答案	B	B	C	B	C	C	B	D	C	B	D	C
题号	73	74	75	76	77	78	79	80	81	82	83	84
答案	D	C	C	D	B	A	C	D	A	A	A	D
题号	85	86	87	88	89	90	91	92	93	94	95	96
答案	D	D	A	B	B	A	A	D	B	D	C	A
题号	97	98	99	100								
答案	B	C	C	C								

二、判断题

题号	1	2	3	4	5	6	7	8	9	10	11	12
答案	√	×	√	√	×	×	×	×	×	√	√	√
题号	13	14	15	16	17	18	19	20	21	22	23	24
答案	√	√	×	√	×	√	√	×	√	×	×	√
题号	25	26	27	28	29	30	31	32	33	34	35	36
答案	×	√	×	√	√	√	√	×	√	√	×	√
题号	37	38	39	40	41	42	43	44	45	46	47	48
答案	√	√	√	√	×	√	×	×	×	√	√	×
题号	49	50	51	52	53	54	55	56	57	58	59	60
答案	×	√	×	√	×	×	√	×	×	√	×	×
题号	61	62	63	64	65	66	67	68	69	70	71	72
答案	×	√	√	√	×	×	×	√	×	×	×	√

题号	73	74	75	76	77	78	79	80	81	82	83	84
答案	×	×	√	×	√	×	×	×	×	×	√	√
题号	85	86	87	88	89	90	91	92	93	94	95	96
答案	×	×	√	×	×	√	√	√	×	×	×	×
题号	97	98	99	100	101	102	103	104	105	106	107	108
答案	×	×	×	√	√	×	×	√	×	×	×	√
题号	109	110	111	112	113	114	115	116	117	118	119	120
答案	√	×	√	√	×	√	√	×	√	√	√	√
题号	121	122	123	124	125	126	127	128	129	130		
答案	√	×	√	√	×	×	√	√	×	×		

4.2　相关技能实训项目

4.2.1　技能训练 1 电工基础实训

- **训练目标**

1. 了解日光灯电路的组成元件。
2. 正确连接双联开关的控制线路，提高接线成功率和工艺水平。
3. 熟练掌握日光灯安装线路图和安装工艺。
4. 掌握日光灯的工作过程。
5. 熟悉单相交流电路 RL 串联的特点及相关计算。

- **主要材料及工具**

主要材料及工具见表 4-1。

表 4-1　主要材料及工具

名　　称	推荐仪器参数	数　　量
日光灯具	220V/8W	1 组
旋具(一字、十字)		各 1 把
剥线钳		1 把
交流电流表	0~0.5A	1 块
交流电压表	0~300V	1 块
导线		若干
万用表	M500	1 块

- **实训要领**

1. 如图 4-1 连接电路。把日光灯管看成电阻，把镇流器看成感性元件。
2. 安装前要检查灯管、镇流器、启辉器等器件有无损坏，标称功率应保持一致。
3. 使用灯架的日光灯，先把灯座、启辉器、镇流器选好位置，固定在灯架上。
4. 正确连接日光灯的各器件，且美观牢固。
5. 线路接好后，必须经教师检查允许后方可接通电源，在操作过程中要注意人身及设备安全。
6. 通电灯亮后，填写数据表 4-2。

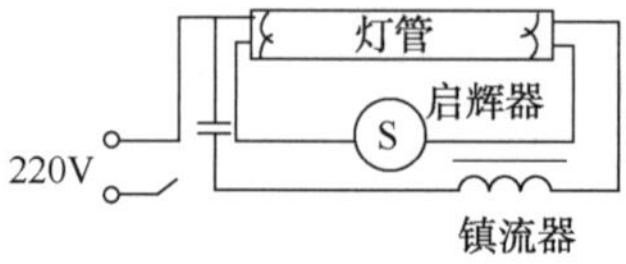

图 4-1　日光灯接线图

表 4-2　数　据　表

项　　目	数　　值	项　　目	数　　值
电源电压/V		镇流器两端电压/V	
灯管两端电压/V		线路中电流/A	

根据表 4-2 中数据计算：

（1）灯管两端电压/线路中电流；

（2）镇流器两端电压/线路中电流；

（3）电源电压/线路中电流。

● **思考与分析**

1. 根据所测的电压数据，说明为什么电源电压不等于灯管两端电压加上镇流器两端电压？

2. 如果将日光灯的启辉器或镇流器拿走，日光灯还会亮吗？

3. 启辉器的两触点在静态时应处于____状态？（A. 开路；B. 短路）

4.2.2　技能训练 2 电气仪表一般故障判断实训

● **训练目标**

1. 掌握仪表引压导管堵塞或接反的故障判断方法。

2. 掌握智能变送器线性不好的故障判断方法。

3. 掌握差压变送器输出值长时间不变的故障判断方法。

4. 掌握液位差压变送器波动的故障判断方法。

● **实训装置**

1. 在催化剂生产过程中，需要测量浆液的压力和流量场所。

2. 有一流量测量系统，一次元件为孔板，差压变送器为测量仪表。

3. 控制仪表校验室。

4. 控制系统实训室。

● **实训要领**

1. 分析故障原因

（1）在生产过程中，常遇到被测介质内含有固体悬浮颗粒或粉末，时间久了，有的还会固化，引起引压导管堵塞，使测量无法正常进行。在这种情况下，不能用通常的引压管仪表，而要用隔膜式压力表或远程法兰式变送器；

（2）变送器高压导管堵塞或泄漏；

（3）变送器高低压导管接反；

（4）工艺管道内的介质流动方向相反；

（5）变送器有故障。

2. 故障判断与处理

(1) 若检查变送器是好的，输出能随差压信号的变化而变化，导压管也无堵塞和泄漏，而是高低压导压管接反(介质流向相反，也可看作导压管接反)，处理高低压导压管接反的问题：

① 对于某些电动变送器来说是比较困难的，需要重新安装。

② 对于智能变送器来说，处理高低压导管接错的办法就比较简单，可以有多种方法。例如，富士 FCX-A/C 系列智能变送器就有两种。一是改变检测部件和传送部件间的相对位置和导压管接口；二是改变正反作用接片位置。横河 EJA 系列变送器处理导压臂接反的方法也有两种：一是 EJA 高低压导管接口也各有两个，所以如前对 FCX-A/C 介绍的那样，如果高低压导管接错，只要将检测部件和传送部件的相对位置转动 180°即可；二是 EJA 还可以用软件的方法。

(2) 智能变送器的线性不好处理。智能变送起的精度好坏决定于两个因素：一个是敏感元件的线性；另一个是电子转换电路的精度。富士公司的 FCX—A/C 是电容式仪表，测量膜片在工作过程中的最大位移仅为 4μm，所以敏感元件的线性是很好的。加上电子线路是由微处理器为核心部件构成，因此仪表的精度很高，一般情况下，都能调到±0.1%误差以内。智能仪表的精度不好，多半是敏感元件有问题，所以很难调整过来。但有的时候，可以调 A/D 转换电路来进行补正，不过补正的量不是很大，例如，FCX—A/C 的 A/D 转换电路的调整。

(3) 差压变送器输出值长时间不变处理。对苯菲尔液液位变送器在温度降低后，其饱和溶解度下降，溶液析出晶体，常常导致变送器引压管堵塞，变送器正常工作一段时间后，若正压侧引压管堵塞．正压侧感受不到容器的压力变化，因而测量值保持不变，造成检测失真。

(4)液位差压变送器波动处理。由于工艺本身原因，即测量介质波动引起液位的变化。经工艺人员确认，非此原因；三阀组中平衡阀内漏。打开高压阀，关闭平衡阀与低压阀，打开低压侧排污阀未能排出液体，此情况排除；变送器阻尼调整不当。经调整后仍然波动。拆回变送器重新校验，看膜片是否损坏，经校验一切正常。回装变送器，手摸冲洗水阀，若发现有振动感，则为冲洗水不稳。

● **思考与分析**

1. 液位差压变送器开表输出上限值，如何处理?
2. 差压变送器开表输出下限值，如何处理?
3. 差压变送器开表后无指示处理，如何处理?

4.2.3　技能训练 3 DCS 操作系统基础训练实训

● **实训目标**

1. 熟悉 DCS 的组成。
2. 熟悉 MACS 运行界面。
3. 熟悉单容液位定值控制系统的控制原理。
4. 熟悉 P、I、D 参数对过渡过程的影响。

● **实训装置**

本装置包括实训对象、控制屏及北京和利时公司生产的 MACS 系统。

1. 实训对象。实训系统结构图和方框图如图 4-2 所示。被控量为中水箱(也可采用上水箱或下水箱)的液位高度，实训要求中水箱的液位稳定在给定值。将压力传感器 LT2 检测到的中水箱液位信号作为反馈信号，在与给定量比较后的差值通过调节器控制电动调节阀的开度，以达到控制中水箱液位的目的。为了实现系统在阶跃给定和阶跃扰动作用下的无静差控制，系统的调节器应为 PI 或 PID 控制。

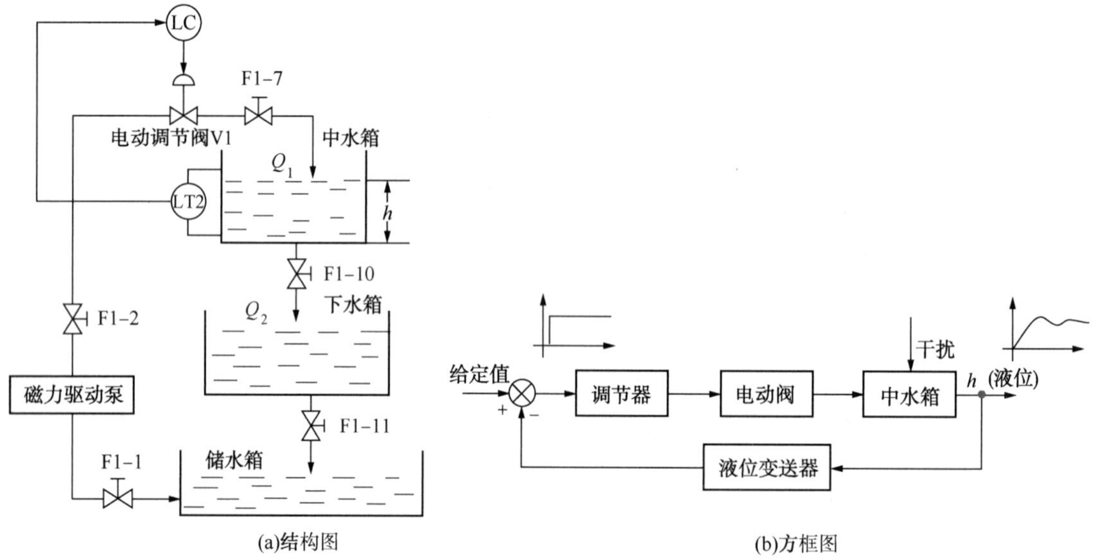

图 4-2　中水箱单容液位定值控制系统

2. 控制屏。控制屏包括 SA-01 电源控制屏面板、SA-02 I/O 信号接口面板及 FM148A 挂件、FM151A 挂件等。

电源控制屏提供 380V 的三相电源、220V 的交流电源、24V 的直流电源，作为其他设备的供电电源。

SA-02 I/O 信号接口面板的作用主要是通过航空插头(一端与对象系统连接)，将各传感器检测信号及执行器控制信号同面板上自锁紧插孔相连。

3. MACS 系统。MACS 系统包括一台操作员站兼工程师站、一台服务器、一台现场主控单元和三个挂件，即 FM148 现场总线远程 I/O 模块挂件、FM143 现场总线远程 I/O 模块挂件和 FM151 现场总线远程 I/O 模块挂件，其中 FM811 MACS 主控单元为单元式模块化结构，它具备较强的数据处理能力和网络通信能力，是 MACS 系统现场控制站的核心单元。FM148 为 8 路模拟量输入模块、FM151 为 8 路模拟量输出模块。

4. 数据交换器两个，网线四根，PC/PPI 通信电缆一根。

5. 300mm 扳手和 200mm 扳手各一把、螺丝刀一把。

单容水箱液位定值控制系统接线如图 4-3 所示。

图 4-3　单容水箱液位定值控制系统

● **实训要领**

1. 启动实训装置。

(1) 打开两台电脑和工控机的电源，打开泵的进水阀和中水箱进水通路，关闭其他阀门。

(2) 按照顺序打开控制屏电源，打开服务器 SERV-U 程序。

(3) 在操作员电脑上打开数据库总控，在空白的菜单下选择要做的实训工程，选择要做的工程单回路控制系统。

(4) 选择工具栏中的“完全编译”，稍后显示编译成功界面。

(5) 关闭数据库组态，在服务器端启动服务器在操作员站打开工程师界面在线下装，输入用户名和密码。

(6) 单击工具栏中的 P 选择要做的实训工程，在工程列表框中拖动滑块选择单回路控制系统。

(7) 选择菜单中的系统命令→下载，选择服务器下载，双击 128. 0. 0. 1. 选择下一步，直到下载成功。

(8) 选择菜单中的系统命令→下载，选择操作员下载，双击 128. 0. 0. 2，选择下一步，直到下载成功。

(9) 关闭工程师在线下载，在服务器端重新启动服务器。

(10) 在操作员站打开操作员站在线软件，在工程师功能中选择登陆，输入用户名和口令。服务器启动成功后就可进入单回路控制系统中的单容水箱液位定值控制系统中进行实训。

2. 在流程图的液位测量值上点击左键，弹出 PID 窗口，可进行相关参数的设置。

3. 按下启动按钮，合上电动阀的电源开关，给电动调节阀上电。

4. 在上位机监控界面中将控制方式设为“手动”，并将设定值和输出值设置为一个合适的值。

5. 合上三相电源空气开关，磁力驱动泵上电打水，适当增加/减少输出量，使中水箱的液位基本等于设定值。

6. 用经验法或动态特性参数法整定调节器参数，选择 PI 控制规律，并按整定后的 PI 参数进行调节器参数设置。

7. 待液位稳定于给定值后，将调节器切换到“自动”控制状态，待液位平衡后，通过以下几种方式加干扰：

(1) 突增(或突减)仪表设定值的大小，使其有一个正(或负)阶跃增量的变化；

(2) 将电动调节阀的旁路阀开至适当开度；

(3) 将中水箱出水阀开至适当开度；

(4) 以上几种干扰均要求扰动量为控制量的 5%～15%，干扰过大可能造成水箱中水溢出或系统不稳定。加入干扰后，水箱的液位便离开原平衡状态，经过一段调节时间后，水箱液位稳定至新的设定值(采用后面三种干扰方法仍稳定在原设定值)，记录此时的设定值、输出值和仪表参数，液位的响应过程曲线。

● **思考与分析**

1. 计算机是通过什么方式接收现场变送器的输出信号的？计算机的控制信号是通过什

么方式去控制控制阀的?

2. 计算机控制系统与常规仪表控制系统有什么区别?

4.3 相关资料链接

1.《化工仪表及自动化》;

2.《电子电工基础》。

第五章　职业道德与安全环保部分

5.1　基本知识点

5.1.1　应知

1. 人身安全：人身防护、机械设备的防护。
2. 防火防爆：燃烧和爆炸的概念；防火防爆的基本措施。
3. 防尘防毒：毒物及其分类；防治毒尘的主要措施。
4. 电气安全：人身防护；防触电措施；触电急救。
5. 污染物质：主要化工污染物质及污染特点。
6. 污染物的治理方法：废水的治理方法；废气的治理方法；废渣的治理方法。
7. 噪声的防治：噪声的危害及噪声的防治。

5.1.2　应会

一、选择题

1. 在下列论述中，正确的是(　　)。

A. 人生的目的就在于满足人的生存与生理本能的需求

B. 追求物质、金钱、享受是人的本能要求

C. 人生在世要对社会和他人承担责任，要有强烈的社会使命感

D. 人生在世就要追求个人的幸福与快乐

2. 道德的正确解释是(　　)。

A. 人的技术水平　　B. 人的工作能力　　C. 人的行为规范　　D. 人的交往能力

3. 社会道德依靠维护的手段是(　　)。

A. 法律手段　　B. 强制手段　　C. 舆论与教育手段　　D. 组织手段

4. 邓小平同志提出要努力建设“四有”职工队伍，“四有”是指(　　)。

A. 有理想、有道德、有技术、有纪律

B. 有理想、有道德、有文化、有纪律

C. 有理想、有信念、有文化、有纪律

D. 有理想、有道德、有文化、有纪律

5. 以礼待人是中国传统道德，在现实中你认为正确的选择是(　　)。

A. 人敬我一尺，我敬人一丈

B. 害人之心不可有，防人之心不可无

C. 君子之交淡如水

D. 对同事要保持友好、和谐、默契的关系

6. 在现实条件下，你认为对“个人修养”正确观点的选择是(　　)。

A. 竞争激烈，弱肉强食，个人修养难以对待

B. 贫富悬殊，心理失衡，个人修养难以适应

C. 物质诱惑，社会风气，个人修养难以抵御

D. 加强修养，提高品德，促进社会风气好转

7.《公民道德建设实施纲要》提出“在全社会大力倡导(　　)的基本道德规范”。

A. 遵纪守法、诚实守信、团结友善、勤俭自强、敬业奉献

B. 爱国守法、诚实守信、团结友善、勤俭自强、敬业奉献

C. 遵纪守法、明礼诚信、团结友善、勤俭自强、敬业奉献

D. 爱国守法、明礼诚信、团结友善、勤俭自强、敬业奉献

8. 社会主义道德建设的基本要求是(　　)。

A. 心灵美、语言美、行为美、环境美

B. 爱祖国、爱人民、爱劳动、爱科学、爱社会主义

C. 仁、义、礼、智、信

D. 树立正确的世界观、人生观、价值观

9. 依法治国与以德治国的关系是(　　)。

A. 有先有后的关系　　B. 有轻有重的关系

C. 互相替代的关系　　D. 相辅相成、相互促进的关系

10. 见利思义是古代传统美德，在现实条件下，正确的选择是(　　)。

A. 见利思己　　B. 见利思义

C. 嘴上讲义，行动上讲利　　D. 行小益，得大利

11. 丰富的社会实践是指导人们发展、成才的基础。在社会实践中体验职业道德行为的方法中不包括(　　)。

A. 参加社会实践，培养职业情感

B. 学做结合，知行统一

C. 理论联系实际

D. 言行不一

12. 自我修养是提高职业道德水平必不可少的手段，自我修养不应(　　)。

A. 体验生活，经常进行“内省”　　B. 盲目自高自大

C. 敢于批评与自我批评　　D. 学习榜样，努力做到“慎独”

13. 职业道德是指(　　)。

A. 人们在履行本职工作中所应遵守的行为规范和准则

B. 人们在履行本职工作中所确定的奋斗目标

C. 人们在履行本职工作中所确立的价值观

D. 人们在履行本职工作中所遵守的规章制度

14. 职业道德建设与企业发展的关系是(　　)。

A. 没有关系　　B. 可有可无　　C. 至关重要　　D. 作用不大

15. 企业加强职业道德建设，关键是(　　)。

A. 树立企业形象　　B. 领导以身作责

C. 抓好职工教育　　D. 健全规章制度

16. 能否树立职业理想，正确的选择是(　　)。

A. 从事自己喜欢的职业，才能树立职业理想

B. 从事报酬高的职业，才能树立职业理想
C. 从事社会地位高的职业，才能树立职业理想
D. 确立正确的择业观，才能树立职业理想
17. 职业道德所具有的特征是(　　)。
A. 范围上的有限性、内容上的稳定性和连续性、形式上的多样性
B. 范围上的广泛性，内容上的稳定性和连续性，形式上的多样性
C. 范围上的有限性、内容上的不稳定性和连续性、形式上的多样性
D. 范围上的有限性、内容上的稳定性和不连续性、形式上的多样性
18. 在职业道德建设中，你认为正确的做法是(　　)。
A. 风来一阵忙，风走如往常
B. 常抓不懈，持之以恒
C. 讲起来重要，干起来次要
D. 生产好了，职业道德建设自然也好
19. 你认为市场经济对职业道德建设带来何种影响(　　)。
A. 带来负面影响　B. 带来正面影响
C. 正负面影响都有　D. 没有带来影响
20. 职业道德建设与企业的竞争力的关系是(　　)。
A. 互不相关　B. 源泉与动力关系
C. 相辅相成关系　D. 局部与全局关系
21. 职业道德是指从事一定职业的人们，在(　　)的工作和劳动中以其内心信念和特殊社会手段来维系的，以善恶评价的心理意识、行为原则和行为规范的总和。
A. 特定行业　B. 所有行业　C. 服务性行业　D. 教育
22. 各行各业的职业道德规范(　　)。
A. 完全相同　B. 有各自的特点
C. 适用于所有的行业　D. 适用于服务性行业
23. 职业道德是一种(　　)机制
A. 强制性　B. 非强制性　C. 普遍　D. 一般
24. 技术人员职业道德特点是(　　)。
A. 质量第一，精益求精　B. 爱岗敬业
C. 奉献社会　D. 诚实守信、办事公道
25. 争做新时期“文明职员”，就要自觉做到(　　)。
A. 有理想、有道德、有技能、有纪律
B. 有理想、有道德、有文化、有纪律
C. 有道德、有文化、有技能、有纪律
D. 有理想、有技能、有文化、有纪律
26. 在市场经济条件下，协作精神与保护知识产权的关系是(　　)。
A. 两者互相排斥　B. 两者相辅相成
C. 两者互不相干　D. 两者不能兼顾
27. 企业要做到文明生产，必须做到(　　)。

A. 开展职工技术教育　B. 提高产品质量
C. 做好产品售后服务　D. 提高职业道德素质
28. 文明经商，礼貌待客是指对待顾客要(　　)。
A. 不动声色　B. 严肃认真　C. 主动热情　D. 见机行事
29. 职业用语的基本要求是(　　)。
A. 语言热情、语气亲切、语言简练、语意明确
B. 语感热情、语气严肃、语言清楚、语意明确
C. 语感自然、语气亲切、语言详尽、语意明确
D. 语感自然、语调柔和、语流明快、语气严肃
30. 下面有关人与职业关系的论述错误的是(　　)。
A. 职业只是人的谋生手段，并不是人的需求
B. 职业是人的谋生手段
C. 从事一定的职业是人的需求
D. 职业活动是人的全面发展的最重要的条件
31. 下面有关职业道德与事业成功关系的论述错误的是(　　)。
A. 没有职业道德的人干不好任何工作
B. 职业道德只是从事服务性行业人员事业成功的重要条件
C. 职业道德是人事业成功的重要条件
D. 每一个成功的人往往都有较高的职业道德
32. 下面有关职业道德与人格的关系的论述错误的是(　　)。
A. 人的职业道德品质反映着人的整体道德素质
B. 人的职业道德的提高有利于人的思想素质的全面提高
C. 职业道德水平的高低只能反映他在所从事职业中能力的大小，与人格无关
D. 提高职业道德水平是人格升华的最重要的途径
33. (　　)标志着一个从业者的能力因素是否能胜任工作的基本条件，也是实现人生价值的基本条件。
A. 职业技能　B. 职业能力　C. 职业情感　D. 职业意识
34. 职业道德建设与企业发展的关系是(　　)。
A. 没有关系　B. 可有可无　C. 至关重要　D. 作用不大
35. 你对职业道德的修养理解是(　　)。
A. 个人性格的修养　B. 个人文化的修养
C. 思想品德的修养　D. 专业技能的提高
36. 在现代化生产过程中，工序之间、车间之间的生产关系是(　　)。
A. 相互配合的整体　B. 不同的利益主体
C. 不同的工作岗位　D. 相互竞争的对手
37. 文明礼貌是从业人员的基本素质，因为它是(　　)。
A. 提高员工文化的基础　B. 塑造企业形象的基础
C. 提高员工技术的基础　D. 提高产品质量的基础
38. 你认为职工个体形象对企业整体形象是否有影响是(　　)。

A. 不影响　B. 有一定影响
C. 影响严重　D. 损害了整体形象

39. 在职业活动活动中，举止得体的要求是(　　)。
A. 态度谦逊、表情从容、行为适度、形象庄重
B. 态度谦逊、表情严肃、行为适度、形象庄重
C. 态度恭敬、表情从容、行为谨慎、形象庄重
D. 态度恭敬、表情严肃、行为敏捷、形象庄重

40. 你对职业理想的理解是(　　)。
A. 个人对某种职业的向往与追求　B. 企业在市场竞争中目标和追求
C. 个人对业余爱好的目标与追求　D. 个人对生活水平的目标与追求

41. 个人职业理想形成的主要条件是(　　)。
A. 人的年龄的增长、环境的影响、受教育的程度、个人的爱好
B. 人的年龄的增长、环境的影响、受教育的程度
C. 社会的需要、环境的影响、受教育的程度、个人具备的条件
D. 社会的需要、环境的影响、受教育的程度、个人的爱好

42. 你认为职业理想与社会需要的关系是(　　)。
A. 社会需要是前提，离开社会需要就成为空想
B. 有了职业理想，就会有社会需求
C. 职业理想与社会需要相互联系，相互转化
D. 职业理想与社会需要互不相关

43. 职业职责是指人们在一定职业活动中所承担的特定职责，职业职责的主要特点是(　　)。
A. 具有明确的规定性、具有法律及纪律的强制性
B. 与物质利益存在直接关系、具有法律及纪律的强制性
C. 具有明确的规定性、与物质利益有直接关系、具有法律及纪律强制性
D. 具有法律及纪律的强制性

44. 办事公道其涵义主要指(　　)。
A. 在当事人中间搞折中，不偏不倚、各打五十大板
B. 坚持原则，按一定的社会标准，实事求是地待人处事
C. 按领导的意图办事
D. 按与个人好的意见办事

45. 要做到办事公道就应该(　　)。
A. 坚持原则，不徇私情，举贤任能、不避亲疏
B. 奉献社会、襟怀坦荡，待人热情，勤俭持家
C. 坚持真理，公私分明，公平公正，光明磊落
D. 牺牲自我，助人为乐，邻里和睦，正大光明

46. 职业道德行为的最大特点是自觉性和习惯性，而培养人的良好习惯的载体是日常生活。因此每个人都应该(　　)。
A. 从小事做起，严格遵守行为规范

B. 从自我做起，自觉培养良好习惯
C. 在日常生活中按照一定目的的长期的教育和训练良好习惯
D. 在工作岗位上培养良好习惯，回家后就可以为所欲为
47. 做好本职工作与为人民服务的关系是(　　)。
A. 本职工作与为人民服务互补相关
B. 人人都是服务对象，同时人人又都要为他人服务
C. 只有服务行业才是为人民服务
D. 管理岗位只接受他人服务
48. 劳动者素质是指(　　)。
A. 文化程度　　B. 技术熟练程度
C. 职业道德素质与专业技能素质　　D. 思想觉悟
49. 关于职业选择自由的观点，你认为正确的观点是(　　)。
A. 职业选择自由与"干一行，爱一行，专一行"相矛盾
B. 倡导职业自由选择，容易激化社会矛盾
C. 职业自由选择与现实生活不适应，做不到
D. 人人有选择职业的自由，但并不能人人都找到自己喜欢的职业
50. 在市场经济条件下，职业自由选择意义是(　　)。
A. 有利于实现生产资料与劳动力较好的结合；有利于取得较大的经济利益；有利于优化社会风气；有利于促进人的全面发展
B. 有利于满足个人喜好；有利于人才自由流动；有利于优化社会风气；有利于促进人的全面发展
C. 有利于企业引进人才；有利于取得较大经济效益；有利于企业减员增效；不利于职业安心工作
D. 有利于实现生产资料与劳动力的结合；有利于取得较大的经济效益；不利于社会稳定；有利于促进人的全面发展
51. 在个人兴趣、爱好与社会需要有时不一致时，正确的选择是(　　)。
A. 只考虑个人的兴趣、爱好
B. 暂时服从工作需要，有条件时跳槽
C. 服从党和人民的需要，在工作中培养自己的兴趣、爱好
D. 只能服从需要，干一天，凑合一天
52. 在竞争中，企业能否依靠职工摆脱困境，你认为是(　　)。
A. 关键在于经营者决策，职工无能为力
B. 职工树立崇高的职业道德，与企业同舟共济
C. 企业能否走出困境，关键在于市场
D. 职工不可能牺牲自己利益，与企业同心同德
53. 在市场经济条件下，如何正确理解爱岗敬业(　　)。
A. 爱岗敬业与人才流动相对立
B. 爱岗敬业是做好本职工作前提与基础
C. 只有找到自己满意的岗位，才能做到爱岗敬业

D. 给多少钱干多少活儿，当一天和尚撞一天钟

54. 职工的职业技能主要是指(　　)。

A. 实际操作能力、与人交往能力、技术技能

B. 实际操作技能、业务处理能力、技术技能、相关的理论知识

C. 排除故障能力、业务处理能力、技术技能

D. 实际操作能力、业务自理能力、相关的理论知识

55. 职工技能技术形成的主要条件是(　　)。

A. 先天的生理条件、长期职业实践、一定的职业教育

B. 师傅的传授技术、一定的职业教育

C. 先天的生理条件、一定的职业教育

D. 从事职业实践、一定的职业教育

56. 企业文化的主要功能是(　　)。

A. 导向功能、激励功能、培育功能、推进功能

B. 自律功能、导向功能、整合功能、激励功能

C. 自律功能、整合功能、激励功能、培育功能

D. 自律功能、导向功能、整合功能、推进功能

57. 企业文化的核心是(　　)。

A. 企业经营策略　　B. 企业形象

C. 企业价值观　　D. 企业目标

58. 从业人员既是安全生产的保护对象，又是实现安全生产的(　　)。

A. 关键　　B. 保证　　C. 基本要素　　D. 需要

59. 1970 年美国进行导弹发射试验时，由于操作员将一个螺母少拧了半圈，导致发射失败。1990 年“阿里安”火箭爆炸，是由于工作人员不慎将一块小小的擦拭布遗留在发动的小循环系统中。美国“挑战者”号航天飞机大爆炸，也是因为某个零件的不合格造成的。你认为导致事故的根本原因是(　　)。

A. 操作员缺乏职业技能　　B. 相关部门检查水平不高

C. 管理制度不健全　　D. 从业人员没有严格遵守操作规程

60. 1980 年美国“阿里安”火箭第二次试飞时，由于操作员不慎将一个商标碰落，堵塞了燃料室喷嘴，导致发射失败。对于这个事故，你的感觉是(　　)。

A. 这是偶然事故

B. 做任何事情都需要精益求精

C. 职业道德不重要，关键是提高职业技能

D. 事故皆由粗心造成，与职业道德素质高低无关

61. 化工生产人员应该坚持做到“三按”是指(　　)。

A. 按工艺、按质量、按标准生产　　B. 按工艺、按规程、按标准生产

C. 按产量、按质量、按标准生产　　D. 按质量、按产量、按时间

62. 化工生产人员应坚持做到的“三检”是指(　　)。

A. 自检、互检、专检　　B. 日检、常规检、质检

C. 自检、强制检、专检　　D. 日检、自检、专检

63. 化工生产中的强化职业责任是(   )职业道德规范的具体要求。

A. 团结协作 B. 职业性格 C. 职业兴趣 D. 职业能力

64. 在市场经济条件下，自利追求与诚实守信的关系是(   )。

A. 自利追求与诚实守信相矛盾，无法共存

B. 诚实守信有损自身利益

C. 诚实守信是市场经济的基本法则，是实现自利追求的前提和基础

D. 市场经济只能追求自身最大利益

65. 在条件不具备时，企业及个人能否对客户的要求作出承诺(   )。

A. 可以做出承诺，先占有市场，然后想办法完成

B. 不可以做出承诺，要实事求是，诚实守信

C. 可以做出承诺，完不成时，再作解释

D. 可以做出承诺，完不成时，强调客观原因

66. 认真贯彻公民道德建设实施纲要，弘扬爱国主义精神，要以集体主义为原则，以为人民服务为核心，以(   )为重点。

A. 诚实守信 B. 爱岗敬业 C. 无私奉献 D. 遵纪守法

67. 诚实守信是做人的行为规范，在现实生活中正确的观点是(   )。

A. 诚实守信与市场经济相冲突

B. 诚实守信是市场经济必须遵守的法则

C. 是否诚实守信要视具体情况而定

D. 诚实守信是“呆”、“傻”、“憨”

68. 企业形象是企业文化的综合表现，其本质是(   )。

A. 企业建筑和员工服饰风格 B. 员工的文化程度

C. 企业的信誉 D. 完善的规章制度

69. 为了取得政绩，企业亏损却上报盈利，对此你认为是(   )。

A. 为了显示政绩，取得上级信任与支持，可以理解

B. 为了本单位的发展和职工的利益，给予支持

C. 诚实守信，如实上报，想办法扭亏

D. 老实人吃亏，于企业不利

70. 国内外有的企业确立“99+1=0”的企业文化，贯穿了一个核心精神，就是诚实守信。这个“1”就代表了企业在生产、经营和管理中的缺点、失误或不足，实际上就是对企业的不忠诚，对客户不守信。对此你认为是(   )。

A. 小题大做，要求过严

B. 否定成绩以偏盖全

C. 培养企业员工诚信敬业精神

D. 造成职工谨小慎微，舒服了员工的积极性

71. 从职人员要求上班穿西装时，对衬衣和领带的要求是(   )。

A. 衬衣要朴素，不宜太花哨，领带打结整齐

B. 衬衣要新潮，色彩宜艳丽，领带打结整齐

C. 衬衣要随自己的爱好，不必系领带

D. 衬衣要高级，可以花哨些，领带打结整齐

72. 在下列选项中，对遵纪守法涵义的错误解释是(　　)。

A. 在社会中人们结成一定的社会关系，社会关系具有一定的组织性和程序性，与此相关的社会规范，行为规范是社会固有的

B. 离开必要的规则，社会就会陷入混乱状态，不可能正常存在和发展

C. 规章制度是对人束缚，使人失去权力和自由

D. 没有规矩不成方圆

73. 仪表端庄是从业人员的基本要求，对此你认为(　　)。

A. 穿戴随个人的性格爱好，不必过分挑剔

B. 代表企业的形象，应严格要求

C. 穿戴好坏由个人经济条件决定

D. 追求时髦是现代青年的特点

74. 着装是仪表美的一种形式，凡统一着装的应当(　　)。

A. 做到衣、裤、帽子整齐，佩戴勋章

B. 衣、裤、帽子不必整齐，佩戴勋章

C. 做到衣、裤、帽子整齐，不必佩戴勋章

D. 大体外观一样，过的去就可以

75. 在安全操作中化工企业职业纪律的特点是(　　)。

A. 一定的强制性　B. 一定弹性

C. 一定的自我约束性　D. 一定的团结协作性

76. 在生产岗位上把好(　　)是化工行业生产人员职业活动的依据和准则。

A. 质量关和安全关　B. 产量关

C. 科技创新关　D. 节支增产关

77. 在工作过程中与人发生争执时，如何正确处理(　　)。

A. 语言上不要针锋相对、克制自己，不使争执发展下去，要得礼让人

B. 语言上要针锋相对、克制自己，不使争执发展下去、要得理让人

C. 语言上不要针锋相对、克制自己、不要争执发展下去，要得礼不让人

D. 语言上不要针锋相对、要使争执发展下去、要得礼让人

78. 尊师爱徒是传统师徒关系准则，在现实条件下，正确的选择是(　　)。

A. 徒弟尊重师傅，师傅不必尊重徒弟

B. 徒弟尊重师傅，师傅也尊重徒弟

C. 徒弟不必尊重师傅，师傅也不必尊重徒弟

D. 用“哥们”关系取代师徒关系

79. 在工作中职工要做到举止得体，你的理解是(　　)。

A. 人的举止由情感支配，要随心所欲

B. 工作中行为、动作要适当，不要有过分或出格行为

C. 人的性格不同，举止也不一样，不必强求

D. 处处小心谨慎，防止出现差错

80. 待人热情是职业活动的需要，对此你认为是(　　)。

A. 要始终做到待人热情，关系到企业和个人形象
B. 要由个人心情好与坏而定，难于做到始终如一
C. 要视对方与自己的关系好坏而定
D. 对不同地位，身份的人区别对待
81. 在市场经济条件下，如何正确对待个人利益与他人利益关系(　　)。
A. 首先要维护个人利益，其次考虑他人利益
B. 牺牲个人利益，满足他人利益
C. 个人利益的实现和他人利益的满足互为前提，寻找契合点
D. 损害他人利益，满足自己利益
82. 下面有关团结互助促进事业发展的论述错误的是(　　)。
A.“同行是冤家”　　B. 团结互助能营造人际和谐氛围
C. 团结互助能增强企业凝聚力　　D. 团结互助能使职工之间的关系和谐
83. 团结互助的基本要求中不包括(　　)。
A. 平等尊重　　B. 相互拆台　　C. 顾全大局　　D. 互相学习
84. 对于平等尊重叙述不正确的是(　　)。
A. 上下级之间平等尊重　　B. 同事之间相互尊重
C. 不尊重服务对象　　D. 师徒之间相互尊重
85. 关于勤劳节俭的倡导，你认为正确的选择是(　　)。
A. 勤劳节俭阻碍消费，影响市场经济的发展
B. 发展市场经济只需要勤劳，不需要节俭
C. 勤劳节俭有利于节省资料，但与提高生产力无关
D. 勤劳节俭是促进经济和社会发展的动力
86. 企业价值观主要是指(　　)。
A. 员工的共同价值取向、文化素质、技术水平
B. 员工的共同价值取向，心理趋向、文化定势
C. 企业经营的指导思想、经营方针、经营战略
D. 企业经营的经营方针、经营战略、经营客户
87. 下面有关勤劳节俭与增产增效之间的关系论述错误的是(　　)。
A. 勤劳能提高效率的提高
B. 节俭能降低生产成本，勤劳与增产增效无关
C. 节俭能降低生产成本
D. 勤劳节俭有利于增产增效
88. 下面有关勤劳节俭的论述中正确的是(　　)。
A. 勤劳节俭有利于可持续发展
B. 勤劳节俭是中华民族的传统美德，与可持续发展无关
C. 勤劳节俭是持家之道、与可持续发展无关
D. 勤劳节俭是资源稀少的国家需要考虑的问题，我国地大物薄，不用重视这个问题
89. 企业要做到文明生产，你认为企业生产与保护环境的关系是(　　)。
A. 对立关系，要生产就难免污染

B. 相依存关系，环境靠企业建设，环境决定企业生存
C. 互不相关，环境保护是政府的事
D. 利益关系，企业为了实现最大效益，难免牺牲环境
90. 你认为职工与环境保护的关系是(　　)。
A. 环境保护与职工关系不大
B. 环境保护是公民的职责与义务
C. 在企业利益与与环境保护发生冲突时，职工应当维护企业的利益
D. 在企业利益与环境利益发生冲突时，职工无能为力
91. 企业环保装置平时不用，上级检查时才用，对此你的看法是(　　)。
A. 为了企业效益，这样做可以理解
B. 违背诚实守信，有损于环境
C. 睁一只眼，闭一只眼，不必事事认真
D. 企业利益，关系到职工利益，支持这种说法
92. HSEQ 的含义是(　　)。
A. H 健康、S 安全、E 环境、Q 质量　　B. S 健康、H 安全、E 环境、Q 质量
C. H 健康、S 安全、E 环境、Q 质量　　D. H 健康、S 安全、Q 环境、E 质量
93. 污染源主要是指(　　)。
A. 工业污染源、交通运输污染源、能源污染源和生活污染源
B. 工业污染源和生活污染源
C. 工业污染源、农业污染源、生活污染源
D. 工业污染源
94. 在实际工作中，文明生产主要是指(　　)。
A. 遵守职业道德　　B. 提高职业技能
C. 开展技术革新　　D. 降低生产成本
95. 文明生产的内容包括(　　)。
A. 遵章守纪、优化现场环境、严格工艺纪律、相互配合协调
B. 遵章守纪、相互配合协调、文明操作
C. 保护现场环境、严格工艺纪律、文明操作、相互配合协调
D. 遵章守纪、优化现场环境、质量保证、同事间相互协作
96. 在我国职工初次上岗，要经过职业培训，培训重点是(　　)。
A. 思想政治教育、礼貌待人教育、职业纪律教育、职业道德教育
B. 思想政治教育、业务技术教育、企业形象教育、职业道德教育
C. 思想政治教育、业务技术教育、职业纪律教育、职业道德教育
D. 对外交往教育、业务技术教育、法律法规教育、职业道德教育
97. 企业对员工的职业职责教育的有效途径是(　　)。
A. 完善各项规章制度、建立评价监督体系
B. 依靠领导严格管理、奖优罚劣
C. 依靠职工的觉悟与良心
D. 依靠社会舆论监督

98. 目前我国狭义职业教育主要是指(　　)。
A. 培养普通职业实用知识
B. 培养特定职业知识、实用知识、技能技巧
C. 培养普通职业技能技巧
D. 创新就要独立自主、自力更生
99. 目前我国职业教育有狭义和广义之分，广义教育是指(　　)。
A. 按社会需要，开发智力、培养职业兴趣，训练职业能力
B. 按个人需要，培养职业兴趣，训练个人能力
C. 按个人需要，开发智力训练就业能力
D. 按社会需要，开发智力、发展个性、培养就业能力
100. 在市场竞争中，企业对员工进行职业培训与提高企业效益的关系(　　)。
A. 占用人力物力，得不偿失
B. 远水不解近渴，看不到实际效果
C. 从社会招聘高素质职工，比自己培训省时省力
D. 坚持培训、提高职工整体素质，有益于提高企业效益
101. 专业理论知识与专业技能训练是形成职业信念和职业道德行为的前提和基础。在专业学习中训练职业道德行为的要求不包括(　　)。
A. 增强职业意识，遵守职业规范　　B. 遵守道德规范和操作规程
C. 重视技能训练，提高职业素养　　D. 投机取巧的工作态度
102. 下面有关开拓创新论述错误的是(　　)。
A. 开拓创新是科学家的事情，与普通职工无关
B. 开拓创新是每个人不可缺少的素质
C. 开拓创新是时代的需要
D. 开拓创新是企业发展的保证
103. 下面有关开拓创新要有创造意识和科学思维的论述错误的是(　　)。
A. 要强化创造意识　　B. 只能联想思维，不能发散思维
C. 要确立科学思维　　D. 要善于大胆设想
104. 下面有关人的自信和意志在开拓创新中的作用的论述错误的是(　　)。
A. 坚定信心不断进取　　B. 坚定意志不断奋进
C. 人有多大胆，地有多大产　　D. 有志者事竟成
105. 对人体危害最大的电流频率为(　　)。
A. 20~30Hz　　B. 50~60Hz　　C. 80~90Hz　　D. 100~120Hz
106. 为了消除噪声的污染，除采取从传播途径上控制外，还可以用耳塞作为个人的防护用品，通常耳塞的隔声值可达(　　)dB。
A. 20~30　　B. 30~40　　C. 40~50　　D. 50~60
107. 生产过程中产生的静电电压的最高能达到(　　)以上。
A. 数十伏　　B. 数百伏　　C. 数千伏　　D. 数万伏
108. 在罐内作业的设备，经过清洗和置换后，其氧含量可达(　　)。
A. 18%~20%　　B. 15%~18%　　C. 10%~15%　　D. 20%~25%

109. 防止人体接触带电金属外壳引起触电事故的基本有效措施是( )。

A. 采用安全电压 B. 保护接地，保护接零

C. 穿戴好防护用品 D. 采用安全电流

110. 化工生产中要注意人身安全，哪些是错误的( )。

A. 远离容易起火爆炸场所

B. 注意生产中的有毒物质

C. 防止在生产中触电

D. 生产中要密切注意压力容器安全运行，人不能远离

111. 气态污染物的治理方法有( )。

A. 沉淀 B. 吸收法 C. 浮选法 D. 分选法

112. 不适合废水的治理方法是( )。

A. 过滤法 B. 生物处理法 C. 固化法 D. 萃取法

113. 化工污染物都是在生产过程中产生的，其主要来源为( )。

A. 化学反应副产品，化学反应不完全

B. 化学反应副产品，燃烧废气，产品和中间产品

C. 燃烧废气，产品和中间产品

D. 化学反应不完全的副产品。燃烧废气，产品和中间产品

114. 在生产过程中，控制尘毒危害的最重要的方法是( )。

A. 生产过程密闭化 B. 通风

C. 发放保健食品 D. 使用个人防护用品

115. 芳香族苯环上的三种异构体的毒性大小次序为( )。

A. 对位>间位>邻位 B. 间位>对位>邻位

C. 邻位>对位>间位 D、邻位>间位>对位

116. 下列哪个不是废水的化学处理方法( )。

A. 湿式氧化法 B. 中和法 C. 蒸发结晶法 D. 电解法

117. 固体废弃物综合处理处置的原则是( )。

A. 最小化、无害化、资源化 B. 规范化、最小化、无害化

C. 无害化、资源化、规范化 D. 最小化、资源化、规范化

118. “节能减排，保护环境，建设生态文明”成为确保我国可持续性发展的新的关键词。下列活动或举措与该主题无关的是( )。

A. 开展的“捐献一张废纸，献出一片爱心”活动

B. 对于水、污水管道实施规范化整治，做到清污分流

C. 举办的“珍爱生命拒绝毒品”大型签名活动

D. 我国全面实施“限塑令”

119. 触电急救的基本准则是( )。

A. 心脏复苏法救治 B. 动作迅速、操作准确

C. 迅速、就地、准确、坚持 D. 对症救护

120. 下列哪项不属于工业生产中的毒物对人体侵害主要途径( )。

A. 呼吸道 B. 眼睛 C. 皮肤 D. 消化道

121. 生产过程中职业病危害因素：①化学因素；②物理因素；③(　　)。

A. 心理因素　　B. 身体因素　　C. 生物因素　　D. 环境因素

122. 关于爆炸，下列不正确的说法是(　　)。

A. 爆炸的特点是具有破坏力，产生爆炸声和冲击波

B. 爆炸是一种极为迅速的物理和化学变化

C. 爆炸可分为物理爆炸和化学爆炸

D. 爆炸在瞬间放出大量的能量，同时产生巨大声响

123. 去除助燃物的方法是(　　)。

A. 隔离法　　B. 冷却法　　C. 窒息法　　D. 稀释法

124. 燃烧具有三要素，下列选项中(　　)不是发生燃烧的必要条件。

A. 可燃物质　　B. 助燃物质　　C. 火源　　D. 明火

125. 下列哪项是防火的安全装置(　　)。

A. 阻火装置　　B. 安全阀　　C. 防爆泄压装置　　D. 安全液封

126. 扑灭精密仪器等火灾时，一般用的灭火器为(　　)。

A. 二氧化碳灭火器　　B. 泡沫灭火器

C. 干粉灭火器　　D. 卤代烷灭火器

127. 在化工生产中，用于扑救可燃气体、可燃液体和电气设备的起初火灾，应使用(　　)。

A. 酸碱灭火器　　B. 干粉灭火器和泡沫灭火器

C. "1211"灭火器　　D. "1301"灭火器

128. 电气设备火灾时不可以用(　　)灭火器。

A. 泡沫　　B. 卤代烷　　C. 二氧化碳　　D. 干粉

129. 干粉灭火器的使用方法是(　　)。

A. 倒过来稍加摇动，打开开关

B. 一手拿喇叭筒对着火源，另一手打开开关

C. 对准火源，打开开关，液体喷出

D. 提起圈环，即可喷出

130. 泡沫灭火器是常用的灭火器，它适用于(　　)。

A. 扑灭木材，棉麻等固体物质类火灾

B. 扑灭石油等液体类火灾

C. 扑灭木材，棉麻等固体物质类和石油等液体类火灾

D. 扑灭所有物质类火灾

131. 下列不属于化工生产防火防爆措施的是(　　)。

A. 点火源的控制　　B. 工艺参数的安全控制

C. 限制火灾蔓延　　D. 使用灭火器

132. 在《中华人民共和国劳动法》中规定工会和个人对劳动过程中的监督权利。(　　)依法维护劳动者的合法权益，对用人单位遵守劳动法律、法规的情况进行监督。

A. 各级工会　　B. 各级消费者协会

C. 各级人民政府　　D. 各级劳动行政部门

133.《中华人民共和国劳动合同法》由第十届全国人大常委会第二十八次会议于(　　)通过(　　)起施行。

A. 2007 年 6 月 29 日　2008 年 1 月 1 日

B. 2007 年 6 月 29 日　2007 年 6 月 29 日

C. 2007 年 6 月 28 日　2007 年 10 月 1 日

D. 2007 年 6 月 28 日　2008 年 1 月 1 日

134. 直接涉及劳动者切身利益的规章制度和重大事项决定实施过程中，工会或者职工认为不适当的，有权(　　)。

A. 不遵照执行

B. 请求劳动行政部门给予用人单位处罚

C. 向用人单位提出，通过协商予以修改完善

D. 宣布废止

135.《中华人民共和国劳动合同法》调整的劳动关系是一种(　　)。

A. 人身关系

B. 财产关系

C. 人身关系和财产关系相结合的社会关系

D. 经济关系

136. 已经建立劳动关系，未同时签订书面劳动合同的，应当自用工之日起(　　)内签订书面劳动合同。

A. 十五日　　B. 一个月　　C. 两个月　　D. 三个月

137. 劳动者违反合同限制约定的，应当按照约定向用人单位支付(　　)。

A. 违约金　　B. 赔偿金　　C. 补偿金　　D. 损失费

138. 劳动合同被确认无效，劳动者已付出劳动的，用人单位(　　)向劳动者支付劳动报酬。

A. 可以　　B. 不必　　C. 应当　　D. 不得

139. 变更劳动合同应当采用(　　)形式。

A. 书面　　B. 口头　　C. 书面或口头　　D. 书面和口头

140. 用人单位变更名称、法人代表、主要负责人或者投资人等事项，(　　)劳动合同的履行。

A. 影响　　B. 不影响

C. 不一定影响　　D. 法律未规定是否影响

141. 用人单位拖欠或者未足额支付劳动报酬的，劳动者可以依法向当地人民法院申请(　　)。

A. 法律援助　　B. 支付令

C. 社会救济　　D. 依法制裁用人单位

142. 变更后的劳动合同文本，(　　)。

A. 由用人单位和劳动者各执一份　　B. 由用人单位留存备查

C. 由劳动者一方保存　　D. 由劳动行政部门保存

143. 用人单位(　　)，劳动者可以立即解除劳动合同，不需事先告知用人单位。

A. 未按照劳动合同约定提供劳动保护或者劳动条件的

B. 未及时足额支付劳动报酬的

C. 以暴力、威胁或者非法限制人身自由的手段强迫劳动者劳动的

D. 规章制度违反法律、法规的规定，损害劳动者权益的

144. 集体合同立法最早的国家是(　　)。

A. 荷兰　B. 芬兰　C. 爱尔兰　D. 新西兰

145. 用人单位自用工之日起超过一个月不满一年未与劳动者签订书面劳动合同的，应当向劳动者每月支付(　　)倍的工资。

A. 一　B. 二　C. 三　D. 四

146. 用人单位对已经解除或者终止的劳动合同的文本，至少保存(　　)年备查。

A. 一　B. 二　C. 三　D. 四

147. 集体合同由(　　)代表企业职工一方与用人单位签订

A. 工会　B. 职工代表大会　C. 监事会　D. 股东代表大会

148. 尚未建立工会的用人单位，集体合同由(　　)指导劳动者推举的代表与用人单位签订。

A. 劳动行政部门　B. 企业党委

C. 上级工会　D. 劳动关系上方协调委员会

149. 劳动行政部门自收到集体合同文本之日起(　　)内未提出异议的，集体合同即行生效。

A. 十日　B. 十五日　C. 三十日　D. 五日

150. 行业性、区域性集体合同对当地本行业、本区域的(　　)具有约束力

A. 工会和劳动者　B. 工会和用人单位

C. 用人单位和劳动者　D. 劳动行政部门和劳动者

151. 用人单位与劳动者签订的劳动合同中，劳动报酬和劳动条件等标准(　　)集体合同规定的标准。

A. 不得低于　B. 可以低于　C. 必须高于　D. 应当高于

152. 企业职工一方与用人单位可以签订劳动安全卫生、女职工权益保护，工资调整机制等(　　)。

A. 职业集体合同　B. 纲领性集体合同

C. 专项集体合同　D. 不完全集体合同

153. 劳务派遣单位与被派遣劳动者签订的劳动合同，除应当载明《劳动合同法》第十七条规定的事项外，还应当载明被派遣劳动者的用工单位以及派遣期限、(　　)等情况。

A. 试用期　B. 培训　C. 保守秘密　D. 工作岗位

154. 劳务派遣单位应当劳动者与接受以劳务派遣形式用工的单位签订(　　)。

A. 劳动合同　B. 集体合同　C. 用工协议　D. 劳务派遣协议

155. 劳务派遣协议应当约定派遣岗位和人员数量、派遣期限、(　　)和社会保险费的数额与支付方式以及违反协议的责任。

A. 试用期　B. 劳动报酬　C. 培训　D. 保守秘密

156. 被派遣劳动者享有与用工单位的劳动者(　　)的权利。

A. 相同　B. 同等　C. 同工同酬　D. 同样

157. 非全日制用工，是以小时计酬为主，劳动者在同一用人单位一般平均每日工作时间不超过(　　)小时，每周工作时间累计不超过(　　)小时的用工形式。

A. 四、二十四　B. 四、二十八　C. 六、二十四　D. 六、二十八

158. 非全日制用工双方当事人(　　)约定试用期。

A. 可以　B. 不得　C. 自愿　D. 必须

159. 用人单位安排加班不支付加班费的，由劳动行政部门责令限期支付；逾期不支付的，由劳动行政部门责令用人单位按应付金额(　　)的标准向劳动者加付赔偿金。

A. 百分之五十以上百分之一百以下　B. 百分之五十

C. 百分之一百　D. 百分之一百以下

160. 依照《安全生产法》和有关法律、法规的规定，国家实行生产安全事故(　　)制度，追究生产安全事故责任人员的法律责任。

A. 追究责任　B. 责任追究　C. 责任　D. 规章

161.《劳动法》规定，用人单位必须建立、健全(　　)制度，严格执行国家劳动安全卫生规程和标准，对劳动者进行劳动安全卫生教育，防止劳动过程中的事故，职业危害。

A. 劳动纪律　B. 劳动安全教育　C. 劳动事故处理　D. 劳动安全卫生

162. 根据《职业病防治法》，用人单位和医疗卫生机构发现职业病病人或者疑似职业病病人时，应当及时向(　　)报告。

A. 所在地劳动保障行政部门　B. 县级以上劳动保障部门

C. 所在地卫生行政部门　D. 县级以上卫生行政部门

163. 国家对危险化学品实行经营(　　)制度。

A. 专营　B. 许可证　C. 审批　D. 报批

164. 以下选项中在安全阀校验操作中正确的是(　　)。

A. 安全阀校验前提是校验台应无遗漏并且校验介质必须清洁

B. 安全阀校验的压力表通常情况下选择开启压力值在量程的三分之一至三分之二之间的压力表为妥

C. 安全阀校验过程中其出口不能对准自己或别人

D. 以上皆正确

165. 安全阀校验不能选用的介质是(　　)。

A. 水　B. 酒精　C. 空气　D. 氮气

166. 空气管线试漏时一般用(　　)涂刷喷洒在法兰上。

A. 苏打水　B. 精制水　C. 气泡水　D. 乙醇

167. 检修后的装置在开车前，进行气密检查的部位是(　　)。

A. 所有检修的管道焊缝及拆建的管法兰

B. 所有拆检的管法兰

C. 所有拆建的管法兰及怀疑泄漏的焊缝、法兰和阀门填料、导淋阀等

D. 所有连接的管道法兰及焊缝

168. 换热器试压时，试验压力必须(　　)操作压力。

A. 大于　B. 等于　C. 小于　D. 小于或等于

169. 下列测定设备气密性的方法中能满足准确性好，也能测大体积，外表复杂的设备的方法是(　　)。

A. 气泡法　　B. 涂抹法　　C. 差压法　　D. A 和 B

170. 下列测定设备气密性的方法中测定结束后需要清洗，防锈的是(　　)。

A. 气泡法　　B. 差压法　　C. 涂抹法　　D. A 和 C

171. 下列气密性测量方法中不太精确的是(　　)。

A. 气泡法　　B. 差压法　　C. 超声波法　　D. 流量法

172. 气密试验达到试验压力后，保压时间应不小于(　　)。

A. 10min　　B. 30min　　C. 1h　　D. 2h

173. 高温、高压、易燃反应器系统在开车前一定要按(　　)规定进行严密性试验(静压试验)和水压试验。

A. 静压试验 10h、10h 水压试验　　B. 静压试验 10h、12h 水压试验

C. 静压试验 24h、12h 水压试验　　D. 静压试验 24h、24h 水压试验

174. (　　)置换是将容器抽真空，直至到达预定的真空状态，接着充入惰性气体(如 N_2)，直至容器内达到预定的氧气浓度。

A. 真空抽净法　　B. 压力净化法　　C. 吹扫净化法　　D. 稀释惰化法

175. 向容器中加入加压的惰性气体直至扩散到整个容器后，气体再排入大气，直到容器压力降至大气压，属于(　　)置换。

A. 真空抽净法　　B. 压力净化法　　C. 吹扫净化法　　D. 稀释惰化法

176. 将惰性气体从容器的一个口加入，而混合气从容器的另一个口排入大气的置换方法属于(　　)。

A. 真空抽净法　　B. 压力净化法　　C. 吹扫净化法　　D. 稀释惰化法

177. 设备隔离后氮气置换的合格指标为≥(　　)。

A. 18%　　B. 20%　　C. 95%　　D. 99.5%

178. 为防止氮气对人体的损害，在进入用氮气置换过的容器设备作业前，要(　　)。

A. 充分排风　　B. 用水冲洗

C. 测定氧含量在 20%以上　　D. 通入氧气

179. 如在装置引入可燃可爆的物料前，必须使用符合要求的氮气对系统设备、管道中的空气予以置换，并按系统要求使其内氧含量降至(　　)(体积)。

A. 0.2%以下　　B. 0.2%~0.5%　　C. 0.3%~0.5%　　D. 0.5%以上

180. 安全阀的(　　)表示安全阀在常温状态下的最高许用压力，高温设备用的安全阀不应考虑高温下材料许用应力的降低。

A. 公称压力　　B. 开启压力　　C. 排放压力　　D. 回座压力

181. 安全阀的(　　)也叫整定压力，是安全阀阀瓣在运行条件下开始升起时的介质压力。

A. 公称压力　　B. 开启压力　　C. 排放压力　　D. 回座压力

182. 安全阀阀瓣达到规定开启高度时进口测的压力，叫做(　　)。

A. 公称压力　　B. 开启压力　　C. 排放压力　　D. 回座压力

183. 安全校验的压力表通常情况下选择开启压力值的要求是(　　)。

A. 量程的四分之一　　B. 量程的五分之
C. 超出量程　　D. 量程的三分之一至三分之二之间

二、判断题

1. 化工车间配备的氮气可作为设备的物料置换保压等安全措施使用。
2. 蒸汽锅炉的三大安全附件是安全阀、压力表、水位表。
3. 只要可燃物浓度在爆炸极限之外就是安全的。
4. 国家明确规定氢气钢瓶为深绿色，氧气钢瓶为天蓝色，氮气钢瓶则为黑色。
5.“三级”安全教育是指厂级、车间级、工段或班组级三个层次的安全教育。
6. 具备可燃物、助燃物、着火源三个条件一定会发生燃烧。
7. 爆炸可分为物理爆炸和化学爆炸，物理爆炸具有更大的破坏性。
8. 事故槽是为避免更大的事故设置的一种安全装置，设置在反应器下方并备有冷却和稀释设备的反应物料储槽。
9. 有毒气体气瓶的燃烧扑救，应站在下风口，并使用防毒用具。
10. 化工生产安全教育的对象只对技术人员和一线操作工人。
11. 安全系统工程的基本任务就是预测、评价和控制危险。其分析过程可概括为系统安全分析、系统危险性评价、系统安全性比较、综合评价和最佳化计划决策等五方面的内容。
12. 我国安全的生产方针：“安全第一、预防为主”。
13.“管生产必须同时管安全”，这是安全生产的基本原则之一。
14. 防止火灾、爆炸事故蔓延措施，就是配备消防组织和消防器材。
15. 人触电后 3min 内开始救治，90%有良好效果。
16. 化工污染的特点之一——污染后恢复困难。
17. 断续噪声与持续噪声相比，断续噪声对人体危害更大。
18. 化工厂的工作服不允许使用化纤布料，因为它容易产生静电。
19. 某工厂发生氯气泄漏事故，人员紧急撤离时，应向上风处转移。
20. 因重金属有毒，因此我们不能用金、银、铂等重金属作餐具。
21. 泡沫灭火器使用方法是稍加摇动，打开开关，药剂即可喷出。
22. 安全电压应该是在 110V 以下。
23. 过滤式防毒面具可适用于氧气浓度大于 18%(体积)以上的任何环境。
24. 发现有人触电时应先报警。
25. 事故的经济损失有直接损失及间接损失两部分。
26. 安全电压定值可分为 110V、48V、36V、24V、12V、6V 六个等级。
27. 灭火的基本方法有冷却、隔离、窒息、抑制。
28. 废水的指标 COD 值肯定大于 BOD 值。
29. 静电的危害是静电火花作为着火源能引发火灾和爆炸。
30. 汽油、苯、丙酮燃烧时可用水灭火。
31. 可燃气体与空气混合遇着火源，即会发生爆炸。
32. B/C 值<0.3为难生物降解污水。
33. 氧化还原法属于废水的三级处理。
34. 工业毒物侵入人体的途径有呼吸道、皮肤和消化道。

35. 污泥量就是微生物的活细胞量。

36. 企业只要缴纳了废水超标排污费，就可以超标排放废水。

37. 排放有毒有害废水的建设项目，应安排在生活用水水源的下游。

38. 过滤式防毒面具，防酸性气体滤毒罐用褐色标注。

39. 所谓环境就是对人类生命活动有影响的各种外界因素的总和，即适合于人类的生存环境的。

40. 使用四氯化碳灭火时，扑救人员应站在上风口，以防中毒，灭火后应注意通风。

41. 法制观念的核心在于能用法律来平衡约束自己的行为，在于守法。

42. 遵守纪律的具体要求一是学法、知法、守法、用法；二是遵守企业纪律和规范。

43. 职业道德与社会性质无关。

44. 社会主义市场经济对职业道德只有正面影响。

45. 企业职工和领导在表面看是一种不平等的关系，因此职工必须无条件地服从领导的指挥。

46. 文明礼貌是社会主义职业道德的一条重要规范。

47. 职业道德是个人获得事业成功的重要条件。

48. 人的职业道德品质反映着人的整体道德素质。

49. 职业道德是企业文化的重要组成部分。

50. 职业道德建设与企业发展的关系至关重要。

51. 办事公道是正确处理各种关系的准则。

52. 职业道德是人格的一面镜子。

53. 自我修养的提高也是职业道德的一个重要养成方法。

54. 各行业的从业者都有与本行业和岗位的社会地位、功能、权利和义务相一致的道德准则和行为规范，并需要从业者遵守。

55. 爱岗敬业的具体要求是树立职业理想、强化职业责任、提高技术技能。

56. 遵纪守法是职业道德的基本要求，是职业活动的基本保证。

57. 化工生产人员的爱岗敬业体现在忠于职守、遵纪守法、精心操作、按质按量按时完成生产任务。

58. 化工行业的职业道德规范是安全生产，遵守操作规程，讲究产品质量。

59. 尽职尽责是体现诚实守信的重要途径。化工生产工作中，一切以数据说话，用事实和数据分析判断生产规律。

60. 识大体、顾大局，搞好群体协作是化工职业道德建设的重要内容之一。

61. 市场经济是信用经济。

62. “真诚赢得信誉，信誉带来效益”和“质量赢在市场，质量成就事业”都体现了“诚实守信”的基本要求。

63. 遵循团结互助的职业道德规范，必须做到平等待人、尊重同事、顾全大局、互相学习、加强协作。

64. 通过拉动内需，促进消费来带动生产力的发展可以不必节俭。

65. 文明生产的内容包括遵章守法、优化现场环境、严格工艺纪律、相互配合协调。

66. 开拓创新是人类进步的源泉。

67. 在高处作业时，正确使用安全带的方法是高挂(系)低用。

68. 一切电气设备的金属外壳接地是避免人身触电的保护接地。

69. 设备上的安全阀泄漏后，可以关闭根部阀后长期使用。

70. 常用安全阀有弹簧式和杠式两种，温度高而压力不太高时选用前者，高压设备宜选用后者。

71. 为保证安全，再给焊炬点火时，最好先开氧气，点燃后再开乙炔。

72. 焊炬熄火时，应先关乙炔后关氧气，防止火焰倒吸和产生烟灰。

73. 过滤式防毒面具使用于有毒气体浓度≤1%的场所。

74. 在电气线路中绝缘的破坏主要有两种情况：(1)击穿；(2)绝缘老化。

75. 从事化工作业人员必须佩戴防护镜或防护面具。

76. 穿用防护鞋时应将裤脚插入鞋筒内。

77. 一般情况下，应将转动、传动部位用防护罩保护起来。

78. 人体皮肤是化工生产中有毒有害物质侵入人体的主要途径。

79. 在传动设备的检修工作中，只需在电气开关上挂有“有人作业，禁止合闸”的安全警告牌。

80. 化工废渣必须进行卫生填埋以减少其危害。

81. 职业中毒是生产过程中由工业毒物引起的中毒。

82. 有害气体的处理方法有催化还原法、液体吸收法、吸附法和电除尘法。

83. 硫化氢是属于血液窒息性气体，CO 是属于细胞窒息性气体。

84. 涂装作业场所空气中产生的主要有毒物质是甲醛。

85. 噪声对人体中枢神经系统的影响是头脑皮层兴奋，抑制平衡失调。

86. 废水的三级处理主要是对废水进行过滤和沉降处理。

87. 可燃性混合物的爆炸下限越低，爆炸极限范围越宽，其危险性越小。

88. 工业毒物进入人体的途径有三种，即消化道、皮肤和呼吸道，其中最主要的是皮肤。

89. 震惊世界的骨痛病事件是由于铬污染造成的。

90. 危险废物可以与生活垃圾一起填埋处理。

91. 废水的治理方法可以分为物理法、化学法、物理化学法和生物化学法。

92. 工业上处理有害废气的方法主要有化学与生物法、脱水法、焚烧法和填埋法。

93. 废渣的处理方法主要有化学法、吸收控制法、吸附控制法和稀释控制法。

94. 氮氧化合物和碳氢化合物在太阳光照射下，会产生二次污染——光化学烟雾。

95. 对大气进行检测，如空气污染指数为 54，则空气质量级别为Ⅰ级或优。

96. 环境噪声对健康有害，它主要来自交通、工业生产、建筑施工和社会等四个方面。

97. 汽车废气排放量与汽车行驶状态很有关系，如一氧化碳和碳氢化合物的排放量随车速加快而增高。

98. 我国化学工业多年来治理尘毒的实践证明，在多数情况下，靠单一的方法去防止尘毒是可行的。

99. 众所周知重金属对人体会造成中毒，而轻金属则不会。因此我们可以放心地使用铝等轻金属制作的餐具。

100. 因重金属有毒，因此我们不能用金银铂等重金属作餐具。

101. 固体废物的处理是指将废物处理到环境所容许标准的无害排放的最终过程。

102. 废水处理可分为一级处理、二级处理和三级处理，其中二级处理一般用化学法。

103. 沉淀法、离心法、过滤法都可以除去废水中的悬浮物。

104. 电击对人体的效应是通过的电流决定的。

105. 改进工艺、加强通风、密闭操作、水式作业等都是防尘的有效方法。

106. 工业毒物侵入人体的途径有呼吸道、皮肤和消化道。

107. 触电对人体有较大的危害，其中电伤比电击对人体的危害更大。

108. 使用长管式面具时，须将长管放在上风处的地上。

109. 心肺复苏法主要指人工呼吸。

110. 爆炸极限和燃点是评价气体火灾爆炸危险的主要指标。

111. 静电能够引起火灾爆炸的原因在于静电放电火花具有点火能量。

112. 只要可燃物浓度在爆炸极限之外就是安全的。

113. 可燃物是帮助其他物质燃烧的物质。

114. 闪点越低的液体，火灾危险性就越大。

115. 粉尘在空气中达到一定浓度，遇到明火发生爆炸，一般粉尘越细，燃点越低，危险性越大。

116. 失去控制的燃烧现象叫做爆炸。

117. 防火防爆最根本的措施就是在火灾爆炸未发生前采取防御措施。

118. 在化工生产中若出现火灾事故，基本的灭火方法有冷却法和隔离法。

119. 爆炸就是发生的激烈化学反应。

120. 化工生产防止火灾、爆炸的基本措施是限制火灾危险物、助燃物、火源三者之间相互直接作用。

121. 从事化学品生产、使用、储存、运输的人员和消防救护人员平时应熟悉和掌握化学品的主要危险特性及其相应的灭火措施，并进行防火演习，加强紧急事态时的应变能力。

122. 限制火灾爆炸事故蔓延的措施是区分隔离、配置消防器材和设置安全阻火装置。

123. 易燃易爆危险物品生产单位，应当设在本地区全年最小频率风向的下风侧。

124. 用消防器材灭火时，要从火源中心开始扑救。

125. 有毒气体气瓶的燃烧扑救，应站在下风口，并使用防毒面具。

126. 电气着火可以用泡沫灭火器灭火。

127. 泡沫灭火器使用方法是稍加摇晃，打开开关，药剂即可喷出。

128. 职业病是指企业、事业单位和个体经济组织的劳动者在职业活动中，因接触粉尘、放射性物质和其他有毒、有害物质等因素引起的疾病。

129.《危险化学品安全管理条例》规定，国家对危险化学品的生产和储存实行审批制度，对危险化学品的经营销售实行许可证制度，对危险化学品的运输实行登记制度。

130. 企业在聘用时与职工订立伤亡事故由职工个人自负的“生死合同”是非法的、无效的，是不受法律保护的。

131. 在工作时间和工作场所内，因履行工作职责受到暴力等意外伤害的应认定为工伤。

5.1.3　参考答案

一、选择题

题号	1	2	3	4	5	6	7	8	9	10	11	12
答案	C	C	C	B	D	D	D	B	D	B	D	B
题号	13	14	15	16	17	18	19	20	21	22	23	24
答案	A	C	B	D	A	B	C	B	B	B	C	A
题号	25	26	27	28	29	30	31	32	33	34	35	36
答案	B	B	D	C	A	A	B	C	A	C	C	A
题号	37	38	39	40	41	42	43	44	45	46	47	48
答案	B	B	A	A	C	A	C	B	A	D	B	C
题号	49	50	51	52	53	54	55	56	57	58	59	60
答案	D	A	C	B	B	B	A	B	C	A	D	B
题号	61	62	63	64	65	66	67	68	69	70	71	72
答案	B	A	D	C	B	A	B	C	C	C	A	C
题号	73	74	75	76	77	78	79	80	81	82	83	84
答案	B	A	A	A	A	B	B	A	C	A	B	C
题号	85	86	87	88	89	90	91	92	93	94	95	96
答案	D	B	B	A	B	B	B	A	A	A	A	C
题号	97	98	99	100	101	102	103	104	105	106	107	108
答案	A	B	A	D	D	A	B	C	B	A	D	A
题号	109	110	111	112	113	114	115	116	117	118	119	120
答案	B	D	B	C	D	A	A	C	A	C	C	B
题号	121	122	123	124	125	126	127	128	129	130	131	132
答案	C	B	C	D	A	A	B	A	D	C	D	A
题号	133	134	135	136	137	138	139	140	141	142	143	144
答案	A	C	C	B	A	C	A	B	B	A	C	D
题号	145	146	147	148	149	150	151	152	153	154	155	156
答案	B	B	A	C	B	C	A	C	D	D	B	C
题号	157	158	159	160	161	162	163	164	165	166	167	168
答案	A	B	A	C	B	C	B	D	B	C	C	A
题号	169	170	171	172	173	174	175	176	177	178	179	180
答案	C	D	A	B	D	A	B	C	D	C	B	A
题号	181	182	183									
答案	B	C	D									

二、判断题

题号	1	2	3	4	5	6	7	8	9	10	11	12
答案	√	√	×	√	√	×	×	√	×	×	√	√
题号	13	14	15	16	17	18	19	20	21	22	23	24
答案	√	×	×	√	√	√	√	×	×	×	×	×
题号	25	26	27	28	29	30	31	32	33	34	35	36
答案	√	×	√	×	√	×	×	√	×	√	×	×

题号	37	38	39	40	41	42	43	44	45	46	47	48
答案	√	×	×	√	√	√	×	×	×	√	√	√
题号	49	50	51	52	53	54	55	56	57	58	59	60
答案	√	√	√	√	√	√	√	√	√	√	√	√
题号	61	62	63	64	65	66	67	68	69	70	71	72
答案	√	√	√	×	√	√	√	√	×	×	×	√
题号	73	74	75	76	77	78	79	80	81	82	83	84
答案	×	√	×	×	√	√	×	×	√	×	×	×
题号	85	86	87	88	89	90	91	92	93	94	95	96
答案	√	×	×	×	×	×	√	×	×	√	×	√
题号	97	98	99	100	101	102	103	104	105	106	107	108
答案	√	×	×	×	√	×	√	√	√	√	×	×
题号	109	110	111	112	113	114	115	116	117	118	119	120
答案	×	×	√	×	√	√	√	×	√	×	×	√
题号	121	122	123	124	125	126	127	128	129	130	131	
答案	√	√	×	×	×	×	×	√	×	√	√	

5.2　相关技能实训项目

5.2.1　技能训练 1 各种灭火器的选择与操作

- **训练目标**

1. 了解化工企业生产场所灭火器的类型、结构和用途。
2. 掌握灭火器的选择和操作方法。
3. 能够针对不同的化工工作环境提出灭火器设置原则。
4. 熟悉灭火器使用操作过程中的常规要求。

- **设备及操作方法**

以化工企业最常用灭火器为主介绍规格、用途和操作方法见表 5-1。

表 5-1　常用灭火器的规格、用途和操作方法

灭火器类型	泡沫灭火器	CO_2灭火器	干粉灭火器	卤代烷灭火器（以 1211 为例）
主要规格	10L 65~130L	≤2kg 2~3kg 5~7kg	8kg 50kg	1kg 2kg 3kg
瓶中药剂	桶内装有 $NaHCO_3$、发泡剂和 $Al_2(SO_4)_3$溶液	瓶内装有压缩成液态的 CO_2	钢桶内装有钾盐（钠盐）干粉，并备有盛装压缩空气的小钢瓶	钢瓶中重装有二氟一氯一溴甲烷及压缩氮气
主要用途	扑救固定物质或其他易燃液体火灾	用于扑救电器、精密仪器油类及酸类火灾	扑救石油、石油产品、油漆、有机溶剂、天然气设备发生的火灾	扑救油类、电气设备、化工化纤原料等初期火灾

续表

灭火器类型	泡沫灭火器	CO_2灭火器	干粉灭火器	卤代烷灭火器（以1211为例）
使用延续时间	10L喷射时间60s，射程8m；65L喷射时间170s，射程13.5m	接近着火地点保持3m距离	8kg，喷射时间14~18s，射程4.5m；50kg，喷射时间50~55s，射程6~8m	1kg，喷射时间6~8s，射程2~3m。其他两类喷射时间和射程相应增加，可查阅瓶上说明
操作方法	先倒置稍加摇动，然后打开开关，药剂即可喷出	一手拿喇叭筒对准火源，另一手打开开关，压缩气体即可喷出	提起瓶上的圈环，干粉即可喷出	拔出铅封或横销，用力压下压把，灭火剂即可喷出
保养及检查要领	放在防冻、防晒，使用方便的地方。注意使用期间，防止喷嘴堵塞。每年检查一次，发现泡沫低于4倍时，应该实施换药	每月应检查一次，当发现内存量小于规定值1/10时，充气	应当置于干燥通风防晒处，每年检查1次瓶中的气压，若瓶中压缩气体少于1/10，就应当补充充气	置于干燥通风处，勿碰撞，每年要进行一次质量检查

● **训练要领**

1. 要熟悉每种灭火器的优缺点，了解各自的适用范围，针对不同类型物质起火，要果断正确地选择灭火器；

2. 对每种灭火器都至少要进行专门配套的几次演练，掌握其操作要领；

3. 作为化工行业从业人员，训练中要特别向受训人员强调灭火过程中的　忌水性问题，以免使用不当造成更大损失；

4. 使用灭火器过程中要注意强调喷嘴不能对准人的面部，以免造成人员伤害；

5. 使用灭火器过程中，要强调灭火器与带电体之间要保持一定距离，以免造成触电事故；

6. 使用卤代烷灭火器应该注意防毒问题，必要时在操作中要戴防毒面具。

● **思考与分析**

1. 在灭火器选择中，为什么要关注燃烧物质的密度？

2. 水适合于什么场合的事故扑救？

3. 本题中所列举的4种类型灭火器各有什么有缺点？

4. “2402”是什么意思？

5. 电气设备灭火过程中应选择什么类型的灭火器？灭火器喷嘴在什么电压情况下应保持多远距离？

5.2.2　技能训练2 各种防毒设备的选择与使用

● **训练目标**

1. 了解化工企业生产场所引起人体中毒的主要途径和相应的防护对策；

2. 熟悉防毒器具的类型、用途和选择原则；

3. 掌握常用防毒用具在具体使用过程中的操作规程；

4. 熟悉防毒设备使用的常规要求。

● **设备及操作方法**

1. 过滤式防毒呼吸器的工作原理和使用方法：

过滤式防毒呼吸器主要有过滤式防毒面具和防毒口罩两种形式。其主要部件：面具或口罩、连接滤罐塑料软管、滤毒罐。工作原理：首先将吸入有毒空气中的有害粉尘等物阻挡在过滤网外，在此基础上，将过滤后的有毒气体经滤毒罐中吸附剂(一般有活性炭、化学吸收剂、催化剂等)进行吸附，成为适宜于人体呼吸的净化空气，达到防毒的目的。

其操作程序：

(1) 选择滤罐：目前过滤式防毒面具依据其罐内填装的吸附剂类型、作用和适宜对象不同，有配套的系列化滤毒罐产品，共有八个型号，对应不同吸附剂滤罐涂有不同的颜色，以便于使用时按色选择，见表 5-2。

表 5-2 滤罐的选择

型号	罐体颜色	试验标准			防护对象(举例)
		气体名称	气体浓度/(mg/L)	防护时限/min	
1	黄绿白带	氢氰酸	3±0.3	50	氰化物、砷与锑的化合物、苯、酸性气体、硫化氢、二氧化硫、氯气、光气
2	草绿色	氢氰酸 砷化氢	3±0.1 10±0.2	80 110	各种有机蒸气、磷化氢、路易斯气、芥子气
3	棕褐色	苯	25±1.0	≥80	各种有机气体与蒸气，如苯、四氯化碳、醇类、氯气有机物
4	灰色	氨	2.3±0.1	≥90	氨、硫化氢
5	白色	一氧化碳	6.2±1.0	≥100	一氧化碳
6	黑色	砷化氢	10±0.2	≥100	砷化氢、磷化氢、汞等
7	黄色	二氧化硫 硫化氢	8.6±0.3 4.6±0.3	≥90	各种酸性气体、如氯化氢、光气、二氧化硫、三氧化硫
8	红色	一氧化碳 苯氨	6.2±0.3 10±0.1 2.3±0.1	≥90	除惰性气体以外的有毒物质的蒸气、烟尘

(2) 按照使用者头型大小选择面罩(一般有五种型号供使用者选择)，以面罩完全紧贴使用者面颊，防止外部有毒气体进入为准。

(3) 检查面具及连接滤罐的塑料软管是否老化泄漏。

(4) 全部戴好，检查无误后，进入有毒现场开展抢救工作。

2. AHG-2 型隔离式氧气呼吸器工作原理及操作程序：

一般隔离式呼吸器主要有氧气呼吸器和蛇管式防毒面具两种形式。氧气呼吸器虽然品种较多，但工作原理相同。以 AHG-2 型氧气呼吸器为例，主要由面罩、呼吸软管、气囊、氧气瓶和清洁罐组成。其工作原理：人体经肺部呼出的气体，经面罩、呼吸软管、呼气阀进入清洁罐，其中 CO_2 被罐中的吸附剂吸收，然后进入气囊，同时由氧气瓶储存的高压氧气经就减压器处理后也进入气囊，两种气体在囊中混合后重新组成适宜于人体呼吸的含氧气体。这种气体经吸气阀、吸气软管面罩吸入人体供人体呼吸。

设备操作程序：

（1）首先检查氧气瓶压力表，确认其压力在 7.85MPa 以上时，确定是否可以使用。

（2）打开氧气阀门，带上面罩，检查密封情况，确定密封情况良好，可以进入毒物污染区开展作业。

（3）作业中随时观察氧气压力表指针，当发现压力表降至 2.9MPa 时，立即撤离毒物污染区，脱下面罩，关闭氧气阀。

（4）使用完毕，补充氧气，检查吸附剂，使之完全处于备用状态后，放在清洁干燥处，避免被污染。

3. 国产 HSG-79 型生氧器工作原理及操作程序：

国产 HSG-79 型生氧器由面罩、气囊、生氧罐、快速供氧盒等主要部件组成。其工作原理：它是在与空气隔离的状况下进行供氧的。首先人体呼出的二氧化碳和水分经导管进入生氧罐，与罐中的超氧化物（Na_2O_2 或 K_2O_2）生氧剂快速发生化学反应生成氧气，所成的氧气储存于气囊中，使人体呼出的气体达到净化再生。当人吸气时，气体由气囊中经散热片、导气管、面罩进入人的肺部，完成整个呼吸循环。

设备操作程序：

（1）使用前首先进行面罩、导气管、生氧罐的组装连接，再装入启动药盒和玻璃瓶，然后检查气体密封性。

（2）打开面罩堵气塞，带好面罩，面罩尚不紧贴鼻梁，下部贴下颚，并观察面罩镜片有无水雾，发现水雾说明面罩密封不好，需要重新调。

（3）快速按动供氧盒开关按钮，进行供氧，并进入抢救现场开始作业。

（4）使用完毕，生氧罐、快速供氧盒、玻璃瓶等需要重新更换，已备下次使用。

蛇管式比较简单，它主要利用长管将远处的新鲜空气通过风机供给抢救人员，满足其呼吸循环。工作原理简单，易于操作，容易掌握，这里不再赘述。

- **训练要领**

1. 过滤式防毒设备训练要领：

（1）在开始进行防毒设备操作训练之前，首先要对学员进行防毒安全教育，告诫毒物对人体所造成的伤害，让受训者在思想上高度重视训练工作的意义。

（2）使用前，首先要确定所选用滤罐是否适宜于所防护毒物，避免错用。

（3）训练过程中，要指导学员掌握面罩密封的要领，以免在实战中发生事故。

（4）要告诫受训学员，此类防毒设备只适宜于中低毒区作业，当空气中毒物含量超过 1%或者空气含氧量小于 18%时，此防毒设备可能失效，起不到防毒作用，此时，应采用隔离式防毒专用设备。

2. 隔离式呼吸器训练要领：

（1）使用人员必须经过专门训练，对各类型隔离型呼吸器进行区别性训练，掌握各种型号防毒设备不同的操作要领。未经过专门培训者不得使用此类防毒设备。

（2）由于该设备中有氧气瓶，在抢救时要避免与油类、火源接触，尤其是要高度关注氧气瓶的密封问题。使用中还要避免发生撞击，以免引起燃烧、爆炸事故发生。

(3) 使用中如闻到有酸味，说明清洁罐中吸收剂已经失效，不能再持续使用，要立即停止作业，退出抢救现场。

(4) 在高毒危险作业现场，应该由两人协同作业，用手语联系，相互监护，切不可摘下面罩进行交流，以防中毒。

(5) 存放时要严禁被油污污染，防止高温和日光直射。

(6) 这种防毒设备适宜于高毒区作业，但是不适合在火源高温区作业。

3. 国产 HSG-79 型生氧器的训练要领：

(1) 使用人员必须经过专门训练，对各类型隔离型呼吸器进行区别性训练，掌握各种型号防毒设备不同的操作要领。未经过专门培训者不得使用此类防毒设备。

(2) 存放时应注意安置在清洁、干燥、没有阳光直射的地方，避免药物受潮失效。

(3) 由于生氧罐在工作过程会释放热量，造成罐壁发热，用完毕拆卸时，切记生氧罐可能烫手，应搁置一段时间后再进行操作，以免烫伤。

- **思考与分析**

1. 过滤式防毒设备与隔离供氧型呼吸机在工作原理上有何不同？
2. 一般高毒环境应该选择哪种防毒设备？
3. 隔离式防毒设备类型是否都相同？工作原理是否也一样？
4. 高聚物有毒气体应该采用什么颜色的滤毒罐？
5. 防毒知识的掌握和相关技能的训练为什么是化工行业从业人员必备的基本职业素养？
6. 常见的有毒有机容积有哪些？

5.2.3　技能训练 3 现场抢救方法

- **训练目标**

针对化工企业生产和检修现场，可能发生的毒气泄漏引发的急性中毒事件，培训现场工作人员掌握正确的抢救方法，实施有效地现场救护措施，最大限度地及时挽救中毒人员的生命。

- **现场抢救操作方法**

1. 进入危险区前抢救人员，首先要佩戴好供氧式防毒面具或氧气呼吸器，穿好防毒防护服。若进入装置设备内部实施抢救，还应该在腰部系上安全带。然后展开抢救。

2. 进入抢救现场在抢救中毒人员的同时，要采取有效措施，关闭泄漏管道阀门、停止送料、堵塞泄漏设备等，切断毒源。启动一切通风设施，降低空间毒气浓度。

3. 迅速脱去中毒人员衣服、鞋袜，立即进行冲洗，清理皮肤表面的毒物，冲洗时间持续 15~30s；

4. 对中毒昏迷者者，首先将中毒者移至安全地点，仰卧平躺，必要时注意保暖。一看，即观察其胸部和腹部有无起伏；二听，即用耳朵贴近中毒者鼻孔与心房处，细听有无心跳和微弱的呼吸声；三试，即用小纸条测试中毒者口鼻孔，测试有无呼吸气流，用手轻按其喉结两侧颈动脉有无跳动，以断定中毒者是否有心跳。

5. 对呼吸停止或心跳停止的中毒人员，立即进行口对口人工呼吸抢救。首先使其头部后仰，下颚抬高，保持气道畅通，手捏其鼻翼，深深地吸足气后向中毒者口中吹气，先连续大口吹 4 次(每次 1~1.5s)此后观察中毒者有无反应。对有反应者，随后以 13~16 次/min 的速度继续实施口对口吹气，直至心跳回复。

6. 对 4 次大口吹气仍没有反应的中毒者，要实施胸外挤压抢救。抢救者位于患者一侧或骑在患者身上，面向患者头部，用双手以冲击式挤压胸骨下部位，挤压速度 60~70 次/min，帮助患者回复心跳。

7. 在进行人工呼吸的同时，使用针刺人中、泉涌、太冲等穴位的方法，必要时可以注射中枢兴奋剂可拉明或洛贝宁。

- **训练要领**

1. 冲洗时如果毒物系水溶性物质，可用大量的肥皂水冲洗。对酸性毒物，可采用弱碱性中和剂溶液冲洗；对碱性毒物可用弱酸性中和剂溶液冲洗。
2. 对遇水反应毒物，先用干布或吸收液体将皮肤表面的毒物处理干净，然后用水冲洗。
3. 冲洗时，注意眼睛、皮肤皱纹、毛发和指甲缝内的毒物都要冲洗干净。
4. 采用胸外用挤压法抢救时，注意不要用力过猛，以免给患者造成肋骨骨折。

- **思考与分析**

1. 为什么我们要掌握现场抢救的常识和方法？
2. 对中毒者实施现场抢救时，你应该保持什么样的态度？采取什么方式进行抢救？
3. 如果你自己中毒，应该如何进行自救？
4. 现场抢救过程中，你首先如何保护自己？

5.3　相关资料链接

1.《化工安全技术》刘景良主编．教育部高职高专规划教材，化学工业出版社；
2.《化工安全工程》许文主编．化学工业出版社。

第六章　中级工专业基础部分

6.1　专业知识点

6.1.1　应知

1. 化工基础数据：

（1）基本物性数据，内容主要包括密度或比容、蒸气压等；

（2）热力学物性数据，内容包括内能、焓、摩尔热容、相变潜热、自由焓等；

（3）化学反应和热化学数据，内容主要包括反应热、活化能、化学反应速度常数等；

（4）传递参数，主要包括黏度、扩散系数、导热系数等。

2. 工业催化剂基本知识点：催化剂的概念、种类、组成、主要评价指标，催化剂的升温还原、钝化及防中毒等。

3. 工业反应器基本知识点：反应器的分类、各类反应器的主要特点、典型反应器的基本构成等。

4. 主要生产指标计算：主要包括转化率、产率、收率、原料消耗量、生产能力、生产强度计算等。

5. 化工生产过程基本知识点：化工生产的目的，化工生产过程的概念、基本组成、分类，常用化工生产原料等。

6. 主要高分子化合物知识点：

（1）塑料、纤维、橡胶定义、分类及特性；

（2）典型高聚物，主要包括：PE、PP、PVC、PS、PET、PA. PAN、BS 的生产方法、生产工艺以及显著特征等。

7. 化工工艺及主要工艺影响因素的选择部分知识点：化工工艺的概念、特点、分类（无机工艺、有机工艺、高分子化学及工艺等）。主要工艺影响因素（如温度、压力、流量、空速、停留时间、浓度等）的选择。

8. 流体输送、非均相物系的分离、传热、蒸发等化工单元操作过程的基本原理、基本计算和典型设备的操作。

6.1.2　应会

一、选择题

1. 相变潜热是指(　　)。

A. 物质发生相变时吸收的热量或释放的热量

B. 物质发生相变时吸收的热量

C. 物质发生相变时释放的热量

D. 不能确定

2. 化学反应热不仅与化学反应有关，而且与(　　)。

A. 反应温度和压力有关　　　　C. 物质的状态有关

B. 参加反应物质的量有关　　D. 与以上三种情况都有关

3. 温度对流体的黏度有一定的影响，当温度升高时，(　　)。

A. 液体和气体的黏度都降低

B. 液体和气体的黏度都升高

C. 液体的黏度升高、而气体的黏度降低

D. 液体的黏度降低、而气体的黏度升高

4. 对于纯物质来说，在一定压力下，它的泡点温度和露点温度的关系是(　　)。

A. 相同　　B. 泡点温度大于露点温度

C. 泡点温度小于露点温度　　D. 无关系

5. 在金属固体中，热传导是由(　　)引起的。

A. 分子的不规则运动　　B. 自由电子运动

C. 个别分子的动量传递　　D. 原子核振动

6. 熔融指数与相对分子质量的关系是(　　)。

A. 相对分子质量越高，熔融指数低　　B. 相对分子质量越低，熔融指数低

C. 相对分子质量越高，熔融指数高　　D. 无关系

7. 单位质量的某物质温度升高或降低 1K 时，所吸收或放出的热量称这种物质的(　　)。

A. 焓　　B. 比热容　　C. 显热　　D. 潜热

8. 工业上固体催化剂是由(　　)组成的。

A. 正催化剂和负催化剂　　B. 主催化剂和辅催化剂

C. 活性组分、稳定剂和载体　　D. 活性组分、助剂和载体

9. 催化剂中毒有(　　)两种情况。

A. 短期性和长期性　　B. 短期性和暂时性

C. 暂时性和永久性　　D. 暂时性和长期性

10. 下列叙述中不是催化剂特征的是(　　)。

A. 催化剂的存在能提高化学反应热的利用率

B. 催化剂只缩短达到平衡的时间，而不能改变平衡状态

C. 催化剂参与催化反应，但反应终了时，催化剂的化学性质和数量都不发生改变

D. 催化剂对反应的加速作用具有选择性

11. 催化剂按形态可分为 (　　)。

A. 固态，液态、等离子态　　B. 固态、液态、气态、等离子态

C. 固态、液态　　D. 固态、液态、气态

12. 评价催化剂的指标主要有：比表面和内表面利用率、孔隙率和堆积密度、(　　)、机械强度等。

A. 形状　　B. 毒物的影响

C. 活性温度范围　　D. 使用年限

13. 催化剂具有(　　)特性。

A. 改变反应速度

B. 改变化学平衡。

C. 既改变反应速度又改变化学平衡

D. 反应速度和化学平衡均不改变，只改变反应途径。

14. 加氢反应催化剂的活性组分是(　　)。

A. 单质金属　B. 金属氧化物　C. 金属硫化物　D. 都不是

15. 在典型反应器中，釜式反应器是按照(　　)的。

A. 物料聚集状态分类　B. 反应器结构分类

C 操作方法分类　D. 与外界有无热交换分类

16. 工业反应器的设计评价指标有：(1)转化率；(2)选择性；(3)(　　)。

A. 效率　B. 产量　C. 收率　D. 操作性

17. 气固相催化反应器，分为固定床反应器、(　　)反应器。

A. 流化床　B. 移动床　C. 间歇　D. 连续

18. 间歇式反应器出料组成与反应器内物料的最终组成(　　)。

A. 不相同　B. 可能相同　C. 相同　D. 可能不相同

19. 间歇反应器是(　　)。

A. 一次加料，一次出料　B. 二次加料，一次出料

C. 一次加料，二次出料　D. 二次加料，二次出料

20. 平推流的特征是(　　)。

A. 进入反应器的新鲜质点与留存在反应器中的质点能瞬间混合

B. 出口浓度等于进口浓度

C. 流体物料的浓度和温度在与流动方向垂直的截面上处处相等，不随时间变化

D. 物料一进入反应器，立即均匀地发散在整个反应器中

21. 一个反应过程在工业生产中采用什么反应器并无严格规定，但首先以满足(　　)为主。

A. 工艺要求　B. 减少能耗　C. 操作简便　D. 结构紧凑

22. 薄层固定床反应器主要用于(　　)。

A. 快速反应　B. 强放热反应

C. 可逆平衡反应　D. 可逆放热反应

23. 釜式反应器的换热方式有夹套式、蛇管式、回流冷凝式和(　　)。

A. 列管式　B. 间壁式　C. 外循环式　D. 直接式

24. 在乙烷裂解制乙烯过程中，投入反应器的乙烷量为 5000kg/h，裂解气中含有未反应的乙烷量为 1000 kg/h，获得的乙烯量为 3400 kg/h，乙烷的转化率为(　　)。

A. 68%　B. 80%　C. 90%　D. 91. 1%

25. 由乙烷裂解制乙烯，投入反应器的乙烷量为 5000kg/h，裂解气中含有未反应的乙烷量为 1000 kg/h，获得的乙烯量为 3400 kg/h，乙烯的收率为(　　)。

A. 91. 08%　B. 72. 86%　C. 81. 99%　D. 82. 99%

26. 转化率 Z、选择性 X 与单程收率 S 的关系是(　　)。

A. $Z=XS$　B. $X=ZS$

C. $S=ZX$　D. 以上关系都不是

27. 乙炔和氯化氢反应生成氯乙烯，原料乙炔与氯化氢的分子比为 1 : 1. 1，当乙炔转化

率为 50%时，氯化氢的转化率为(　　)。

A. 大于 50%　B. 小于 50%　C. 45.45%　D. 50%

28. 乙炔与氯化氢加成生产氯乙烯，通入反应器的原料乙炔量为 1000kg/h，出反应器的产物组成中乙炔含量为 300kg/h，已知按乙炔计生成氯乙烯的选择性为 90%，则按乙炔计氯乙烯的收率为(　　)。

A. 30%；　B. 70%　C. 63%　D. 90%

29. 在化工生产过程中常涉及的基本规律有(　　)。

A. 物料衡算和热量衡算

B. 热量衡算和平衡关系

C. 物料衡算、热量衡算和过程速率

D. 物料衡算、热量衡算、平衡关系和过程速率

30. 化工生产过程是指从原料出发，完成某一化工产品生产的全过程，其核心即(　　)。

A. 工艺过程　B. 设备选择　C. 投料方式　D. 生产程序

31. 小批量、多品种的精细化学品生产适用于(　　)过程。

A. 连续操作　B. 间歇操作

C. 半连续操作　D. 半间歇操作

32. $CH_4+H_2O \longrightarrow CO+3H_2+Q$ 达到平衡时，升高温度化学平衡向(　　)移动。

A. 正反应方向　B. 逆反应方向　C. 不移动　D. 无法判断

33. 加热过程在 200℃以下用的热源一般是(　　)。

A. 低压蒸汽　B. 中压蒸汽　C. 熔盐　D. 烟道气

34. 反应物流经床层时，单位质量催化剂在单位时间内所获得目的产物量称为(　　)。

A. 空速　B. 催化剂负荷

C. 催化剂空时收率　D. 催化剂选择性

35. 裂解气中酸性气体的脱除，通常采用乙醇胺法和碱洗法，两者比较(　　)。

A. 乙醇胺法吸收酸性气体更彻底

B. 乙醇胺法乙醇胺可回收重复利用

C. 碱洗法更适用于酸性气体含量高的裂解气

D. 碱洗法由于碱液消耗量小更经济

36. 基本化工生产过程中不包括的任务是(　　)。

A. 研究产品生产的基本过程和反应原理

B. 研究化工生产的工艺流程和最佳工艺条件

C. 研究主要设备的结构、工作原理及强化方法

D. 研究安全与环保

37. 化工过程一般不包含(　　)。

A. 原料准备过程　B. 原料预处理过程

C. 反应过程　D. 反应产物后处理过程

38. 以高聚物为基础，加入某些助剂和填料混炼而成的可塑性材料，主要用作结构材料，该材料称为(　　)。

A. 塑料　B. 橡胶　C. 纤维　D. 合成树脂

39. 俗称“人造羊毛”的聚丙烯腈纤维(即腈纶)的缩写代号是(　　)。

A. PE　B. PVC　C. PET　D. PAN

40. 合成氨生产的特点是(　　)、易燃易爆、有毒有害。

A. 高温高压　B. 大规模　C. 生产连续　D. 高成本低回报

41. 任何牌号的聚丙烯必须要加的稳定剂是(　　)。

A. 抗氧剂　B. 爽滑剂　C. 卤素吸收剂　D. 抗老化剂

42. 合成树脂原料中，一般都含有一定量的抗氧剂，其目的是(　　)。

A. 为了便于保存　B. 增加成本　C. 降低成本　D. 有利于反应

43. 氯乙烯聚合只能通过(　　)。

A. 自由基聚合　B. 阳离子聚合　C. 阴离子聚合　D. 配位聚合

44. 化工工艺的主要工艺影响因素有(　　)。

A. 温度、压力和流量等

B. 温度、压力、流量和空速等

C. 温度、压力、流量、空速和停留时间等

D. 温度、压力、流量、空速、停留时间和浓度等

45. 裂解乙烯过程正确的操作条件是(　　)。

A. 低温、低分压、长时间　B. 高温、低分压、短时间

C. 高温、低分压、长时间　D. 高温、高分压、短时间

46. 离心泵在正常运转时，其扬程与升扬高度的大小比较是(　　)。

A. 扬程>升扬高度　B. 扬程=升扬高度

C. 扬程<升扬高度　D. 不能确定

47. 离心泵抽空、无流量，其发生的原因可能有(　　)。

①启动时泵内未灌满液体　④泵轴反向转动

②吸入管路堵塞或仪表漏气　⑤泵内漏进气体

③吸入容器内液面过低　⑥底阀漏液

你认为可能的是(　　)。

A. ①、③、⑤　B. ②、④、⑥　C. 全都不是　D. 全都是

48. 对于属于易燃易爆性质的压缩气体，在启动往复式压缩机前，应该采用(　　)将缸内、管路和附属容器内的空气或其他非工作介质置换干净，并达到合格标准，以杜绝爆炸和设备事故的发生。

A. 氮气　B. 氧气　C. 水蒸气　D. 过热蒸汽

49. 透平式压缩机属于(　　)压缩机。

A. 往复式　B. 离心式　C. 轴流式　D. 流体作用式

50. 通风机日常维护保养要求做到(　　)。

A. 保持轴承润滑良好，温度不超过65℃

B. 保持冷却水畅通，出水温度不超过35℃

C. 注意风机有无杂音、振动、地脚螺栓和紧固件是否松动，保持设备清洁，零部件齐全

D. 以上三种要求

51. 在使用往复泵时，发现流量不足，其引发的可能原因是(　　)。

A. 进出口滑阀不严、弹簧损坏　B. 过滤器堵塞或缸内有气体

C. 往复次数减少　D. 以上三种原因

52. 流体运动时，能量损失的根本原因是由于流体存在着(　　)。

A. 压力　B. 动能　C. 湍流　D. 黏性

53. 采用两台离心泵串联操作，通常是为了增加(　　)。

A. 流量　B. 扬程　C. 效率　D. 上述三者

54. 化工过程中常用到下列类型的机泵：a. 离心泵、b. 往复泵、c. 齿轮泵、d. 螺杆泵。其中属于正位移泵的是(　　)。

A. a，b，c　B. b，c，d　C. a，d　D. a

55. 采用出口阀门调节离心泵流量时，开大出口阀门扬程(　　)。

A. 增大　B. 不变　C. 减小　D. 先增大后减小

56. 某人进行离心泵特性曲线测定实验，泵启动后出水管不出水，泵进口处真空表指示真空度很高。你认为以下四种原因中，哪一个是真正的原因(　　)。

A. 水温太高　B. 真空表坏了

C. 吸入管路堵塞　D. 排除管路堵塞

57. 流体由 1—1 截面自动流入 2—2 截面的条件是(　　)。

A. $gz_1+p_1/\rho=gz_2+p_2/\rho$　B. $gz_1+p_1/\rho>gz_2+p_2/\rho$

C. $gz_1+p_1/\rho<gz_2+p_2/\rho$　D. 以上都不是

58. 试比较下述三种离心泵流量调节方式能耗的大小：(1)阀门调节(节流法)、(2)旁路调节、(3)改变泵叶轮的转速或切削叶轮。(　　)

A. (2)>(1)>(3)　B. (1)>(2)>(3)　C. (2)>(3)>(1)　D. (1)>(3)>(2)

59. 离心泵铭牌上所标明的流量 Q 是指(　　)。

A. 泵的最大流量　B. 泵效率最高时的流量

C. 扬程最大时的流量　D. 扬程最小时的流量

60. 离心过滤机在运行中，以下不正确的说法是(　　)。

A. 要经常检查筛篮内滤饼厚度和含水分程度以便随时调节

B. 加料时应该同时打开进料阀门和洗水阀门

C. 严禁超负荷运行和带重大缺陷运行

D. 发生断电、强烈振动和较大的撞击声，应紧急停车

61. 在讨论旋风分离器分离性能时，临界直径这一术语是指(　　)。

A. 旋风分离效率最高时的旋风分离器直径

B. 旋风分离器允许的最小直径

C. 旋风分离器能够全部分离出来的最小颗粒的直径

D. 能保持滞流流型时的最大颗粒直径

62. 要使微粒从气流中除去，必须使微粒在降尘室内的停留时间(　　)微粒的沉降时间。

A. ≥　B. ≤　C. <　D. >

63. 以下哪种是连续式过滤机(　　)。

A. 箱式叶滤机　B. 真空叶滤机

C. 回转真空过滤机　D. 板框压滤机

64. 电除尘器的操作电压一般选择(　　)。

A. 110V　B. 220V　C. 380V　D. 50~90kV

65. 旋风分离器的进气口宽度 B 值增大，其临界直径(　　)。

A. 减小　B. 增大　C. 不变　D. 不能确定

66. 下列列管式换热器操作程序哪一种操作不正确(　　)。

A. 开车时，应先进冷物料，后进热物料

B. 停车时，应先停热物料，后停冷物料

C. 开车时要排出不凝气

D. 发生管堵或严重结垢时，应分别加大冷热物料流量，以保持传热量

67. 会引起列管式换热器冷物料出口温度下降的事故有(　　)。

A. 正常操作时，冷物料进口管堵　B. 热物料流量太大

C. 冷物料输送泵损坏　D. 热物料输送泵损坏

68. 导致列管式换热器传热效率下降的原因可能是(　　)。

A. 列管结垢或堵塞　B. 不凝气或冷凝液增多

C. 管道或阀门堵塞　D. 以上三种情况

69. 对于列管式换热器，当壳体与换热管温度差(　　)时，产生的温度差应力具有破坏性，因此需要进行热补偿。

A. 大于45℃　B. 大于50℃　C. 大于55℃　D. 大于60℃

70. 列管换热器内外侧对流传热系数分别是 α_i 和 α_o，且 $\alpha_i \gg \alpha_o$，要提高总传热系数，关键是(　　)。

A. 减小 α_i　B. 增大 α_i

C. 减小 α_o　D. 增大 α_o

71. 用饱和水蒸气加热空气进行传热实验，传热壁面温度应接近于(　　)。

A. 空气的温度　B. 水蒸气的温度

C. 二者的算术平均温度　D. 不能确定

72. 为减少园形管导热损失，采用三种保温材料 a、b、c 进行包覆，若三层保温材料厚度相同，导热系数分别为 $\lambda_a > \lambda_b > \lambda_c$，则包覆的的顺序从内到外依次为(　　)。

A. a. b、c、　B. b、a、c　C. c、a、b　D. c、b、a

73. 物质导热系数的顺序是(　　)。

A. 金属>一般固体>液体>气体　B. 金属>液体>一般固体>气体

C. 金属>气体>液体>一般固体　D. 金属>液体>气体>一般固体

74. 在下列四种不同的对流给热过程中，空气自然对流 α_1，空气强制对流 α_2(流速为 3m/s)，水强制对流 α_3(流速为 3m/s)，水蒸气冷凝 α_4。α 值的大小关系应为(　　)。

A. $\alpha_3 > \alpha_4 > \alpha_1 > \alpha_2$　B. $\alpha_4 > \alpha_3 > \alpha_2 > \alpha_1$

C. $\alpha_4 > \alpha_2 > \alpha_1 > \alpha_3$　D. $\alpha_3 > \alpha_2 > \alpha_1 > \alpha_4$

75. 对流给热热阻主要集中在(　　)。

A. 虚拟膜层　　B. 缓冲层　　C. 湍流主体　　D. 层流内层

76. 在套管换热器中，用热流体加热冷流体。操作条件不变，经过一段时间后管壁结垢，则传热系数 K(　　)。

A. 变大　　B. 不变　　C. 变小　　D. 不确定

77. 对于间壁式换热器，流体的流动速度增加，其热交换能力将(　　)。

A. 减小　　B. 不变　　C. 增加　　D. 不能确定

78. 在卧式列管换热器中，用常压饱和蒸汽对空气进行加热(冷凝液在饱和温度下排出)，饱和蒸汽应走(　　)，蒸气流动方向(　　)。

A. 管程、从上到下　　B. 壳程、从下到上

C. 管程、从下到上　　D. 壳程、从上到下

79. 蒸发操作的目的是将溶液进行(　　)。

A. 浓缩　　B. 结晶

C. 溶剂与溶质的彻底分离　　D. 不能确定

80. 膜式蒸发器适用于(　　)的蒸发。

A. 普通溶液　　B. 热敏性溶液　　C. 恒沸溶液　　D. 不能确定

81. 为了提高蒸发器的强度，可(　　)。

A. 采用多效蒸发　　B. 加大加热蒸汽侧的对流传热系数

C. 增加换热面积　　D. 提高沸腾侧的对流传热系数

82. 在蒸发操作中，若使溶液在(　　)下沸腾蒸发，可降低溶液沸点而增大蒸发器的有效温度差。

A. 减压　　B. 常压　　C. 加压　　D. 变压

83. 逆流加料多效蒸发过程适用于(　　)。

A. 黏度较小溶液的蒸发

B. 有结晶析出的蒸发

C. 黏度随温度和浓度变化较大溶液的蒸发

84. 有结晶析出的蒸发过程，适宜流程是 (　　)。

A. 并流加料　　B. 逆流加料

C. 分流(平流)加料　　D. 错流加料

85. 处理不适宜于热敏性溶液的蒸发器有(　　)。

A. 升膜式蒸发器　　B. 强制循环蒸发器

C. 降膜式蒸发器　　D. 水平管型蒸发器

86. 液体的流量一定时，流道截面积减小，液体的压强将(　　)。

A. 减小　　B. 不变　　C. 增加　　D. 不能确定

87. 某台离心泵开动不久，泵入口处的真空度逐渐降低为零，泵出口处的压力表也逐渐降低为零，此时离心泵完全打不出水。发生故障的原因可能是(　　)。

A. 忘了灌水　　B. 吸入管路堵塞

C. 压出管路堵塞　　D. 吸入管路漏气

88. 水在内径一定的圆管中稳定流动，若水的质量流量保持恒定，当水温升高时，R_e值将(　　)。

A. 变大　B. 变小　C. 不变　D. 不确定

89. 1 kgf=（　）N。

A. 0.981　B. 0.0981　C. 9.81　D. 98.1

90. 气体在管径不同的管道内稳定流动时，它的(　)不变。

A. 流量　B. 质量流量

C. 体积流量　D. 质量流量和体积流量都

91. 泵赋于流体的外加能量称为泵的(　)。

A. 扬程　B. 升扬高度　C. 功率　D. 效率

92. 工厂中保温常用玻璃棉是因为它的导热系数(　)。

A. 大　B. 小　C. 适中　D. 最大

93. 两台型号相同的泵并联时，实际流量是(　)。

A. $Q_{并}>2Q_{单}$　B. $Q_{并}<2Q_{单}$

C. $Q_{并}=2Q_{单}$　D. $Q_{并}=Q_{单}$

94. 我国现在工程上常见的单位制是(　)。

A. 物理单位制　B. 工程单位制　C. 绝对单位制　D. 国际单位制

95. 对某一气体组分来说，采取(　)的方法对冷凝有利。

A. 加压　B. 减压　C. 提温　D. 降温

96. 泵的吸液高度是有极限的，而且与当地大气压和液体的(　)有关。

A. 质量　B. 密度　C. 体积　D. 流量

97. 标准状态指的是(　)。

A. 1atm，20℃　B. 1atm ，0℃　C. 1atm ，4℃　D. 1atm，25℃

98. 蒸汽作为加热介质主要是利用它的(　)。

A. 压力　B. 显热　C. 潜热　D. 焓

99. 离心泵的工作性能曲线指的是(　)。

A. $Q-H$　B. $Q-N$　C. $Q-\eta$　D. 前面三种都是

100. 三氯化磷、水和冰乙酸反应生成(　)。

A. HEDP　B. 泡沫　C. 砂土　D. HETP

101. 节流过程(　)不变。

A. 温度　B. 熵值　C. 焓值　D. 潜热

102. 气体的黏度随着温度的升高而(　)。

A. 减小　B. 增大　C. 不变　D. 不一定

103. 某液体通过由大管至小管的水平异径管时，变径前后的能量转化的关系是(　)。

A. 动能转化为静压能　B. 位能转化为动能

C. 静压能转化为动能　D. 动能转化为位能

104. 孔板流量计是流体以一定的流量经过孔板时，产生变化(　)来度量流体流量。

A. 流速差　B. 温度差　C. 流量差　D. 压强差

105. 有时采用双动或三联往复泵的目的是(　)。

A. 为了使流量增大　B. 使出口压力增大

C. 为了改善单动泵流量的不均匀性　D. 使扬程减小

106. 玻璃板液位计原理是(　　)。
A. 毛细现象　B. 虹吸现象　C. 连通器原理　D. A、B、C 均不是
107. 物质从液态变成气态现象叫(　　)。
A. 升华　B. 沸腾　C. 冷凝　D. 汽化
108. 当温度升高时，纯金属的导热系数(　　)。
A. 不变　B. 升高　C. 降低　D. 无法确定
109. 当流体从高处向低处流动时，其能量转化关系是(　　)。
A. 静压能转化为动能　B. 位能转化为动能
C. 位能转化为动能和静压能　D. 动能转化为静压能和位能
110. 当离心泵的入口压强等于液体温度相应的饱和蒸气压时，会出现(　　)现象。
A. 气阻　B. 气蚀　C. 气缚　D. 吸不上液
111. 对于工业生产来说，提高传热膜系数最容易的方法是(　　)。
A. 改变工艺条件　B. 改变传热面积
C. 改变流体性质　D. 改变流体的流动状态
112. 当压送的流体在管道内流动时，任一截面处的流速与(　　)成反比。
A. 流量　B. 压力　C. 管径　D. 截面积
113. 为了保证循环水泵的正常运转，要求轴承最高温度不大于(　　)℃。
A. 80　B. 70　C. 65　D. 60
114. 要切断而不需要流量调节的地方，为减小管道阻力一般选用(　　)阀。
A. 截止阀　B. 针型阀　C. 闸阀　D. 止回阀
115. 长期使用的列管式换热器，可以用化学和机械方法清除列管内外的污垢，这样做的目的是(　　)。
A. 增大传热面积　B. 增大传热温差
C. 减小污垢热阻　D. 提高污垢热阻
116. 离心泵特性曲线通常是以(　　)为试验用液体。
A. 清水　B. 物料　C. 酒精　D. 油品
117. 液体流过大小变径管路，变径前后流体的(　　)值发生了变化。
A. 质量流量　B. 流速　C. 体积流量　D. 质量
118. 工业上用(　　)表示含水气体的水含量。
A. 百分比　B. 密度　C. 摩尔比　D. 露点
119. 兰州地区大气压一般为(　　)mmHg(1mmHg = 133.3224Pa)。
A. 635　B. 650　C. 700　D. 735
120. 传热速率与热负荷相比，传热速率(　　)热负荷。
A. 等于　B. 小于　C. 大于或等于　D. 大于
121. 用“ϕ 外径 mm×壁厚 mm”来表示规格的是(　　)。
A. 铸铁管　B. 钢管　C. 铅管　D. 水泥管
122. 当流量、管长和管子的摩擦系数等不变时，管路阻力近似地与管径的(　　)次方成反比。
A. 2　B. 3　C. 4　D. 5

123. 流体流动时的摩擦阻力损失 h_f所损失的是机械能中的(　　)。

A. 动能　B. 位能　C. 静压能　D. 总机械能

124. 某塔高 30m，进行水压试验时，离塔底 10m 高处的压力表的读数为 500kPa(塔外大气压为 100kPa)。那么塔顶处水的压强(　　)。

A. 403. 8kPa　B. 698. 1kPa　C. 600kPa　D. 无法确定

125. 一定流量的水在圆形直管内呈层流流动，若将管内径增加 1 倍，产生的流动阻力将为原来的(　　)。

A. 1/2　B. 1/4　C. 1/8　D. 1/32

126. 液体液封高度的确定是根据(　　)。

A. 连续性方程　B. 物料衡算式　C. 静力学方程　D. 牛顿黏性定律

127. 密度为 $1000kg/m^3$的流体，在 $\phi108\times4$ 的钢管内流动，流速为 2m/s，流体的黏度为 1cP($1cP=10^{-3}Pa\cdot s$)，其 *Re* 为(　　)。

A. 10^5　B. 2×10^7　C. 2×10^6　D. 2×10^5

128. 管件中连接管路支管的部件称为(　　)。

A. 弯头　B. 三通或四通　C. 丝堵　D. 活接头

129. 能用于输送含有悬浮物质流体的是(　　)。

A. 旋塞　B. 截止阀　C. 节流阀　D. 闸阀

130. 能自动间歇排除冷凝液并阻止蒸汽排出的是(　　)。

A. 安全阀　B. 减压阀　C. 止回阀　D. 疏水阀

131. 常拆的小管径管路通常用(　　)连接。

A. 螺纹　B. 法兰　C. 承插式　D. 焊接

132. 往复压缩机的最大压缩比是容积系数(　　)时的压缩比。

A. 最大　B. 最小　C. 为零　D. 为 90%

133. 离心通风机铭牌上标明风压是 $100mmH_2O$($1mmH_2O=9.806Pa$)，其意思是(　　)。

A. 输任何条件的气体介质的全风压都达到 $100mmH_2O$

B. 输送空气时不论流量的多少，全风压都可达到 $100mmH_2O$

C. 输送任何气体介质当效率最高时，全风压为 $100mmH_2O$

D. 输送 20℃，101325Pa 的空气，在效率最高时全风压为 $100mmH_2O$

134. 离心泵启动前(　　)是为了防止气缚现象的发生。

A. 灌水　B. 放气　C. 灌油　D. 灌泵

135. 离心泵装置中(　　)的底阀的作用是防止启动前灌入的液体从泵内流出。

A. 吸入管路　B. 排出管路　C. 调节管路　D. 分支管路

136. 离心泵装置中(　　)的滤网可以阻拦液体中的固体颗粒被吸入而堵塞管道和泵壳。

A. 吸入管路　B. 排出管路　C. 调节管路　D. 分支管路

137. 离心泵的(　　)又称扬程。

A. 流量　B. 轴功率　C. 压头　D. 效率

138. 离心泵的(　　)安装高度小于允许安装高度，就可防止汽蚀现象的发生。

A. 最初　B. 计划　C. 模拟　D. 实际

139. 离心泵最常用的调节方法是(　　)。

A. 改变吸入管路中阀门开度　B. 改变排出管路中阀门开度
C. 安置回流之路，改变循环量的大小　D. 车削离心泵的叶轮
140. 离心泵停车时要(　　)。
A. 先关出口阀，后断电
B. 先断电，后关出口阀
C. 先关出口阀或先断电均可
D. 单级式的先断电，多级式的先关出口阀
141. 离心泵的扬程随着流量的增加而(　　)。
A. 增加　B. 减小　C. 不变　D. 无规律性
142. 启动离心泵前应(　　)。
A. 关闭出口阀　B. 打开出口阀
C. 关闭入口阀　D. 同时打开入口阀和出口阀
143. 离心泵的轴功率 N 和流量 Q 的关系为(　　)。
A. Q 增大，N 增大　B. Q 增大，N 先增大后减小
C. Q 增大，N 减小　D. Q 增大，N 先减小后增大
144. 离心泵在启动前应(　　)出口阀，漩涡泵启动前应(　　)出口阀。
A. 打开，打开　B. 关闭，打开
C. 打开，关闭　D. 关闭，关闭
145. 叶轮的作用是(　　)。
A. 传递功能　B. 传递位能　C. 传递静压能　D. 传递机械能
146. 造成离心泵气缚原因是(　　)。
A. 安装高度太高　B. 泵内流体平均密度太小
C. 入口管路阻力太大　D. 泵不能抽水
147. 离心泵内导轮的作用是(　　)。
A. 增加转速　B. 改变叶轮转向
C. 入口管路阻力太大　D. 泵不能抽水
148. 离心泵中 Y 型泵为(　　)。
A. 单级单吸清水泵　B. 多级清水泵
C. 耐腐蚀泵　D. 油泵
149. 离心泵的轴功率是(　　)。
A. 在流量为零时最大　B. 在压头最大时最大
C. 在流量为零时最小　D. 在工作点处为最小
150. 离心泵的调节阀(　　)。
A. 只能安装在进口管路上　B. 只能安装在出口管路上
C. 安装在进口管路或出口管路上均可　D. 只能安装在旁路上
151. 离心泵的实际安装高度(　　)允许安装高度，就可防止汽蚀现象发生。
A. 大于　B. 小于　C. 等于　D. 近似于
152. 下列不是用来调节离心泵流量的选项是(　　)。
A. 调节离心泵出口阀的开度　B. 改变叶轮的转速

C. 改变叶轮直径　D. 调节离心泵的旁路调节阀

153. 单级单吸式离心清水泵，系列代号为(　　)。

A. IS　B. D　C. Sh　D. S

154. 离心泵性能曲线中的扬程流量线是在(　　)一定的情况下测定的。

A. 效率　B. 功率　C. 转速　D. 管路布置

155. 下列几种叶轮中，(　　)叶轮效率最高。

A. 开式　B. 半开式　C. 闭式　D. 浆式

156. 由 Y 型离心泵的型号 250YSⅡ-150×2 可知该泵的吸入口直径是(　　)mm。

A. 300　B. 250　C. 150　D. 2

157. Y 型离心泵的型号中“Y”表示(　　)。

A. 离心水泵　B. 离心泵的级数

C. 离心泵材质　D. 离心油泵

158. 往复泵适应于(　　)。

A. 大流量且要求流量均匀的场合　B. 介质腐蚀性强的场合

C. 流量较小，压头较高的场合　D. 投资较小的场合

159. 齿轮泵的工作原理是(　　)。

A. 利用离心力的作用输送流体

B. 依靠重力作用输送流体

C. 依靠另外一种流体的能量输送流体

D. 利用工作室容积的变化输送流体

160. 下列流体输送机械中必须安装稳压装置和除热装置的是(　　)。

A. 离心泵　B. 往复泵　C. 往复压缩机　D. 旋转泵

161. 当离心压缩机的操作流量小于规定的最小流量时，即可能发生(　　)现象。

A. 喘振　B. 汽蚀　C. 气塞　D. 气缚

162. 当输送的气体密度增加时，通风机的风压(　　)。

A. 增加　B. 减小　C. 不变　D. 无法判断

163. 用离心通风机将 5000kg/h 空气输入加热器中，由 20℃加热至 140℃。对于该风机安装于加热器前后两种情况，(　　)。

A. 需要输送的流量不变，但需要的全风压要变

B. 需要的全风压不变，但需要的流量要变

C. 需要输送的流量和需要的全风压都要变

D. 需要输送的流量和需要的全风压都不变

164. 物体各部分之间不发生相对位移，仅借分子、原子和自由电子等微观粒子的热运动而引起的热量传递称为(　　)。

A. 热传导　B. 热传递　C. 热放射　D. 热流动

165. 流体各部分之间发生相对位移所引起的热传递过程称为(　　)。

A. 对流　B. 流动　C. 传递　D. 透热

166. (　　)等于 1 的物体称为黑体。

A. 吸收率　B. 反射率　C. 透过率　D. 折射率

167. (　　)等于 1 的物体称为白体。

A. 吸收率　B. 反射率　C. 透光率　D. 折射率

168. 两灰体间进行辐射换热，两者间的温度差为 100℃。若将两灰体的温度各升高 100℃，则此时的辐射传热量与原来的传热量相比，将(　　)。

A. 增大　B. 减小　C. 不变　D. 不一定

169. 多层壁传热过程中，总热阻为各层热阻(　　)。

A. 平均值　B. 之差　C. 之和　D. 之积

170. 在非金属液体中，(　　)的导热系数最高。

A. 水　B. 乙醇　C. 甘油　D. 甲醇

171. 空气、水、金属固体的导热系数分别为 λ_1、λ_2、λ_3，其大小顺序正确的是(　　)。

A. $\lambda_1>\lambda_2>\lambda_3$　B. $\lambda_1<\lambda_2<\lambda_3$

C. $\lambda_2>\lambda_3>\lambda_1$　D. $\lambda_2<\lambda_3<\lambda_1$

172. 在同一换热器中，当冷热流体的进出口温度一定时，平均温度差最大的流向安排是(　　)。

A. 折流　B. 错流　C. 并流　D. 逆流

173. 有一套管换热器，环隙中有 119.6℃的蒸气冷凝，管内的空气从 20℃被加热到 50℃，管壁温度应接近(　　)。

A. 20℃　B. 50℃　C. 77.3℃　D. 119.6℃

174. 辐射和热传导、对流方式传递热量的根本区别是(　　)。

A. 有无传递介质　B. 物体是否运动

C. 物体内分子是否运动　D. 全部正确

175. 要求热流体从 300℃降到 200℃，冷流体从 50℃升高到 260℃，宜采用(　　)换热。

A. 逆流　B. 并流　C. 并流或逆流　D. 以上都不正确

176. 某换热器中冷热流体的进出口温度分别为 $T_1=400$K、$T_2=300$K、$t_1=200$K、$t_2=230$K，逆流时，$\Delta t_m=$(　　)K。

A. 170　B. 100　C. 200　D. 132

177. 总传热系数与下列哪个因素无关(　　)。

A. 传热面积　B. 流体流动状态

C. 污垢热阻　D. 传热间壁壁厚

178. 可在器内设置搅拌器的是(　　)换热器。

A. 套管　B. 釜式　C. 夹套　D. 热管

179. 下列换热器中，不属于列管式换热器的是(　　)。

A. U 形管式　B. 浮头式　C. 螺旋板式　D. 固定管板式

180. 翅片管换热器的翅片应安装在(　　)。

A. α 小的一侧　B. α 大的一侧　C. 管内　D. 管外

181. 工业采用翅片状的暖气管代替圆钢管，其目的是(　　)。

A. 增加热阻，减少热量损失　B. 节约钢材

C. 增强美观　　D. 增加传热面积，提高传热效果

182. 下列选项中，不是列管换热器的主要构成部件的是(　　)。

A. 外壳　　B. 蛇管　　C. 管束　　D. 封头

183. 列管式换热器在停车时，应先停(　　)，后停(　　)。

A. 热流体、冷流体　　B. 冷流体、热流体

C. 无法确定　　D. 同时停止

184. 列管式换热器一般不采用多壳程结构，而采用(　　)以强化传热效果。

A. 隔板　　B. 波纹板　　C. 翅片板　　D. 折流挡板

185. 管式换热器与板式换热器相比(　　)。

A. 传热效率高　　B. 结构紧凑

C. 材料消耗少　　D. 耐压性能好

186. 为了减少室外设备的热损失，保温层外包的一层金属皮应采用(　　)。

A. 表面光滑，色泽较浅　　B. 表面粗糙，色泽较深

C. 表面粗糙，色泽较深　　D. 以上都不是

187. 夏天电风扇之所以能解热是因为(　　)。

A. 它降低了环境温度

B. 产生强制对流带走了人体表面的热量

C. 增强了自然对流

D. 产生了导热

188. 在稳定变温传热中，流体的流向选择(　　)时，传热平均温差最大。

A. 并流　　B. 逆流　　C. 错流　　D. 折流

189. 下列不属于强化传热方法的是(　　)。

A. 加大传热面积　　B. 加大传热温度差

C. 加大流速　　D. 加装保温层

190. 冷热流体在换热器中进行无相变逆流传热，换热器用久后形成污垢层，在同样的操作条件下，与无垢层相比，结垢后的换热器的 K(　　)。

A. 变大　　B. 变小　　C. 不变　　D. 不确定

191. 若固体壁为金属材料，当壁厚很薄时，器壁两侧流体的对流传热膜系数相差悬殊，则要求提高传热系数以加快传热速率时，必须设法提高(　　)的膜系数才能见效。

A. 最小　　B. 最大　　C. 两侧　　D. 无法判断

192. 套管冷凝器的内管走空气，管间走饱和水蒸气，如果蒸汽压力一定，空气进口温度一定，当空气流量增加时传热系数 K 应(　　)。

A. 增大　　B. 减小　　C. 基本不变　　D. 无法判断

193. 以下不能提高传热速率的途径是(　　)。

A. 延长传热时间　　B. 增大传热面积

C. 增加传热温差　　D. 提高传热系数 K

194. 下述分离过程中不属于传质分离过程的是(　　)。

A. 萃取分离　　B. 吸收分离　　C. 精馏分离　　D. 离心分离

195. 氨水的摩尔分率为 20%，而它的比摩尔分率应是(　　)%。

A. 15　B. 20　C. 25　D. 30

196. 酒精和水的混合液中，酒精的质量为 15kg，水的质量为 25kg，酒精的摩尔分率为(　　)(酒精相对分子质量为 46，水相对分子质量为 18)。

A. 0. 89　B. 0. 19　C. 0. 81　D. 0. 11

197. 在酒精和水的混合物中，酒精的摩尔分率为 0. 19，则混合物的平均相对分子质量为(　　)(酒精相对分子质量为 46，水相对分子质量为 18)。

A. 26. 23　B. 24. 32　C. 23. 32　D. 22. 63

198. 下列物料哪些可作冷冻剂(　　)。

A. 氨　B. 乙烷　C. 二氧化碳　D. 氢

199. 制冷系统中含有过量空气，会使排气温度过高，促使润滑油的(　　)。

A. 黏度升高　B. 黏度降低　C. 温度下降　D. 流动变缓

200. 根据人工制冷所能达到的低温不同，制冷技术可划分为四个领域。其中普通制冷温度范围是(　　)。

A. 0. 3K 以下　B. 20～0. 3K　C. 120～20K　D. 120K 以上

201. 按化学结构分类，氟利昂制冷剂属于(　　)类。

A. 无机化合物　B. 饱和碳氢化合物的衍生物

C. 多元混合溶液　D. 碳氢化合物

202. 一般认为，活塞式压缩机名义制冷量在(　　)的为大型压缩机。

A. 550kW 以上　B. 25～550kW　C. 25kW 以下　D. 1～15kW 范围内

203. 大型空调工程或低温制冷工程应采用(　　)压缩机。

A. 活塞式　B. 螺杆式　C. 涡旋式　D. 离心式

204. 为了提高制冷系统的经济性，发挥较大的效益，工业上单级压缩循环压缩比(　　)。

A. 不超过 12　B. 不超过 6～8　C. 不超过 4　D. 不超过 8～10

205. 冷冻剂液氨沸腾时温度(　　)。

A. 升高　B. 不变　C. 降低　D. 忽高忽低

206. 制冷剂经过冷凝器冷凝后变成(　　)。

A. 高压高温液态　B. 高压中温液态

C. 高压中温气态　D. 高压高温气态

207. 氟利昂压缩机正常运转时的吸气温度比蒸发温度高(　　)℃。

A. 5～10　B. 5～12　C. 5～15　D. 5～20

208. 单级氟利昂压缩机最大压缩比应不超过(　　)。

A. 5　B. 6　C. 8　D. 10

209. 在制冷循环操作中，经常调节的工艺参数为(　　)。

A. 压缩机吸气量　B. 节流阀开度

C. 冷冻机功率　D. 冷却水温度

210. 制冷压缩机的主要作用是对制冷剂蒸气进行(　　)。

A. 吸气　B. 排气　C. 压缩　D. 做功

211. 50kg 湿物料中含水 10kg，则干基含水量为(　　)%。

A. 15　　B. 20　　C. 25　　D. 40

212. 下面关于湿空气的干球温度 t，湿球温度 t_w，露点 t_d，三者关系中正确的是(　　)。

A. $t>t_w>t_d$　　B. $t>t_d>t_w$

C. $t_d>t_w>t$　　D. $t_w>t_d>t$

213. 在一定温度和总压下，湿空气的水汽分压和饱和湿空气的水汽分压相等，则湿空气的相对湿度为(　　)。

A. 0　　B. 100%　　C. 0~50%　　D. 50%

214. 对于一定干球温度的空气，当其相对湿度愈低时，其湿球温度(　　)。

A. 愈高　　B. 愈低

C. 不变　　D. 不定，与其他因素有关

215. 在总压不变的条件下，将湿空气与不断降温的冷壁接触，直至空气在光滑的冷壁面上析出水雾，此时的冷壁温度称为(　　)。

A. 湿球温度　　B. 干球温度　　C. 露点　　D. 绝对饱和温度

216. 对于水蒸气-空气系统，绝热饱和温度与(　　)在数值上近似相等。

A. 湿球温度　　B. 干球温度　　C. 露点　　D. 以上均不正确

217. 空气的干球温度、湿球温度差越小，表明空气(　　)。

A. 越干燥　　B. 越潮湿　　C. 热焓越高　　D. 热焓越低

218. 干燥计算中，湿空气的热焓是以(　　)为基础的。

A. 1kg 湿空气　　B. 1kg 干空气

C. 1kg 饱和湿空气　　D. 4mol 干空气

219. 气体的相对湿度是指在一定总压下，湿气体中的湿分蒸气压与(　　)之比。

A. 气体的总压

B. 湿分在 t_w 下的饱和蒸气压

C. 湿分在 t_d 下的饱和蒸气压

D. 湿分在 t 下的饱和蒸气压

220. 对接近常压的溶质浓度低的气液平衡系统，当总压增大时，亨利系数 E(　　)，相平衡常数 m(　　)，溶解度系数(　　)。

A. 增大 减小 不变　　B. 减小　不变　不变

C. 不变　减小 不变　　D. 均无法确定

221. 若混合气体中氨的体积分率为 0.5，其摩尔比为(　　)。

A. 0.5　　B. 1　　C. 0.3　　D. 0.1

222. 二次蒸汽为(　　)。

A. 加热蒸汽

B. 第二效所用的加热蒸汽

C. 第二效溶液中蒸发的蒸汽

D. 无论哪一效溶液中蒸发出来的蒸汽

223. 蒸发器的单位蒸汽消耗量指的是(　　)。

A. 蒸发 1kg 水所消耗的水蒸气量

B. 获得 1kg 固体物料所消耗的水蒸气的量
C. 蒸发 1kg 湿物料所消耗的水蒸气量
D. 获得 1kg 纯干物料所消耗的水蒸气的量
224. 中压废热锅炉的蒸汽压力为(　　)。
A. 4.0~10MPa　　B. 1.4~4.3MPa
C. 1.4~3.9MPa　　D. 4.0~12MPa
225. 下列(　　)不是蒸发设备所包含的构件。
A. 加热室　　B. 分离室　　C. 气体分布器　　D. 除沫器
226. 蒸发操作中消耗的热量主要用于三部分，除了(　　)。
A. 补偿热损失　　B. 加热原料液　　C. 析出溶质　　D. 气化溶剂
227. 蒸发流程中除沫器的作用主要是(　　)。
A. 气液分离　　B. 强化蒸发器传热
C. 除去不凝性气体　　D. 利用二次蒸汽
228. 各部门员工领用有生产任务号的产品主要材料时，必须事先按照公司有关制度规定认真填写(　　)(一式四联)，经班组长签字、部门计划员审核后，方可到库房办理领料手续。
A. 质检单　　B. 报修单　　C. 借用单　　D. 领料单
229. (　　)发料后，按实填写发材料数量，并将领料单返还一联给(　　)，领料人将返还联送交领料部门；(　　)负责收集整理领料单存根联。
A. 领料人、库管员、计划员　　B. 计划员、领料员、库管员
C. 库管员、领料人、计划员　　D. 计划员、库管员、领料员
230. 以下选项中，(　　)不是进行物料衡算的步骤。
A. 确定物料温度　　B. 划定衡算范围
C. 确定衡算基准　　D. 列出衡算式求解
231. 水同其他物质一样，受热时(　　)。
A. 体积增大，密度减小　　B. 体积减小，密度减小
C. 体积减小，密度增大　　D. 体积增大，密度增大
232. 水的冻结温度随压力的增大而(　　)。
A. 增大　　B. 降低
C. 不变化　　D. 不发生明显变化
233. 水的沸点与压力成(　　)变化关系。
A. 直线　　B. 曲线　　C. 矢量　　D. 函数
234. 空气离开地面处越高，其密度(　　)，温度(　　)。
A. 越高，越低　　B. 越高，越高
C. 越低，越高　　D. 越低，越低
235. 空气具有“热升冷降”的上下对流特性，越接近地表，其平移流动性(　　)。
A. 越差　　B. 越好　　C. 一般　　D. 较好
236. 空气含有一定水分，水分的温度越高，水分的容纳能力(　　)。
A. 不变　　B. 越高　　C. 越低　　D. 变化不大

237. 氮气是一种(　　)的气体。

A. 燃烧　　B. 助燃

C. 不助燃　　D. 既不燃烧，也不助燃

238. 因 N_2具有三键(N≡N)，键能极大，化学性质不活泼，在常温下(　　)，在高温下(　　)。

A. 几乎不与任何化学元素反应　与少数金属或非金元素化合

B. 与任何化学元素反应　与多数金属或非金元素化合

C. 与少数金属或非金元素化合　几乎不与任何化学元素反应

D. 与多数金属或非金元素化合　与任何化学元素反应

239. 氮气是一种(　　)液化的气体，在水中的溶解度(　　)。

A. 容易 很大　　B. 难于 很大

C. 容易 很小　　D. 难于 很小

240. 我国两控区内大中城市禁止民用炉灶燃用散煤，关停小火电机组，这样做的主要目的是为了减少(　　)排放量。

A. 二氧化硫　　B. 一氧化碳　　C. 氮氧化物　　D. 一氧化硫

241. 在大气污染中对植物危害较大的是(　　)。

A. CO 和 SO_2　　B. SO_2和 F 化物

C. CO 和 F 化物　　D. NO 和 CO

242. pH 值小于(　　)的雨水称为酸雨，小于(　　)被称为重酸雨。

A. 5.6　4.9　　B. 7　4.9

C. 5.6　4.5　　D. 7　4.5

243. 离心泵开车操作阀门开关顺序为(　　)。

A. 开出口阀、开排气阀、管排气阀、开入口阀

B. 开排气阀、开出口阀、关排气阀、开入口阀

C. 开入口阀、开排气阀、关排气阀、开出口阀

D. 开排气阀、关排气阀、开入口阀、开出口阀

244. 离心泵开车操作步骤有：①开泵、②灌泵、③排气、④出料，其正确的开车顺序为(　　)。

A. ①②③④　　B. ②①③④　　C. ③②①④　　D. ②③①④

245. 离心泵开车操作步骤有①确认泵体充满液体且密封液流动正常，启动泵；②打开泵的出口阀，调节到需要开度；③打开泵的入口阀及密封阀，检查泵体内是否已充满液体。其正确的开车顺序为(　　)。

A. ①②③　　B. ①③②　　C. ②③①　　D. ③①②

246. 换热器开车操作步骤为(　　)。

A. 先进冷物料　　B. 先进热物料

C. 同时进冷热物料　　D. 冷热物料无先后次序

247. 关于换热器开车下列说法错误的是(　　)。

A. 由于冷物流被加热后有相变化，在开车时要排不凝性气体

B. 发生管堵或严重结垢时，必须停车或清洗

C. 考虑到金属的热胀冷缩热性，应尽量减少温差应力和局部过热等问题

D. 开车时应先进热物流后进冷物流

248. 下列关于透平压缩机启动阶段说法错误的是(　　)。

A. 一般转子冲转后应按升速曲线规定低速下充分运行一定时间

B. 升温速度是根据金属材料的性质和缸体结构经计算和试验确定的

C. 压缩机启动时，低速暖机是从转速 1000r/min 到转子第一临界转速之间的范围

D. 透平压缩机启动阶段主要是冲动转子，升速暖机，带负荷运行

249. 压缩机启动时，中速暖机是从转速(　　)到转子第一临界转速之间的范围。

A. 100r/min　　B. 200r/min　　C. 500r/min　　D. 1000r/min

250. 关于往复式真空泵开车操作，以下说法错误的是(　　)。

A. 检查进气管路上的法兰、接头和阀门，不得有漏气现象

B. 检查曲轴箱内不准有杂质和其他脏物

C. 曲轴箱内加入清洁的润滑油为低压压缩机油

D. 向油杯内加入润滑油并微开针阀，使润滑油慢慢地注入气缸

251. 下列不属于活性炭过滤器开车准备工作的是(　　)。

A. 检查过滤器本体及附属的各种阀门、管路、仪表和各种设备附件是否完好

B. 检查絮凝剂加药计量箱中药液是否充足，计量泵是否完好

C. 确定低压风机、圆盘给料机、刮板运转正常后，方可开车

D. 确认各种排放、正洗、反洗等阀门已关闭

252. 下列不属于加压过滤机开车准备工作的是(　　)。

A. 开车前必须仔细检查各零部件是否完整、齐全，紧固件是否松动

B. 检查各个管路是否畅通

C. 开车前检查滤布是否完好

D. 确认各种排放、正洗、反洗等阀门已关闭

253. 薄膜蒸发器的正常开车步骤：①开启循环冷却水泵，使水力喷射冷凝器处于运行状态。打开浓缩液容器，抽真空阀。②打开进料阀，从高位槽中依靠真空度把料液抽进设备中。③接通电源，启动旋转薄膜蒸发器的电机，观察电机转动方向是否正确。④缓慢打开蒸汽阀，让蒸汽进入夹套，从旁通阀排除夹套内不凝性气体后，再接通疏水器。其正确的顺序为(　　)。

A. ①②③④　　B. ②①④③　　C. ④③②①　　D. ③②④①

254. 薄膜蒸发器的正常开车步骤应先(　　)。

A. 打开进料阀，从高位槽中依靠真空度把料液抽进设备中

B. 接通电源，启动旋转薄膜蒸发器的电机，观察电机转动方向是否正确

C. 开启循环冷却水泵，使水力喷射冷凝器处于运行状态，打开浓缩液容器，抽真空阀

D. 缓慢打开蒸汽阀，让蒸汽进入夹套，从旁通阀排除夹套内不凝性气体后，再接通疏水器

255. 关于开车下列说法错误的是(　　)。

A. 装置开车要在开车指挥部的领导下，统一安排，并有装置所属的车间领导负责指挥开车

B. 生产装置经过停工检修后，在开车运行前就不需要在进行全面的安全检查
C. 按规定用蒸汽、氮气对装置系统置换，分析系统氧含量达到安全值以下的标准
D. 装置升温、升压、加量，按规定缓慢进行
256. 关于开车下列说法错误的是(　　)。
A. 装置进料前，要开启所有的放空、排污、倒淋等阀门
B. 装置开车过程中，严禁乱排乱放各种物料
C. 岗位操作工人要严格按工艺卡片的要求和操作规程操作
D. 操作调整阶段，应注意检查阀门开度是否合适，逐步提高处理量，达到正常生产为止
257. 关于往复式真空泵开车操作，以下说法错误的是(　　)。
A. 检查进气管路上的法兰、接头和阀门，不得有漏气现象
B. 检查曲轴箱内不准有杂质和其他脏物
C. 曲轴箱内加入清洁的润滑油
D. 向油杯内加入 40#机械油并微开针阀，使润滑油慢慢地注入气缸
258. 关于往复式真空泵开车操作，以下说法错误的是(　　)。
A. 检查进气管路上的法兰、接头和阀门，不得有漏气现象
B. 检查曲轴箱内不准有杂质和其他脏物
C. 关闭冷却水阀门、三通阀门并使泵和大气畅通
D. 向油杯内加入润滑油并微开针阀，使润滑油慢慢地注入气缸
259. 开车时用蒸汽、氮气通入装置系统的目的是(　　)。
A. 扫去装置检修时可能残留部分的焊渣、焊条头、铁屑、氧化皮、破布等，防止这些杂物堵塞管线
B. 验证流程是否贯通，不窜料、不憋压
C. 使系统氧含量达到安全值以下的标准
D. 以上选项均是
260. 对蒸汽管线吹扫时，对排放口的设置要求是(　　)。
A. 设置在主管线的末端，并设立警戒标志
B. 对设置没有明确要求，但在排放口必须设立警戒标志
C. 分别设置在主管线及支管线的末端，并设立警戒标志
D. 分别设置在各支管线的末端，并设立警戒标志
261. 对蒸汽管线吹扫时，所用的吹扫介质是(　　)。
A. 消防水　　B. 压缩空气
C. 氮气　　D. 与压力等级相同的蒸汽

262. 开车前吹扫介质(不管空气或其他)必须干净，符合工艺要求，避免含油等。若用水吹扫，对奥氏体不锈钢，氯离子要求小于(　　)。
A. 25μg/g　　B. 250μg/g　　C. 2.5%　　D. 25%

263. 开车前吹扫介质(不管空气或其他)必须干净，符合工艺要求，避免含油等。若用水吹扫，对奥氏体不锈钢，(　　)离子含量要求小于 25μg/g。
A. 硫　　B. 氯　　C. 铁　　D. 铜

264. 反应釜温度的调节可以通过(　　)。

A. 投料后化学反应热　B. 冷却水阀门

C. 蒸汽阀门　D. 以上所有选项

265. 压力控制系统性能不包括(　　)。

A. 稳定性　B. 准确性　C. 快速性　D. 可靠性

266. 测量高中压力(大于4MPa)时，正常操作压力不应超过仪表测量上限值的(　　)。

A. 1/2　B. 1/3　C. 2/3　D. 3/4

267. 在蒸馏生产中，从塔釜到塔顶，压力(　　)。

A. 由高到低　B. 由低到高　C. 不变　D. 都有可能

268. 反应控制不好，出现超温，将会导致反应器(　　)。

A. 降温　B. 降压　C. 超压　D. 反应停止

269. 当反应器热点温度随反应器压力的增大而上升时，为了将热点温度恢复到正常值，应采取的下列措施中比较有效的是(　　)。

A. 增大冷却器的补水量　B. 查明压力增大的原因并进行调整

C. 减小进料量　D. 降低温度

270. 在流量测量中，标准节流件的取压方式不包括(　　)。

A. 径距取压法　B. 法兰取压法　C. 角接取压法　D. 直接取压法

271. 改变转子流量计的量程最方便的方法是(　　)。

A. 改变浮子的密度　B. 改变压力　C. 改变温度　D. 改变介质

272. 变截面流量计的优点不包括(　　)。

A. 读取流量更方便　B. 直观性好

C. 能量损失小　D. 测量范围不大

273. 液位的机械检测法不包括(　　)。

A. 直读法　B. 浮力法　C. 静压法　D. 间读法

274. 调节的(　　)是液位，所以叫液位调节。

A. 目标　B. 指标　C. 结果　D. 目的

275. 机械型蒸汽疏水阀的工作原理为(　　)。

A. 蒸汽和凝结水的密度差　B. 蒸汽和凝结水的温度差

C. 蒸汽和凝结水的热力学特性　D. 蒸汽和凝结水的密度差和气体操作

276. 热动力学型蒸汽疏水阀的分类为(　　)。

A. 浮球式　B. 吊桶式

C. 圆盘式和孔板式　D. 双金属片式

277. 若50gA物质和50gB物质混合在一起，则A物质在该混合物中的质量分数为(　　)。

A. 1　B. 0.5　C. 1.5　D. 2

278. 63g硝酸完全溶于水后加水稀释至1L，其物质的量浓度是(　　)mol/L(相对原子质量H-1，O-16，N-14)。

A. 0.1　B. 1　C. 0.04　D. 0.2

279. 常温下，在15g氯化钠中加入60g水，完全溶解后，溶液中氯化钠的质量分数为

(　　)。

A. 15%　　B. 20%　　C. 25%　　D. 33.3%

280. 某工厂常用1体积的浓硫酸(密度为1.84g/cm^3，溶质的质量分数为98%)和7体积蒸馏水混合来配制体积比浓度为1∶7的稀硫酸，该稀硫酸中溶质的质量分数最接近于(　　)。

A. 10%　　B. 15%　　C. 20%　　D. 25%

281. 现有95%(质量)含量的工业乙醇1000kg，其中含有杂质(　　)。

A. 5kg　　B. 95kg　　C. 50kg　　D. 150kg

282. 已知25%氨水的密度为0.91g/cm^3，5%氨水的密度为0.98g/cm^3，若将上述两溶液等体积混合，所得氨水溶液的质量分数是(　　)。

A. 等于15%　　B. 大于15%　　C. 小于15%　　D. 无法估算

283. 酒精和水的混合物中，酒精的质量为15kg，水的质量为25kg，酒精的摩尔分数为(　　)(酒精相对分子质量为46，水相对分子质量为18)。

A. 0.89　　B. 0.19　　C. 0.81　　D. 0.11

284. 吸收混合气中苯，已知摩尔分数 $y_1=0.04$，吸收率是80%。则比摩尔分数是 Y_1、Y_2是(　　)。

A. 0.04167kmol 苯/kmol 惰气　　0.00833kmol 苯/kmol 惰气

B. 0.02kmol 苯/kmol 惰气　　0.005kmol 苯/kmol 惰气

C. 0.04167kmol 苯/kmol 惰气　　0.02kmol 苯/kmol 惰气

D. 0.0831kmol 苯/kmol 惰气　　0.002kmol 苯/kmol 惰气

285. 乙醛氧化生产乙酸，原料投料为纯度99.4%的乙醛500kg，得到的产物为纯度98%的乙酸580kg/h，计算乙醛的理论及实际消耗定额分别为(　　)kg/h。

A. 723.862　　B. 500.623　　C. 723.826　　D. 862.723

286. 体积为1L的干燥烧瓶中用排气阀收集HCl后，测得烧瓶内气体对氧气的相对密度为1.082。用此烧瓶做喷泉实验，当喷泉停止后进入烧瓶液体的体积是(　　)L。

A. 1　　B. 3/4　　C. 1/2　　D. 1/4

287. 实际生产中煅烧含有94%$CaCO_3$的石灰石500kg，得到的生石灰实际产量为253kg，其产品的收率为(　　)%。

A. 51　　B. 53.80　　C. 90.40　　D. 96

288. 100mol苯胺在用浓硫酸进行焙烘磺化时，生成物中含88.2mol对氨基苯磺酸、1mol邻氨基苯、2mol苯胺，另有一定数量的焦油物，则以苯胺计的对氨基苯磺酸的理论收率是(　　)%。

A. 98　　B. 86.40　　C. 90.00　　D. 88.2

289. 在硝基苯生产中，要求每年生产纯度为99%的硝基苯2000t，车间总收率为95%，则每年实际应生产硝基苯(　　)t。

A. 2084.2　　B. 1980　　C. 2105　　D. 2126.5

290. 某硫酸厂以35%S的标准硫铁矿为原料生产硫酸，设硫被全部烧成SO_2，如硫的烧出率为98.5%，SO_2的洗涤净化率为94%，硫的转化率为99%，则100t硫铁矿可得(　　)t100%硫酸。

A. 280.7　　B. 32.1　　C. 98.3　　D. 104.5

291. 某二元混合物，进量为100kmol/h，$x_f=0.6$，要求x_d不小于0.9，则塔顶最大产量为(　　)kmol/h。

A. 60　　B. 66.7　　C. 90　　D. 100

292. 在使用往复泵时，发现流量不足，其产生的原因是(　　)。

A. 进出口滑阀不严、弹簧损坏　　B. 过滤器阻塞或缸内有气体

C. 往复次数减少　　D. 以上三种原因

293. 离心泵内导轮的作用是(　　)。

A. 增加转速　　B. 改变叶轮转向

C. 转变能量形式　　D. 密封

294. 离心泵输送液体的黏度越大，则(　　)。

A. 泵的扬程越大　　B. 流量越大

C. 效率越大　　D. 轴功率越大

295. 当输送的流体密度增加时，离心泵的扬程(　　)。

A. 增加　　B. 减小　　C. 不变　　D. 无法判断

296. 如果关小离心泵出口阀门，减小泵的输液量，会引起(　　)。

A. 泵的扬程增大，轴功率降低　　B. 泵的扬程及轴功率均增大

C. 泵的扬程及轴功率均下降　　D. 泵的扬程降低，轴功率增大

297. 下列关于离心泵的讨论中正确的是(　　)。甲：减小离心泵的排液量，泵的吸液高度可适当增加。乙：如果用节能的方法来控制泵的流量，那么可以在泵的入口管线上安装一个调节阀。丙：一般来说，只从泵的功率消耗而言，用变速调节比用阀门调节泵的输液量更经济。

A. 甲、乙对　　B. 乙、丙对　　C. 甲、丙对　　D. 三者都对

298. 用离心泵将水池的水抽吸到水塔中，若离心泵在正常操作范围内工作，开大出口阀门将导致(　　)。

A. 送水量增加，整个管路压头损失减少　　B. 送水量增加，整个管路压头损失增加

C. 送水量增加，整个管路压头损失不变　　D. 送水量增加，泵的轴功率不变

299. 对调节幅度不大，经常需要改变流量时采用的方法为(　　)。

A. 改变离心泵出口管路上调节阀开度　　B. 改变离心泵转速

C. 车削叶轮外径　　D. 离心泵的并联或串联操作

300. 离心泵的工作点取决于(　　)。

A. 管路特性曲线　　B. 离心泵特性器曲线

C. 管路特性曲线和离心泵特性曲线　　D. 与管路特性曲线和离心泵特性曲线无关

301. 多管程列管换热器比较适用于(　　)。

A. 管内流体流量小，所需传热面积大　　B. 管内流体流量小，所需传热面积小

C. 管内流体流量大，所需传热面积大　　D. 管内流体流量大，所需传热面积小

302. 下列列管式换热器操作程序不正确是(　　)。

A. 开车时，应先进冷物料，后进热物料

B. 停车时，应先停热物料，后停冷物料

C. 开车时要排出不凝气
D. 发生管堵或严重结垢，应分别加大冷热物料流量，以保持传热量
303. 气体压缩机抽负压应(　　)处理。
A. 立即增加反飞动量　　B. 立即减小反飞动量
C. 不需反飞动量　　D. 缓增反飞动量
304. 离心式压缩机在小流量下运行时可通过(　　)使压缩机不致发生喘振。
A. 降低出口管网压力　　B. 提高入口压力
C. 降低压缩机转速　　D. 出口回流
305. 造成离心式压缩机发生喘振的直接原因是(　　)。
A. 进气压力小于规定值　　B. 进气流量小于规定值
C. 排气压力小于规定值　　D. 排气流量小于规定值
306. 当离心压缩机的操作流量小于规定的最小流量时，即可能发生(　　)现象。
A. 喘振　　B. 气蚀　　C. 气塞　　D. 气缚
307. 下列哪一个零件不属于离心式压缩机中间级(　　)。
A. 回流器　　B. 弯道　　C. 蜗壳　　D. 扩压器
308. 下列不属于真空泵性能指标的是(　　)。
A. 真空度　　B. 抽气时间　　C. 极限真空　　D. 抽气度
309. 真空泵在运行过程当中发现泵有异常噪音和剧烈震动，其原因是(　　)。
A. 基础不牢固　　B. 零部件松动或损坏
C. 排气阀门工作不正常　　D. 以上三种原因均有可能
310. 下列选项中，(　　)不是液环式真空泵的优点。
A. 结构简单，紧凑，便于制造维修
B. 排气量较均匀，工作可靠，使用方便
C. 与电动机直接连接，转速较高，内部需要润滑液，输送气体无污染
D. 使用方便，易操作
311. 过滤操作中滤液流动遇到阻力是(　　)。
A. 过滤介质阻力　　B. 滤饼阻力
C. 过滤介质和滤饼阻力之和　　D. 无法确定
312. 在一个过滤周期中，为了达到最大生产能力应使(　　)。
A. 过滤时间大于辅助时间　　B. 过滤时间等于辅助时间
C. 过滤时间小于辅助时间　　D. 过滤加洗涤所需时间等于 1/2 周期
313. 下列措施中不一定能有效地提高过滤速率的是(　　)。
A. 加热滤浆　　B. 在过滤介质上游加压
C. 在过滤介质下游抽真空　　D. 及时卸渣
314. 用途最为广泛的过滤机型是(　　)。
A. 转鼓过滤机　　B. 带式过滤机
C. 叶型过滤机　　D. 板框过滤机
315. 带式过滤机是通过(　　)实现压力调节的。
A. 输送泵　　B. 真空泵　　C. 传送带　　D. 洗水

316. 间歇式过滤机是通过真空系统进行(　　)调节的。

A. 压力　B. 温度　C. 流量　D. 流速

317. 在蒸发操作中，当蒸汽压强与溶剂蒸气的压强处于平衡时，汽化就(　　)进行。

A. 能继续　B. 不能继续　C. 逆向进行　D. 无法判断

318. 蒸发器中处理的物料黏度大或易结晶，停(　　)后要将物料放出或送回原储罐。

A. 冷却水　B. 空气　C. 蒸汽　D. 氮气

319. 湿度对流体的黏度有一定的影响，当温度升高时，(　　)。

A. 液体和气体的黏度都降低

B. 液体和气体的黏度都升高

C. 液体的黏度升高，而气体的黏度降低

D. 液体的黏度降低，而气体的黏度升高

320. 下列物态变化中属于放热的是(　　)。

A. 雪在阳光下化成了水　B. 对碘加热，生成紫色气体

C. 一杯水放在房间里，日久变少　D. 春天，早晨出现大雾

321. 下列物态变化中属于吸热的有(　　)。

A. 冬天戴眼镜的人走进房间，眼镜上出现“小水珠”

B. 放在衣箱里的樟脑球变小了

C. 100℃的水蒸气把人烫伤

D. 冬天，玻璃窗里面出现冰花

322. 对气体吸收有利的操作条件应是(　　)。

A. 低温和高压　B. 高温和高压　C. 低温和低压　D. 高温和低压

323. 当气相中 HCl 分压(　　)平衡分压时，盐酸中的 HCl 就释放。

A. 高于　B. 低于　C. 等于　D. 无法判断

324. 由于氯化氢被水吸收时放出大量的热，所以会使盐酸的温度(　　)，氯化氢气体的分压(　　)，从而不利于氯化氢气体的吸收。

A. 升高　增大　B. 升高　减少　C. 降低　减少　D. 降低　增大

325. 压力的表示方法有(　　)。

A. 表压力　B. 负压　C. 绝对压力　D. A、B、C

326. 气体在管径不同的管道内连续稳定流动时，它的(　　)不变。

A. 流量　B. 质量流量

C. 体积流量　D. 质量流量和体积流量

327. 离心泵汽蚀余量与流量的关系为(　　)。

A. 流量增大，汽蚀余量增大　B. 流量增大，汽蚀余量减少

C. 流量增大，汽蚀余量不变　D. 流量增大，汽蚀余量先增大后减少

328. 某涡轮流量计和某涡街流量计均用常温下的水进行过标定，当用它们来测量液氮的体积流量时，(　　)。

A. 涡轮流量计和涡街流量计均需要进行黏度和密度的修正

B. 涡轮流量计需要进行黏度和密度的修正，涡街流量计不需要

C. 涡街流量计需要进行黏度和密度的修正，涡轮流量计不需要

D. 都不需要

329. 用双法兰液位计测量容器内的液位，零位与量程均校正好，后因维护需要上移了安装位置，下述说法正确的是(　　)。

A. 零位上升，量程不变　　B. 零位下降，量程不变
C. 零位和量程都不变　　D. 零位不变，量程变大

330. 管道与机器最终连接时，应在联轴节上架设百分表监视机器位移，当转速小于或等于6000r/min时，其位移应小于(　　)mm。

A. 0.02　　B. 0.05　　C. 0.10　　D. 0.20

331. 延长停留时间可以使原料转化率(　　)选择性(　　)。

A. 增加　下降　　B. 增加　上升　　C. 减少　下降　　D. 减少　增加

332. 下列说法正确的是(　　)。

A. 连续操作设备中的物料性质随时间而改变，多为稳态操作
B. 连续操作设备中的物料性质不随时间而改变，多为不稳态操作
C. 连续操作设备中的物料性质不随时间而改变，多为稳态操作
D. 连续操作设备中的物料性质随时间而改变，多为不稳态操作

333. 间歇反应器的一个生产周期应包括(　　)。

A. 反应时间、加料时间、出料时间
B. 反应时间、加料时间、出料时间 、加热时间
C. 反应时间、出料时间
D. 反应时间、加料时间、出料时间、加热(或冷却)时间、清洗时间

334. 带有循环物流的化工生产过程中的单程转化率的统计数据(　　)总转化率的统计数据。

A. 大于　　B. 小于　　C. 相同　　D. 无法确定

335. 在间歇反应器进行一级反应，如反应时间为1h，转化率为0.8，如反应时间为2h，转化率为(　　)，如反应时间为0.5h，转化率为(　　)。

A. 0.9　0.5　　B. 0.96　0.55　　C. 0.96　0.5　　D. 0.9　0.55

336. 延长停留时间可以使原料转化率(　　)。

A. 增加　　B. 减少　　C. 先增大后减小　　D. 没有影响

337. 手动操作是在下列(　　)上体现。

A. DCS图　　B. 现场图　　C. 公共工程图　　D. 辅助控制图

338. 下列能够清晰地看出物料流动方向的是(　　)。

A. DCS图　　B. 现场图　　C. 公共工程图　　D. 联锁图

339. 下列不属于开车前准备工作的是(　　)。

A. 按公用工程按钮，公用工程投用
B. 按油路按钮，油路开车
C. 按暖机按钮进行暖机，公用工程投用
D. 联锁投用

340. 下列不属于停车操作规程的是(　　)。

A. 确认联锁已摘除　　B. 停进料

C. 按紧急停车按钮　　D. 按公用工程按钮

341. DCS 不具有的特点(　　)。

A. 可靠性　　B. 开放性　　C. 灵活性　　D. 安全性

342. 水路常用的动力机械为(　　)。

A. 离心泵　　B. 压缩机　　C. 冷却器　　D. 真空泵

343. 下列不属于公用工程的是(　　)。

A. 水　　B. 气　　C. 电　　D. 汽

344. 下列不属于辅助公用工程的是(　　)。

A. 空压　　B. 真空　　C. 冷冻　　D. 水

345. 质量检查的方式按检验责任人分类不包括(　　)。

A. 自检　　B. 互检　　C. 专检　　D. 第三方检验

346. 根据 IS90002000 版的规定，对不合格的处置不包括(　　)方式。

A. 纠正　　B. 报废　　C. 让步　　D. 扔掉

347. 下列不属于质量设计法的是(　　)。

A. 系统设计　　B. 参数设计　　C. 容积设计　　D. 容差设计

348. 质量管理体系的评价不包括(　　)。

A. 质量管理体系过程的评价　　B. 质量管理体系不必审核

C. 质量管理体系评审　　D. 自我评价

349. 全面质量管理的特点不包括(　　)。

A. 全员参与的质量管理　　B. 管理对象的全面性

C. 管理方法单一性　　D. 经济效益的全面性

350. 气动差压变送器是根据(　　)原理工作，它可以将压差转换成统一标准的气压信号。

A. 电磁　　B. 力矩平衡　　C. 光学　　D. 热力学

351. 差压式液位计是利用容器内的液位改变时，由液位高度产生的(　　)会相应变化的原理而工作的。

A. 动压　　B. 静压　　C. 压力平衡　　D. 其他现象

352. 为保证压力容器测量压力的准确度，所测压力不能太接近仪表的下限值，一般被测压力最小值不低于仪表全量程(　　)为宜。

A. 1　　B. 2/3　　C. 1/3　　D. 1/2

353. 各种压力容器规范中，表征压力的方法有(　　)。

A. 工作压力　　B. 最高工作压力　　C. 设计压力　　D. A+B+C

354. 压力容器规范中，表征温度的方法有(　　)温度。

A. 标准　　B. 最高　　C. 设计　　D. 使用

355. 贮存液化气容器降压的方法是(　　)。

A. 先降温后降压　　B. 先降压后将温

C. 同时降温降压　　D. A 和 B 都可以

356. 润滑油不足，造成压缩机辅助油泵轴承烧坏的正确处理方法是(　　)。

A. 减小泵的负载　　B. 减小泵的流量

C. 减小泵的出口压力　　D. 添加润滑油

357. 润滑油杂质较多能造成离心泵轴承温度过高，正确的处理方法是(　　)。

A. 减小泵的负载　　B. 减小泵的出口压力

C. 汽蚀　　D. 更换润滑油

358. 清扫板式换热器板片壁污垢的目的，是为了提高(　　)。

A. 传热效率　　B. 传热功率　　C. 污垢热阻　　D. 辐射效率

359. 在操作过程中，有时因工艺气体不纯和设备腐蚀等原因，会使脱碳溶液产生泡沫，严重时会产生(　　)。

A. 液泛　　B. 跑液　　C. 拦液　　D. 爆炸

360. 以下对离心泵操作不正确的是(　　)。

A. 离心泵停车先关闭真空表和压力表

B. 先关闭出口阀再停电机

C. 先断电再关出口阀

D. 停泵时间较长应该把泵中的水排尽

361. 离心泵在以下(　　)情况下应紧急停车。

A. 离心泵内发出异常响动　　B. 离心泵突然发生剧烈震动

C. 离心泵突然不出水　　D. 以上皆是

362. 停泵时首先缓慢关闭离心泵的(　　)。

A. 进口阀　　B. 出口阀　　C. 旁路阀　　D. 排气阀

363. 关闭离心泵的出口阀后，按动电动机按钮，使电机停止(　　)。

A. 启动　　B. 送电　　C. 运转　　D. 断电

364. 停运屏蔽泵时，首先应关死(　　)。

A. 入口阀门　　B. 出口阀门　　C. 电机电源　　D. 压力表阀

365. 化工操作单元中的冷却操作过程中，停车时的操作顺序是(　　)。

A. 应先停物料，不停冷却系统　　B. 应先停物料，后停冷却系统

C. 应先停冷却系统，后停物料　　D. 应先停冷却系统，不停物料

366. 换热器停车后管程和壳程都要(　　)。

A. 高点排气、低点泄液　　B. 高点排液、低点泄气

C. 高点排气、低点泄气　　D. 高点排液、低点泄液

367. 列管式换热器在停车时，应先停(　　)，后停(　　)。

A. 热流体　冷流体　　B. 冷流体　热流体　　C. 无法确定　　D. 同时停止

368. 关于换热器停车，下列说法错误的是(　　)。

A. 首先切断高温流体，待装置停车前再切断冷流体

B. 换热器停车后管程和壳程都要低点排气、高点泄液

C. 换热器里的液体要排掉，防止腐蚀设备或结垢

D. 排放完液体后，可吹入空气，使残留液体全部排尽

369. 离心式压缩机停车步骤正确的顺序是(　　)。①按下“停止”按钮；②把“卸载/加载”开关拨至“卸载”位置；③把空压机的辅助液压泵切换到手动位置；④停止空压机的进风过滤器；⑤待系统降温后(一般 0.5~1h 后)关断冷却循环水；⑥待辅助液压被自动停止后

(一般 0.5h)关断控制气源。

A. ②①④③⑥⑤　B. ①②④③⑥⑤　C. ③①②④⑥⑤　D. ②①④③⑤⑥

370. 空压机正常停机步骤正确的顺序是(　　)。①停止电动机运转；②人为卸荷；③解除人为卸荷停机后，待气缸温度降至室温后，关闭冷却水；④如周围温度低于0℃时，停机应放尽机体内残存冷却水，以防冻裂设备。

A. ②①③④　B. ①②③④　C. ①③②④　D. ①④②③

371. 往复式真空泵停车操作：①关闭进气阀门，切断电源；②关闭油杯针型阀，开启泄水旋塞；③在停车后冷却至常温，关闭冷却水进口阀；④放尽冷却水，以免严寒冬季冻裂气缸。其正确顺序是(　　)。

A. ①③②④　B. ②①③④　C. ①②③④　D. ②③①④

372. 以下对真空泵操作不正确的是(　　)。

A. 停车前先检查系统中各相应设备能否进入停机规程中

B. 关闭泵进口阀，按停止按钮

C. 关闭供水阀同时保持泵出口阀及分离器排水阀打开

D. 打开排水阀，排尽油水

373. 以下叙述中，加压过滤机停车操作错误的是(　　)。

A. 故障停机后，在没有切实消除故障的前提下，不准随意开机

B. 当系统达到紧急停车条件时，自动停车并报警，由系统自己解决，操作者不可进行紧急停车

C. 长期停车时滤布必须清洗干净，槽体内、加压仓内、排水器内必须排尽积水，刮板输送机、排料装置中应排尽滤饼

D. 应清洗滤盘，放尽槽体内积水，排除加压仓内积水，打开手动阀，排尽排水器内积水，并打开人孔排出仓内潮气

374. 加压过滤机停车操作错误的是(　　)。

A. 故障停机后，在没有切实消除故障的前提下，不准随意开机

B. 当系统达到紧急停车条件时，自动停车并报警，系统自己解决不了时，操作者应及时进行紧急停车

C. 长期停车时滤布必须清洗干净，槽体内、加压仓内、排水器内必须排尽积水，滤饼可留在装置中，风干后清除

D. 应清洗滤盘，放尽槽体内积水，排除加压仓内积水，打开手动阀，排尽排水器内积水，并打开人孔排出仓内潮气

375. 如果加热蒸汽中断，蒸发器按(　　)停车处理。

A. 长期　B. 检修　C. 正常　D. 紧急

376. 蒸发正常停车步骤是(　　)。

A. 联系生产管理部门、锅炉、压气，缓慢将蒸汽减少，然后彻底断汽

B. 缓慢降低减少原液进料量，直至断料

C. 重复以上两个步骤，直至稳定

D. A、B 和 C

377. 以下对蒸发紧急停车操作不正确的是(　　)。

A. 联系生产管理部门、压气，停止进料

B. 停各效过料泵，循环泵和出料泵根据情况决定是否放料

C. 不要停真空泵，保持真空

D. 根据情况组织维修

378. 关于蒸发操作正常停车和紧急停车的区别，错误的是(　　)。

A. 正常停车比较缓慢　　B. 都需要联系生产管理部门压气

C. 都要组织人员维修　　D. 紧急停车需要快速破坏真空

379. 三废不包括(　　)。

A. 废水　　B. 不合格品　　C. 废气　　D. 固体废弃物

380. 以下对三废排放点描述不正确的是(　　)。

A. 噪声标准夜晚白天是一样的

B. 废水排放应该达到“污水综合排放标准”

C. 废气排放应该达到“废气综合排放标准”

D. 白天噪声要求比夜间严

381. 下列选项中，有关废水排放说法正确的是(　　)。

A. 可以渗坑排放　　B. 可以渗井排放

C. 可以用漫流方式排放　　D. 可以排入规定的工业污水管道

382. 废气排放检测项目中主要包括(　　)。

A. 二氧化硫量　　B. 氮氧量　　C. 油烟量　　D. 以上皆是

383. 废水的初级处理主要除去废水中的(　　)。

A. 非水溶性物质　　B. 溶解性有机物

C. 营养物质，微量有毒物质　　D. 全部有害物质

384. 废气成分主要包括(　　)。

A. 可吸入颗粒物　　B. SO_2　　C. NO_x　　D. 以上皆是

385. 固体废弃物处理方法有(　　)。

A. 物理法　　B. 生物法　　C. 化学法　　D. 以上皆是

386. 压力容器停工方案不包括(　　)。

A. 停工周期　　B. 剩余物料处理　　C. 置换情况　　D. 成本分析

387. 吹排操作时，阀门开度要(　　)。

A. 大　　B. 小　　C. 50%　　D. 以上选项均可

388. 对低温生产装置，考虑到复工开车系统内对露点指标控制很严格，要用(　　)吹扫。

A. 蒸汽　　B. 干燥后的氮气

C. 蒸汽和氮气均可　　D. 蒸汽和氮气均不可

389. 对(　　)生产装置，考虑到复工开车系统内对露点指标控制很严格，所以不用蒸汽吹扫，而要由氮气分片集中吹扫。

A. 低压　　B. 高压　　C. 低温　　D. 高温

390. 为了做好防冻防凝工作，停用的设备、管线与生产系统连接处要加好(　　)，并把积水排放吹扫干净。

A. 阀门　B. 盲板　C. 法兰　D. 保温层

391. 管路用水为介质进行冲洗时，应不小于(　　)m/s 的流速进行。

A. 1　B. 1.5　C. 3　D. 5

392. 气体管路进行吹扫时，应保证气速不小于(　　)m/s。

A. 20　B. 30　C. 40　D. 50

393. 对蒸汽管线吹扫时，应用(　　)沿着蒸汽的流动方向进行吹扫。

A. 压缩空气　B. 相同压力等级品味的蒸汽

C. 较低压力等级的蒸汽　D. 中压氮气

394. 对蒸汽管线吹扫时，对排放口的设置要求是(　　)。

A. 设置在主管线末端，并设立警戒标志

B. 对设置没有明确要求，但在排放口必须设立警戒标志

C. 分别设置在主管线及支管线的末端，并设立警戒标志

D. 分别设置在各支管线末端，并设立警戒标志

395. 对蒸汽管线吹扫时，所用的吹扫介质是(　　)。

A. 消防水　B. 压缩空气

C. 氮气　D. 与管道压力等级相同的蒸汽

396. 若置换介质的密度大于被置换介质的密度，应由设备或管道的最(　　)进入置换介质，由最(　　)排出置换介质。

A. 低点 高点　B. 高点 低点　C. 高点 高点　D. 低点 低点

397. 若置换介质的密度(　　)被置换介质的密度，应有设备或管道的最(　　)进入置换介质，由最(　　)排出置换介质。

A. 小于　低点　高点　B. 大于　高点　低点

C. 大于　低点　高点　D. 等于　低点　高点

398. 下列停车操作错误的是(　　)。

A. 高温真空设备的停车，必须先破真空，待设备内的介质温度降到自然温度以下，方可通大气

B. 装置停车时，设备及管道内的液体物料应尽可能倒空，送出装置，并妥善处理

C. 降温、降压操作速度应按照工艺要求进行

D. 停车各阶段的开关阀门时要快速进行，直接开到最大

399. 以下停车操作正确的是(　　)。

A. 装置停车时，设备及管道内的液体物料应尽可能倒空，排入下水道

B. 降温、降压操作要快

C. 停车各个阶段的阀门开关要从小到大，缓慢进行

D. 高温真空设备的停车，设备内部可以直接通大气

400. 冬天设备停车后应该(　　)。

A. 排尽设备内残留液体　B. 保留部分物料

C. 无需特殊处理　D. 以上皆错误

401. 离心泵不上量可以直接通过(　　)判断得知。

A. 压力指示偏低　B. 轴承温度升高

C. 电动轴承温度升高　D. 泵体振动大

402. 离心泵运行中，(　　)原因造成机械密封的泄漏。

A. 介质中有颗粒　B. 液体黏度大　C. 操作波动大　D. 泵转速慢

403. 离心泵运行中，(　　)原因造成机械密封的泄漏。

A. 汽蚀　B. 抽空　C. 气缚　D. 堵塞

404. 离心泵运行中，(　　)原因能使泵内产生杂音。

A. 泵轴与电动轴不同心　B. 地脚螺栓松动

C. 叶轮刮泵壳　D. 轴承温度高

405. 离心泵运行中，(　　)原因能使泵内产生杂音。

A. 汽蚀现象　B. 满负荷　C. 叶轮堵塞　D. 机封泄漏

406. 列管式换热器传热效率下降的原因(　　)。

A. 列管结垢和堵塞　B. 壳体内不凝气或冷凝液增多

C. 阀门或管路堵塞　D. 以上均是

407. 列管式换热器发生振动的原因是(　　)。

A. 壳程介质流动太快　B. 列管堵塞

C. 管口胀接质量差　D. 以上均是

408. 板式换热器发生内部介质泄露的原因是(　　)。

A. 螺栓紧固力不均匀　B. 进出口胶垫不严密

C. 过滤器或管路堵塞　D. 以上均是

409. 在压缩机工作中，发生哪种情况要紧急停车(　　)。

A. 机内有清晰的金属声　B. 透平出现水冲击征候

C. 油系统失火，又不能立即扑灭　D. 以上均是

410. 透平发生水冲击时，应采取(　　)措施。

A. 破真空，实施紧急停车

B. 全开蒸汽管和汽室、减弱疏水

C. 打阀门后，可直接听机内声音来判断机内有无转子损坏

D. 不用检查轴位移指示，可直接启动透平

411. 透平带水事故主要征象有(　　)。

A. 蒸汽温度下降不大　B. 排气压力降低

C. 振动明显增大　D. 蒸汽管中正常，没有大的变化

412. 造成离心式压缩机发生喘振的直接原因是(　　)。

A. 进气压力小于规定值　B. 进气流量小于规定值

C. 排气压力小于规定值　D. 排气流量小于规定值

413. 活塞式压缩机排气压力异常，其原因可能为(　　)。

A. 压缩机排气阀压力大　B. 逆止阀阻力大

C. 排气管路异常　D. 以上原因都有可能

414. 活塞式压缩机排气压力异常，其原因可能为逆止阀阻力大，排气管路异常，解决方法为(　　)。

A. 检查逆止阀、全开逆止阀过程，检查排除故障

B. 检查或更换金属密封盘
C. 检查修理压缩机活塞杆或更换新活塞杆
D. 以上皆可以解决

415. 活塞式压缩机由于活塞环的故障引起的排气量异常，可能的原因有(　　)。
A. 压缩机活塞环使用时间长了，磨损过大
B. 活塞环与活塞上的槽间过大(包括径向、轴向间隙)
C. 活塞环装入汽缸中的开口间隙过小，受热膨胀卡住
D. 以上皆有可能

416. 真空泵出现漏油故障的原因是(　　)。
A. 与油标无关　B. 油封装配不当或有磨损
C. 放油螺塞拧得过紧　D. 泵身部件与支座连接不好

417. 造成真空泵返油故障的原因是(　　)。
A. 止回阀关的太紧
B. 与两泵内油封无关
C. 排气阀片有磨损
D. 与泵盖或泵身的平面平整程度没有太大关系

418. 过滤器过滤缓慢的原因是(　　)。
A. 压力过高　B. 助滤剂冲装填太少
C. 滤液黏度过高　D. 滤泥太少

419. (　　)能提高真空回转过滤机的过滤效率。
A. 提高投料量　B. 提高真空度
C. 降低真空度　D. 提高滤液浓度

420. 造成过滤器过滤质量达不到要求的原因是(　　)。
A. 助滤剂添加量少　B. 过滤循环时间太久
C. 与滤片棉布无关　D. 机体和管路内空气被排尽

421. (　　)会发生过滤机渗漏。
A. 泵的密封圈失灵　B. 泵吸引管太软
C. 卡子或手轮太紧　D. 壳体密封垫圈没放好或损坏

422. 下列说法正确的是(　　)。
A. 滤浆黏性越大过滤速度越快
B. 滤浆黏性越小过滤速度越快
C. 滤浆中悬浮颗粒越大过滤速度越快
D. 滤浆中悬浮颗粒越小，过滤速度越快

423. 蒸发操作中，喷射冷凝器冷却水带碱的原因是(　　)。
A. Ⅲ效蒸发器液面过高造成的　B. 过料管串入水造成的
C. 母液或盐泥太稀造成的　D. 加热室里存在水造成的

424. 蒸发操作中，造成过料管过料困难的原因是(　　)。
A. 室外总管冷凝水多　B. 蒸汽阀门开得过猛，压力升高过快
C. 过料管或阀门堵塞　D. 液面过高

425. 蒸发器加热室冷凝水带碱的原因是(　　)。

A. 加热室结垢　B. 蒸发室析盐挡板脱落

C. 漏真空　D. 预热器漏

426. 应变片式压力传感器的应变片发生压缩时，其阻值(　　)。

A. 不变　B. 变小　C. 变大　D. 以上均有可能

427. 压力表测乙炔压力时，禁用(　　)垫片，否则会引起爆炸。

A. 铜　B. 铁　C. 石棉　D. 橡胶

428. 为安全起见，测量高压气体的压力表材料多选用(　　)。

A. 铜合金　B. 铝合金　C. 碳钢　D. 以上均可

二、判断题

1. 导热系数越大，说明物质的导热性能越好。

2. 流体的黏度越大，则产生的流动阻力越大。

3. 油品越重，自燃点越高。

4. 油品组分越轻，其蒸气压越高。

5. 提高反应温度，对所有反应均可提高反应速度。

6. 自发过程一定是不可逆的，所以不可逆过程一定是自发的。

7. 在物质的三种聚集状态中，液体分子的间距一定大于固体分子的间距。

8. 能加快反应速度的催化剂为正催化剂。

9. 无论是暂时性中毒后的再生，还是高温烧积炭后的再生，均不会引起固体催化剂结构的损伤，活性也不会下降。

10. 氨合成催化剂在使用前必须经还原，而一经还原后，以后不必再作处理，直到达到催化剂的使用寿命。

11. 催化剂中毒后经适当处理可使催化剂的活性恢复，这种中毒称为暂时性中毒。

12. 氨氧化催化剂金属铂为不活泼金属，因此硝酸生产中，铂网可以放心使用，不会损坏。

13. 暂时性中毒对催化剂不会有任何影响。

14. 催化剂的组成中，活性组分就是含量最大的成分。

15. 催化剂在反应器内升温还原时，必须控制好升温速度、活化温度与活化时间，活化温度不得高于催化剂活性温度上限。

16. 在一定接触时间内，一定反应温度和反应物配比下，主反应的转化率愈高，说明催化剂的活性愈好。

17. 釜式反应器属于气液相反应。

18. 管式反应器亦可进行间歇或连续操作。

19. 工业反应器按换热方式可分为：等温反应器、绝热反应器、非等温非绝热反应器等。

20. 间歇反应器由于剧烈搅拌、混合，反应器内有效空间中各位置的物料温度、浓度均相同。

21. 间歇反应器的一个生产周期应包括：反应时间、加料时间、出料时间、加热(或冷却)时间、清洗时间等。

22. 非均相反应器可分为：气固相反应器、气液相反应器。

23. 生产合成氨、甲醛、丙烯腈等反应器属于固定床反应器。

24. 管式反应器的优点是减小返混和控制反应时间。

25. 空速大，接触时间短；空速小，接触时间长。

26. 搅拌釜式反应器应用范围广，但基本上不用于气-液-固三相反应。

27. 绝热式固定床反应器适合热效应不大的反应，反应过程无需换热。

28. 原料消耗定额的高低，可以说明生产水平的高低和操作技术水平的好坏。

29. 提高设备的生产强度，可以实现在同一设备中生产出更多的产品，进而提高设备的生产能力。

30. 在同一温度和压力下，某物质的摩尔熔化焓与摩尔凝固焓在数值上相等，而符号相反。

31. 固体物质的粉碎及物料的搅拌不属于化工单元操作过程。

32. 化工生产上，一般收率越高，转化率越高。

33. 利用苯作为原料生产某一有机化合物，平均月产量 1000t，月消耗苯 1100t。苯的消耗额为 1.1。

34. 化工生产的目的就是为了得到成品。

35. 任何一个化工生产过程都是由一系列的化学反应操作和一系列物理操作构成。

36. 一定条件下，乙烷裂解生产乙烯，通入反应器的乙烷为 5000kg/h，裂解气中含乙烯为 1500 kg/h，则乙烯的收率为 30%。

37. 乙烯、丙烯属于有机化工基本化工原料。

38. 设备的生产强度越高，则该设备的生产能力就越大。也可说设备的生产能力越大，则该设备的生产强度就越高。

39. 升高反应温度，有利于放热反应。

40. 消耗定额越高，生产过程的经济效益越高。

41. 对于一个反应体系，转化率越高，则目的产物的产量就越大。

42. 选择性越高，则收率越高。

43. 鲁姆斯裂解乙烯装置急冷系统采用先水冷后油冷。

44. 在合成橡胶中，弹性最好的是顺丁橡胶。

45. 含碳、氢的化合物往往都是有机化合物，而尿素的分子式为 $CO(NH_2)_2$，所以尿素生产属于有机化工。

46. 石油中有部分烃的相对分子质量很大，所以石油化工为高分子化工。

47. 对气固催化反应，工业上为了减小系统阻力，常常都采用较低的操作气速。

48. ABS、SAN、HIPS 都是苯乙烯系列合成树脂。

49. 聚合反应中，氮气常用于置换反应装置和输送催化剂等多种用途。

50. 化工工艺的特点是生产过程综合化、装置规模大型化和产品精细化。

51. 化工工艺是指根据技术上先进、经济上合理的原则来研究各种化工原材料、半成品和成品的加工方法及过程的科学。

52. 离心压缩机的“喘振”现象是由于进气量超过上限所引起的。

53. 扬程为 20m 的离心泵，不能把水输送到 20m 的高度。

54. 离心泵停车时，先关闭泵的出口阀门，避免压出管内的液体倒流。

55. 影响化工反应过程的主要因素有原料的组成和性质、催化剂性能、工艺条件和设备结构等。

56. 化工原料的组成和性质对加工过程没有影响。

57. 对于同一根直管，不管是垂直或水平安装，克服阻力损失的能量相同。

58. 离心式压缩机气量调节的常用方法是——调节出口阀的开度。

59. 当离心泵发生气缚或汽蚀现象时，处理的方法均相同。

60. 利用电力来分离非均相物系，可以彻底将非均相物系分离干净。

61. 在一般过滤操作中，实际上起主要介质作用的是滤饼层而不是过滤介质本身。

62. 在运转过程中，滚动轴承的温度一般不应大于 65℃。

63. 板框压滤机的滤板和滤框可根据生产要求进行任意排列。

64. 离心分离因数越大，其分离能力越强。

65. 在普钙生产中，浓硫酸稀释后冷却时常用石墨冷却器，这是因为石墨的传热系数比一般金属材料如碳钢的大。

66. 热负荷是指换热器本身具有的换热能力。

67. 提高传热速率的最有效途径是提高传热面积。

68. 提高换热器的传热系数，能够有效地提高传热速率。

69. 蒸发操作是溶剂从液相转移到气相的过程，故属传质过程。

70. 饱和蒸气压越大的液体越难挥发。

71. 蒸发过程中操作压力增加，则溶质的沸点提高。

72. 提高蒸发器的蒸发能力，其主要途经是提高传热系数。

73. 往复式真空泵的轴封用来密封气缸与活塞杆之间的间隙。

74. 在减压精馏过程中，可提高溶液的沸点。

75. 传热速率是指生产上要求换热器在单位时间所具有的换热能力。

76. 压强就是压力。

77. 转化率是指理论原料用量与实际原料用量的比值。

78. 泵在理论上最大安装高度是 10. 33m。

79. 物质的相对密度是指物质的密度与纯水的密度之比。

80. 输送液体的密度越大，泵的扬程越小。

81. 静力学基本方程式，只适用于连通着的同一流体中。

82. 汽蚀现象发生的原因是启动前泵内没有装满液体。

83. 提高传热速率最有效的途径是提高传热温度差。

84. 一般来说泵出口管径比进口管径要细些。

85. 真空度等于绝压减去大气压。

86. 压缩机的压缩比是指 P_1/P_2，即进口压力与出口压力之比。

87. 离心泵在低于最小流量状态下运行，会造成泵体的振动。

88. 往复泵在启动前必须打开旁通阀，运转正常后再用出口阀调节流量。

89. 当泵由于过负荷而跳闸时，应查找原因，消除后电器复位重新启动泵。

90. 当泵发生严重“气缚”现象时，可打开泵头堵塞，排出气体后即能消除“气缚”现象。
91. 换热器在使用前的试压重点检查列管是否泄漏。
92. 溶液被蒸发时，若不排除二次蒸汽，将导致溶液沸点下降，使蒸发无法进行。
93. 转子流量计只能垂直安装不能水平安装。
94. 离心泵的出口压力随出口阀的开启而减小。
95. 往复泵启动前必须将回流支路上的控制阀打开。
96. 离心水泵吸水管浸入高度不够，会造成流量与扬程下降。
97. 热水泵在冬季启动前必须预热。
98. 判断离心泵反转的最好办法是启动后看出口压力。
99. 高压泵的小回流阀当开车正常后可关闭。
100. 通常对裂解原料所说的氢含量，是指烃混合物中 H_2的含量。
101. 合成材料大部分为合成橡胶和合成塑料。
102. 对液体馏分油来说，其沸点不是一个值，而是一个较宽的温度范围。
103. 绝大多数的有机化合物都是由八大基础原料制造的。
104. 一个化合物只有一个沸点。
105. 丁苯橡胶是丁二烯和苯乙烯的共聚物。
106. 化工生产过程包括原料的预处理、化学反应、产品分离三个基本过程。
107. 开车前的阀门应处于开启状态。
108. HEDP 生产中，由于物料的特殊性，设备主要选择碳钢。
109. 催化剂活性是判断催化剂性能高低的标准。
110. 挤出机一般不允许空载运转。
111. 液化石油气在常温下为液体。
112. 乙酰氯遇水会产生爆炸。
113. 液封瓶必须设安全防护罩。
114. 蒸汽发生器的初始液位不得超过发生器高位的 80%，液位不得低于规定的警戒液位。
115. 把单体变成高分子聚合物的过程叫聚合。
116. 天然气就是甲烷气。
117. 乙烯装置中甲烷化反应是指脱除甲烷的反应。
118. 增大长径比，可以提高塑料挤出机的产量。
119. 受热时软化，冷却后变硬，可以重复加工的塑料称为热固性塑料。
120. 凝胶是橡胶中不溶解于溶剂的粒子。
121. 参加聚合反应的丙烯腈叫做结合丙烯腈。
122. 三氯化磷、冰乙酸有危险性，而甲醛没有。
123. 催化剂使用时，活性突然下降一定是中毒。
124. 催化剂存在的状态一定是固体。
125. 聚合反应中，氮气常用于置换反应装置和输送催化剂等多种用途。
126. 聚丙烯基料中加入透明成核剂是树脂改性的一种方法。

127. 注射机的规格一般用注射量的大小来表示。

128. 大气压的单位只能是帕。

129. 石油化工是以石油和天然气为原料的化工。

130. 注射机按结构可分为柱塞式和螺杆式两种，在注射样条时，应使用螺杆。

131. 用高压法生产的聚乙烯是高密度聚乙烯。

132. 在对流传热中流体质点有明显位移。

133. 离心泵开车前，必须打开进口阀和出口阀。

134. 某流体的绝对黏度与其密度之比称为运动黏度。

135. 由于流体蒸发时它要从周围的物体吸收热量，使之温度降低，因此液体蒸发有制冷作用。

136. 在连通着的同一种静止流体内，处于同一水平面的各点压强相等，但与容器的形状有关。

137. 离心泵汽蚀现象是泵打不上量。

138. 浓度差是传质过程的推动力。

139. 真空泵的活塞环起着润滑气缸的作用。

140. 离心泵体内有气体，则会出现气缚现象。

141. 在列管式换热器中，用冷却水冷却腐蚀性酸时，应让酸走管外。

142. 气体、液体和固体都是能流动的，故总称为流体。

143. 液体的黏度随温度升高而增大。

144. 离心泵安装高度过高，则会产生气缚现象。

145. 蒸发过程中，溶液在加热时必须是汽化的。

146. 往复压缩机的实际工作循环是由压缩-吸气-排气-膨胀四个过程组成的。

147. 流体的流动过程实质上就是系统中各种能量的转换过程。

148. 大气压是指空气柱的重力作用在地层表面所产生的压力。

149. 蒸汽冷凝器出现水锤现象是由于蒸汽压力太高。

150. 节流式流量计的安装，当测量液体时，取压口应在管道下半部，最好在水平线上或与管道成0~45°夹角。

151. 离心泵在输送热液体时，应安装在液面以下。

152. 离心式压缩机的气量调节严禁使用出口阀来调节。

153. 往复压缩机启动前应检查返回阀是否处于全开位置。

154. 齿轮泵启动前可以不考虑旁通阀所处的位置。

155. 换热设备操作正常平稳的关键在于防止泄漏，正确开停。

156. 机泵运转时，其最小回流阀处于全开状态，目的是为了防止泵憋压。

157. 换热器生产过程中，物料的流动速度越大，换热效果越好，故流速越大越好。

158. 重新开车前，必须将蒸汽系统的冷凝水排尽，以避免水锤现象。

159. 节流式流量计的安装，当测量气体时，取压口应在管道下部，并与管道中心线成0~45°夹角。

160. 离心泵的入口管一般均比出口管细，并要安装止逆阀。

161. 往复泵的流量调节，一般均用出口阀的开启程度来调节。

162. 透平式压缩机通常用出口节流调节阀来调节气体流量。

163. 当冷却水系统发生故障时，现场所有热源调节阀应关闭。

164. “气缚”发生后，应先停泵，重新灌泵后再启动。

165. 减压蒸发过程是降低了溶质的沸点。

166. 在石油化工生产中，工艺控制方面常采用风关和风开两种控制阀，这主要是从方便角度考虑的。

167. 真空泵入口管带水可能引起的后果：泵超载跳车、抽真空受影响，水罐水满等。

168. 换热器投产时，应先打开冷态工作液体阀和放空阀，向其注液。

169. 聚合装置生产时，常用于控制聚合物性能的指标有熔融指数，相对分子质量分布和密度。

170. 非晶态高聚物的三个力学形态为玻璃态、橡胶态和黏流态。

171. 水中总固体包括悬浮固体、溶解固体两部分。

172. 过滤、沉降属传质分离过程。

173. 分液漏斗用以分离不相混合的两种液体。

174. 载体是催化活性物质的分散剂、黏合物或支持物。

175. 催化剂的作用在于不但可以提高化学反应的速率，而且还可以改变化学反应的方向。

176. 扬程就是液体进泵前与出泵后的压头差。

177. 脱盐水是指脱除了 Ca^{2+} 、Mg^{2+} 等离子的水。

178. 乙烷不能作为裂解原料。

179. 石油化工中的芳烃是苯、甲苯、混合二甲苯。

180. 丙烷在常压下是液态。

181. 碳四的分离，首先是分离正丁烯。

182. 涡旋泵具有扬程高、流量小、流量稳定等特点。

183. 公用工程系统管漆为红色表示管内走的是压缩空气，漆为黑色表示管内走的是氮气。

184. 悬浮固体是水中溶解的非胶态的固体物质。

185. 甲烷/乙烯比是反映裂解深度的指标之一。

186. 浸渍法是制造催化剂广泛使用的一种方法。

187. 裂解原料的芳烃指数愈大，表示其裂解性能愈好。

188. 放空阀的作用主要用于设备及系统的减压，它应安装在设备及系统的中部。

189. 水处理中常用的无机混凝剂有：聚铝、聚铁、聚丙烯酰胺等。

190. 密炼机前两个转子的转速相同。

191. 催化剂能同等程度的降低正、逆反应的活化能。

192. 转子流量计的转子位子越高，流量越大。

193. 在稳定流动过程中，流体流经各等截面处的体积流量相同。

194. 转子流量计也称等压降、等流速流量计。

195. 文丘里流量计，能耗小，加工方便，可以耐高温、高压。

196. 转子流量计读取流量方便，测量精度高，但不耐高温、高压。

197. 孔板流量计制造简单，调换方便，但压头损失大。
198. 小管路除外，一般对于常拆管路应采用法兰连接。
199. 转子流量计可以安装在垂直管路上，也可以在倾斜管路上使用。
200. 孔板流量计调换方便，但不耐高压，压头损失较大。
201. 由于泵内存在气体，使离心泵启动时无法正常输送液体而产生汽蚀现象。
202. 离心泵铭牌上注明的性能参数是轴功率最大时的性能。
203. 离心泵的泵壳即是汇集叶轮抛出液体的部件，又是流体机械能的转换装置。
204. 泵不得关闭出口阀门长时间运行，否则会引起不良后果。
205. 离心泵检修前必须确认电机已断电。
206. 泵经常盘车可以不断改变轴的受力方向，防止轴弯曲变形。
207. 离心泵可以采用电机点动盘车。
208. 启动离心泵前关闭出口阀门是为了减小启动电流，以保护电机。
209. 若离心泵的实际安装高度大于允许安装高度，在操作中会发生汽蚀现象。
210. 若离心泵的实际安装高度小于允许安装高度，在操作中会发生汽蚀现象。
211. 往复泵有自吸作用，安装高度没有限制。
212. 往复泵的流量随扬程增加而增加。
213. 往复泵流量较小，压头可以很高，适宜输送油类及黏稠性的液体。
214. 旋涡泵当流量为零时轴功率也为零。
215. 旋涡泵的工作原理同离心泵相似，所以旋涡泵流量可以采用出口阀调节。
216. 齿轮泵适用于压头高而流量小的黏稠液体和含有固体颗粒的悬浮物。
217. 旋转泵适用于流量小、压头高的黏稠液体。
218. 用离心通风机将5000kg/h空气输入加热器中，由20℃加热至140℃。对于该风机安装与加热器前后两种情况，需要输送的流量不变，但需要的全风压要变。
219. 当输送的气体密度增加时，通风机的气压减小。
220. 离心式压缩机可以实现无油压缩。
221. 罗茨鼓风机流量可以采用出口阀调节。
222. 压缩气体可分为吸气、压缩和排气三个过程。
223. 有一次吸气和一次排气的过程，此压缩机称为双作用式。
224. 水环式真空泵叶轮是偏心式的。
225. 对流传热过程是对流传热→导热→对流传热的串联过程。
226. 有相变化的膜系数大于气体的膜系数。
227. 要求传热面积小时，宜采用逆流。
228. 当间壁两侧对流传热膜系数相差很大时，传热系数 K 接近于较大的膜系数。
229. 换热器的平均温差通常用进出口的温度差的算术平均值代替。
230. 冷热流体在换热时，并流时的传热温度差要比逆流时传热温度差大。
231. 当换热器中热流体的质量流量、进出口温度及冷流体进出口温度一定时，采用并流操作可节省冷流体用量。
232. 换热器投产时，先通入热流体，后通入冷流体。
233. 换热器冷凝操作应定期排放蒸汽侧的不凝气体。

234. 列管换热器中设置补偿圈的目的主要是为了便于换热器的清洗和强化传热。

235. 在列管换热器中采用多程结构，可增大换热面积。

236. 换热器开车时，是先进冷物料，后进热物料，以防换热器突然受热而变形。

237. 对夹套式换热器而言，用蒸汽加热时应使蒸汽由套下部进入。

238. 在列管式换热器，管间装设了两块横向的折流挡板，则该换热器变成双壳程的换热器。

239. 多管程换热器的目的是加强传热。

240. 为了提高传热效率，采用蒸汽加热时必须不断排除冷凝水并及时排放不凝性气体。

241. 对于同一种流体，有相变时的 α 值比无相变时的 α 值要大。

242. 两流体膜系数相差不大时，要提高传热系数，必须提高较小的膜系数最有效。

243. 传质的基本方式可以分为分子扩散和对流扩散两种。

244. 分子扩散由分子热运动造成；只要存在浓度差，就能够在一切物系中发生。

245. 对流扩散由流体为团的宏观运动所引起，仅发生在流动流体中。

246. 物质系统由于浓度不均匀而发生的质量迁移过程，质量传递简称传质。

247. 理想气体混合物中，某组分的摩尔分率、体积分率、压力分率都相同。

248. 液体混合物中，某组分的摩尔分率、体积分率、压力分率都相同。

249. 对任何一种混合物而言，各组分的比摩尔分率或比质量分率之和等于 1。

250. 空气中氮的质量分率为 0. 767，在总压为 101. 3kN/m^{2}时，它的摩尔分率是 0. 79。

251. 空气中氮的质量分率为 0. 767，在总压为 101. 3kN/m^{2}时，它的分压为 80kN/m^2。

252. 工艺技术规程的内容强调了以下内容：品名、剂型、处方、生产工艺的操作要求，物料、中间产品、成品的质量标准和技术参数注意事项，物料平衡的计算方法，成品容器、包装材料的要求等。

253. 岗位操作规程的内容强调了以下内容：品名、剂型、处方、生产工艺的操作要求，物料、中间产品、成品的质量标准和技术参数注意事项，物料平衡的计算方法，成品容器、包装材料的要求等。

254. 作业指导书规程的内容强调了以下内容：品名、剂型、处方、生产工艺的操作要求，物料、中间产品、成品的质量标准和技术参数注意事项，物料平衡的计算方法，成品容器、包装材料的要求等。

255. 工艺技术规程包括装置概况、工艺原理、流程说明、工艺指标等内容。

256. 安全技术规程包括装置概况、工艺原理、流程说明、工艺指标等内容。

257. 技术规程规定主要控制的工艺指标包括原料、成品、半成品、公用工程、主要操作条件和消耗能耗。

258. 技术规程规定主要控制的工艺指标公用工程指标。

259. 技术规程规定主要控制的工艺指标消耗能耗。

260. 压力容器一般泛指在工业生产中用于完成反应、传质、传热、分离和储存等生产工艺过程，并能承受压力载荷(内力、外力)的密闭容器。

261. 按照工艺操作中作用不同分类的压力容器有反应容器、换热容器、分离容器、储运容器。

262. 超高压压力容器的标准是压力小于等于 100. 0MPa。

263. 压力容器在使用期间可以根据一定情况拆卸紧螺栓。

264. 压力容器在一定条件下允许超温超压运行。

265. 发现压力容器异常现象危机安全时，应采取紧急停车措施并及时向上级报告。

266. 试车前，必须对压缩机组润滑油压力、事故油泵和自动启动的联锁进行检查确认。

267. 联锁系统是指有仪表及控制系统构成的自动保护系统。

268. 联锁系统中的电磁阀通常在通电状态下工作。

269. 气关阀在失去压力信号时是关闭状态。

270. 信号报警起到了自动监视的作用，当工艺参数超限或运行状态异常时，以声光的形式发出报警。

271. 安全阀阀瓣达到规定开启高度时进口侧的压力，叫做开启压力。

272. 截止阀可用于输送含有沉淀和结晶，以及黏度较大的物料。

273. 旋转阀是利用带孔的锥形栓塞来控制启闭，可用于温度和压力较低的较小管路上。

274. 拆卸闸阀时填料一定要清除干净。

275. 拆卸阀门时垫片一定要更换，否则重新安装后容易造成泄漏。

276. 止回阀的安装可以不考虑工艺介质的流向。

277. 安全阀阀瓣达到规定开启高度时进口侧的压力，叫排放压力。

278. 安全阀的开启压力也叫整定压力，是安全阀阀瓣在运行条件下开始升起时的介质压力。

279. 安全阀在设备正常工作时是处于关闭状态的。

280. 安全阀校验前提是校验台应无遗漏并且校验介质必须清洁。

281. 安全阀校验的校验介质不能为空气。

282. 安全阀校验的压力表通常情况下选择开启压力值在量程的三分之一至三分之二的压力表为妥。

283. 在用锅炉的安全阀每年至少应校验一次。安全阀的校验一般应在锅炉运行状态下进行。

284. 气密性试验应在水压试验合格后进行

285. 气密性试验所用气体，应为干燥和清洁的空气、氮气或其他惰性气体。

286. 凡密闭容器和管道内用氮气置换后在进入之前应先充分通风换气，再进入设备作业。

287. 凡密闭容器和管道内用氮气置换后在进入之前应先充分通风换气，进入前要进行空气中氧含量测定，氧含量合格后方可进入设备作业。

288. 设备惰性化处理操作的两种情况：(1)向已经存在可燃气体的容器或设备中充入惰性气体，稀释或吹走可燃气体；(2)向准备投入可燃气体或易燃液体的设备通入可燃气体，降低氧气浓度。

289. 可燃气体置换方法惰性化(处理)目的：使可燃气体降至可燃下限以下。使系统内氧气的浓度(O_2)低于最小氧气浓度(MOC)。

290. 每个公司都应该有一套自己制定的产品事故应急方案。

291. 二甲苯不溶于水，可溶于乙醇、乙醚、氯仿等多数有机溶剂。

292. 二甲苯的相对密度小于水。

293. 由于苯环比较稳定，所以苯及其烷基衍生物易发生苯环上的加成反应。

294. 冷浓硫酸可以用铝容器保存。

295. 氯化氢微溶于水。

296. 双氧水既有氧化性，也有还原性。

297. C_5~C_{11}(40~200℃时的馏分)是煤油，可作燃料，也可作化工原料。

298. 化工生产离不开水，其用途主要有冷却用水、工艺用水、锅炉用水、消防用水、冲洗用水、施工及其他用水、生活用水。

299. 水的用途不同，对水质的要求也不同。即使同类的用途，在不同企业、不同工业中对水质要求的差别也很大。

300. 软化水可用于低压锅炉、某些工艺及补充循环冷却水等。

301. 软化水可替换高压锅炉、中压锅炉及某些特殊工艺要求的高纯度水。

302. 物料应按规定的使用期限储存，无规定使用期限的，一般储存不超过 3 年。

303. 化工过程中，向过程输入物料质量必等于从该过程输出的物料的质量和积累于该过程中物料质量之和。

304. 物料衡算通常以时间、单位进料量或排出量及设备单位体积等为基准。

305. 进行物料衡算的基准如下：(1)根据过程画出示意图；(2)划定衡算范围；(3)确定衡算基准；(4)列出衡算式并求解。

306. 水的冻结温度随压力的增大而增大。

307. 水的沸点与压力成直线变化关系。

308. 水同其他物质一样，受热时体积增大，密度增大。

309. 空气含有一定的水分，水分的温度越高，水分的容纳能力越低。

310. 空气具有“热升冷降”的上下对流特性，越接近地表，其平移流动性越差。

311. 空气离开地面越高处，其密度越低，温度也越低。

312. 氮气是个难于液化的气体，在水中的溶解度很小。

313. 因 N_2具有三键(N≡N)，键能极大，化学性质不活泼，在常温下与少数金属或非金属元素化合，在高温下几乎不与任何化学元素反应。

314. 氮气是一种既不燃烧，也不助燃的气体。

315. pH 值小于 5.6 的雨水称为酸雨，小于 4.5 被称为重酸雨。

316. 在大气污染中对植物危害较大的是 CO 和 F 化物。

317. 我国两控区内大中城市禁止民用炉灶燃用散煤，关停小火电机组，这样做的主要目的是为了减少二氧化碳排放量。

318. 离心泵开车应先打开泵的入口阀及密封阀，检查泵体内是否已充满液体，再启动泵。

319. 离心泵开车操作的步骤为开泵、灌泵、排气、出料。

320. 由于冷物流被加热后有相变化，在传热操作中要排不凝性气体。

321. 预热器在开车时，应先打开低温介质阀门，然后再打开高温介质的阀门，避免预热器受热急剧膨胀造成设备损坏。

322. 换热器开车时应先进热物流后进冷物流。

323. 透平压缩机启动阶段主要是冲动转子，升速暖机，带负荷运行。

324. 压缩机启动时，中速暖机是从转速 1000r/min 到转子第一临界转速之间的范围。

325. 压缩机启动时，中速暖机是少量蒸汽对金属的对流放热。

326. 曲轴箱内加入清洁的润滑油，冬季宜用 40# 机械油，夏季宜用 60# 机械油。

327. 气缸润滑油冬季宜用 13# 低压压缩机油，夏季宜用 60# 高压压缩机油。

328. 活性炭过滤器运行工作流程：排气、冲洗、反洗(二)、正洗、制水、反洗(一)、排水。

329. 加压过滤机运行工作流程：排气、冲洗、反洗(二)、正洗、制水、反洗(一)、排水。

330. 加压过滤机开车准备要确认各种排放、正洗、反洗等阀门已关闭。

331. 如果条件许可，提高蒸发器的高度，可以不用两个浓缩液容器，或者用自动调速泵直接把浓缩液抽出。

332. 薄膜蒸发器的正常开车，严禁在设备内充满液体情况下运转。

333. 开车装置进料前，要启动所有的放空、排污、倒淋等阀门。

334. 生产装置经过停工检修后，在开车运行前就不需要再进行全面的安全检查。

335. 开车前吹扫介质(不管空气或其他)必须干净，符合工艺要求，避免含油等。若用水吹扫，对马氏体不锈钢，氯离子要求小于 25μg/g。

336. 在装置开车前应对设备管线进行吹扫，凡不能参与吹扫的管道、设备、阀门、仪表等，应拆除或用盲板隔离。

337. 管线吹扫的目的是将存留在管线内的物料或杂质清除掉。

338. 对蒸汽凝液管线进行吹扫时，应当按照其压力等级由低到高依次吹扫。

339. 当反应器的热点温度升高时，可以保持负荷不变，降低反应气量，以使热点温度下降。

340. 控制好反应温度，能控制反应器压差的升高。

341. 压力控制系统性能包括稳定性、准确性和快速性。

342. 测量高中压力(大于 4MPa)时，正常操作压力不应超过仪表测量上限值的 2/3。

343. 测量一些特殊介质时，应选用专用压力表。

344. 在流量测量中，标准节流件的取压方式包括直接取压法。

345. 改变转子流量计的量程最方便的方法是改变浮子的密度。

346. 变截面流量计的优点包括读取流量方便，直观性好，能量损失小，测量范围大。

347. 测量液体的流量，孔板流量计取压口应该放在中部。

348. 机械型蒸汽疏水阀的工作原理为蒸汽和凝结水的温度差。

349. 98g 纯硫酸溶解于 1L 水中，氢原子的物质的量浓度是 2mol/L。

350. 将氢氧化钠溶液和氨水溶液各稀释 1 倍，两者的氢氧根浓度也各稀释 1 倍。

351. 150kg 湿物料中含水 10kg，则干基含水量为 40kg。

352. 若湿物料的湿基含水量为 20%，其干基含水量为 25%。

353. 增加湿物料吹过湿物料的速度，其平衡含水量不变。

354. 乙醛氧化生产乙酸，原料投料为纯度 99.4% 的乙醛 500kg/h，得到的产物为纯度 98% 的乙酸 580kg/h，计算乙醛的理论及实际消耗定额为 862kg/h，和 723kg/h。

355. 体积为 1L 的干燥烧瓶中用排气法收集 HCl 后，测得烧瓶内气体对氧气的相对密度为 1.082。用此烧瓶做喷泉试验，当喷泉停止后进入烧瓶液体的体积为 3/4L。

356. 在单效蒸发器内，将物质的水溶液自浓度为 5%浓缩至 25%（皆为质量分数）。每小时处理 2t 原料液。溶液在常温下蒸发，沸点是 373K（二次蒸汽的汽化热为 2260kJ/kg）加热蒸汽的温度为 403K，汽化热为 2180kJ/kg。则原料液在沸点时加入蒸发器，加热蒸汽的消耗量是 1960kg/h。

357. 实际生产中煅烧含有 94%$CaCO_3$的石灰石 500kg，得到的生石灰实际产量为 253kg，其产品的收率为 51%。

358. 乙炔与氯化氢加成生产氯乙烯，通入反应器的原乙炔量为 1000kg/h，出反应器的产物组成含量为 300kg/h，已知按乙炔计生成的选择性为 90%，则按乙炔计算氯乙烯的收率为 70%。

359. 100mol 苯胺在用浓硫酸进行焙烘硫化时，生成物中含 88.2mol 对氨基苯磺酸、1mol 邻氨基苯、2mol 苯胺，另有一定数量的焦油物，则以苯胺计的对氨基苯硫酸的理论收率为 98%。

360. 在硝基苯的生产中，要求每年生产纯度为 99%的硝基苯 2000t，车间总收率为 95%，则每年实际应生产硝基苯 2084.2t。

361. 某硫酸厂以 35%S 的标准硫铁矿为原料生产硫酸，设硫全部烧成 SO_2，如硫的烧出率为 98.5%，SO_2的洗涤进化率为 94%，硫的转化率为 99%，则 100t 硫铁矿可得 98.3t100%硫酸。

362. 某二元混合物进量为 100kmol/h，$x_f=0.6$，要求 x_d不小于 0.9，则塔顶最大产量为 60kmol/h。

363. 对调节幅度不大，经常需要改变流量时采用的方法为离心泵出口管路上调节阀开度。

364. 为保证离心泵内不发生汽蚀，泵内最低压强要高于输送温度下液体的饱和蒸气压。

365. 如果关小离心泵出口阀门，减少泵的输液量，会引起泵的扬程及轴功率均下降。

366. 用离心泵将水池的水抽吸到水塔中，若离心泵在正常操作范围内工作，开大出口阀门将导致送水量赠加，整个管路压头损失减少。

367. 如果用节能的方法来控制泵的流量，那么可以在泵的入口管线上安装一个调节阀。

368. 当输送的流体密度增加时，离心泵的扬程减少。

369. 离心泵内导轮的作用是转变能量形式。

370. 离心泵轴封的作用是减少高压液体流出泵外。

371. 为了使离心泵入口处维持一定的绝对压力，泵的吸上高度要比当地大气压所相当的液柱高度大一定数值。

372. 多管程列管换热器比较适用于管内流体流量小，所需传热面积大。

373. 管式反应器亦可进行间歇或连续操作。

374. 采用错流和折流可以提高换热器的传热速率。

375. 气体压缩机抽负压应立即减少反飞动量。

376. 气体压缩机抽负压应缓增反飞动量。

377. 真空泵在运转时震动或有异常响声可能是轴承损坏造成的。

378. 真空泵在运行过程中发现泵有异常噪音和强烈振动，其原因是严重漏气。

379. 真空泵启动困难是停泵时间过长，泵内生锈或卡阻造成的。

380. 过滤操作中滤液流动遇到阻力是过滤介质和滤饼阻力之和。

381. 蒸发操作的目的是将溶液进行溶剂和溶质的彻底分离。

382. 蒸发操作一般都是在溶液的沸点以上进行的。

383. 若以湿空气作为干燥介质，由于夏季的气温高，则湿空气用量就少。

384. 相对湿度越低，则距饱和程度越远，表明该湿空气的吸收水汽的能力越弱。

385. 湿空气的湿度是衡量其干燥能力大小的指标值。

386. 在一定温度下，物料中的结合水分与非结合水分的划分只和物料本身性质有关，而与空气状态无关。

387. 对流干燥速率的快慢只取决于传热，与干燥介质无关。

388. 进行干燥过程的必要条件是干燥介质的温度大于物料表面温度，使得物料表面所产生的湿分分压小于气流中湿分分压。

389. 反应器出口温度和相应出口气体组成的平衡温度之差称为平衡温矩。

390. 温度是表示物体冷热程度的物理量，是化工生产即普遍而又重要的操作参数。

391. 当气体中的 HCl 分压高于平衡分压时，盐酸中的 HCl 即释放。

392. 对气体吸收有利的操作条件应是低温和高压。

393. 由于氯化氢被水吸收时放出大量的热，所以会使酸液的温度升高，氯化氢气体的分压减少，从而不利于氯化氢气体的吸收。

394. 当流量、管长和管子的摩擦系数等不变时，管路阻力近似地与管径的 2 次方成反比。

395. 气体在管径不同的管道内连续稳定流动时，它的流量不变。

396. 离心泵汽蚀余量与流量的关系为：流量增大，汽蚀余量增大。

397. 某涡轮流量计和某涡街流量计均用常温下的水进行过标定，当用它们来测量液氨的体积流量时，涡轮流量计需进行黏度和密度的修正，涡街流量计不需要。

398. 用双法兰液位计测量容器内的液位，零位与量程均校正好，后因维护需要而上移了安装位置时量程和零位都不变。

399. 管道与机器最终连接时，应在联结轴节上架设百分表监视机器位移，当转速小于或等于 6000r/min 时，其位移值应小于 0.10mm。

400. 间歇反应器的一个生产周期应包括反应时间、加料时间、出料时间、清洗时间。

401. 连接操作设备中的物料性质不随时间而改变，多为稳态操作。

402. 化学反应器的空时就是反应物料在反应器内的停留时间，用来表明反应时间长短。

403. 在间歇反应器中进行一级反应，如反应时间为 1h，转化率为 0.8，如反应时间为 2h，转化率为 0.96。

404. 带有循环物流的化工生产过程中的单程转化率的统计数据大于总转化率的统计数据。

405. 从经济观点看，提高总转化率比提高单程转化率更有利。

406. 水路管道中常用的阀门为球阀。

407. 常用的公用工程包括水、电、气。

408. 水路常用的动力机械为离心泵。

409. 质量是消费者工作与生活的保障。

410. 质量检验的方式按检验责任人分为自检、互检、第三方检验。

411. 质量设计法包括系统设计、参数设计、容差设计。

412. 质量管理体系的评价就是质量管理体系过程的评价。

413. 全面质量管理的特点之一是全员参加的质量管理。

414. 质量是事物的本质特征之一，它是质量管理的主要对象。

415. 差压式液压计是利用容器内的液位改变时，由液位高度产生的静压会相应变化的原理而工作。

416. 差压式流量计的原理是根据流量与压差的平方成正比，所以用这种流量计测量流量时，标尺刻度是不均匀的。

417. 氧气的压力测量必须应用专业压力表外，其他介质的压力测试可使用普通压力表。

418. 在容器操作牌上应用文字注明阀门开关状态和方向。

419. 搞好设备润滑，坚持做到定人、定点、定放、定量、定时。

420. 机泵冷却适用于介质温度较高、不易于操作的场合。

421. 机泵冷却适用于介质温度较高，介质易于汽化的场合。

422. 化工设备、管道喷涂的防护层的性能和寿命，不仅取决于涂料的性质，还与施工方法、施工质量有关。

423. 离心泵运转时要经常检查轴承是否过热，润滑油情况是否良好，注意填料层的泄露和发热情况，填料松紧要适中。

424. 离心泵停车应该先关出口阀再停电机。

425. 环境温度低于 0℃时，应将泵内水放出。

426. 对于深井泵，停车后可以立即启动水泵。

427. 停车运行时应缓慢切断高压侧流体，再切断低压流体。

428. 换热器停车后管程和壳程都要低点排气，高点泄液。

429. 板式换热器停车后要将换热器里面的液体及时排掉，以避免腐蚀设备或者结垢。

430. 在离心式压缩机停车操作中，应先把“卸载/加载”开关拨至“卸载”位置后才能按下“停止”按钮。

431. 在离心式压缩机停车操作中，按下“停止”按钮后立即关断冷却循环水。

432. 空压机正常停机后，如周围温度低于 0℃时，应放尽机体内残存冷却水，以防冻裂设备。

433. 空压机正常停机中，在停止电动机运转、解除人为卸荷停机后，立即关闭气缸冷却水。

434. 螺杆式空压机的停机操作为：按动监控器面板上的“停机”键，停机。

435. 往复式压缩机需长期停车时，应将气缸、填料和管道内的存水放尽。

436. 往复式真空泵停车时，在关闭进气阀门，切断电源后立刻关闭冷却水进口阀，以减少冷却水的消耗。

437. 真空泵停车前应先检查系统中各相应设备能否进入停机规程中。

438. 快开式压滤机如需更换滤布时，为保证安全需穿戴好防护眼镜、防护口罩、防护手套、防护工作服。

439. 加压过滤机停机时，应清洗滤盘，放尽槽体内积水，排出加压仓内积水，打开手动阀，排尽排水器内积水，并打开人孔排出仓内潮气。

440. 加压过滤机长期停车时滤布必须清洗干净，槽体内、加压仓内、排水器内必须排尽积水，刮板输送机、排料装置中应排尽滤饼。

441. 蒸发正常停车要联系生产管理部门、锅炉、压气，缓慢将蒸汽减少，然后彻底压气。

442. 蒸发紧急停车操作需要快速停真空泵，破坏真空。

443. 蒸发正常停车压气和断料是独立的，先压气再断料。

444. 气流干燥机停车时应先停止加料器加料，再停止引风机引风。

445. 气流干燥机停车时，在停止进料时，要继续将干燥机中余料吹干，并带出机外，半小时后停掉热风炉。之后停止引风机引风。

446. 将含油污水排到生活污水管线，这种做法是允许的。

447. 居民区大气中有害物质的一次最高允许浓度是指任何一次测定结果的最高允许浓度。

448. 白天和黑夜的噪声标准不同，白天要求严。

449. 废水排放检测不包括 pH 值。

450. 废水处理物理法中包括沉淀工艺、过滤工艺、吸附工艺等。

451. 固体废物的循环利用，能够有效解决固体废物污染环境的问题，并支持经济高速可持续发展。

452. 废水的初处理能处理污水中所有有害物质。

453. 管线吹扫的目的是将存留在管线内的物料或杂质清除掉。

454. 对蒸汽凝液管线进行吹扫时，应当按照其压力等级由低到高依次吹扫。

455. 对高温生产装置，考虑到复工开车系统内对露点指标控制很严格，所以不采用蒸汽吹扫，而要由氮气分片集中吹扫。

456. 对高压生产装置，考虑到复工开车系统内对露点指标控制很严格，所以不采用蒸汽吹扫，而要由氮气分片集中吹扫。

457. 停车后对可能附着易燃易爆、有毒介质残留物的设备用清洗置换的方法一般清除不净，还应进一步进行吹扫作业。

458. 系统进行氮气置换时，氮气置换的最高压力不应超过该系统的操作压力。

459. 一般情况下，系统进行氮气置换时，常压系统的充氮最高压力可以达到 0. 15MPa。

460. 高温真空设备的停车，必须先破真空，待设备内的介质温度降到自然温度以下，方可通大气。

461. 装置停车时，设备及管道内的液体燃料应尽可能倒空，送出装置，并妥善处理。

462. 停车各阶段的开关阀门时要快速进行，直接开到最大。

463. 介质黏度过大也会造成离心泵不上量。

464. 离心泵运行时泵内有杂音对泵的影响不大，无需查明原因。

465. 开泵时泵体内没有充满被送液体，造成离心泵不上量。

466. 离心泵电机相线接反，电机反转，造成离心泵不上量。

467. 离心泵输送液体温度过低，会造成离心泵不上量。

468. 列管换热器要根据工艺要求调整冷热流体的流量，使其达到所需要的温度。

469. 冷热介质如含有大颗粒泥砂或其他杂物应先进行过滤，防止污水运转使用，以防影响设备寿命。

470. 热换气中增加流体流速不利于降低污垢热阻。

471. 活塞式压缩机排气压力异常，其原因可能为逆止阀阻力大，排气管路异常。

472. 在压缩机工作中，发现透平出现水冲击征候不要紧急停车。

473. 透平带水事故主要特征为振动明显增大。

474. 透平发生水冲击时应采取全开蒸汽管道和气室，减弱疏水措施。

475. 离心压缩机润滑油压力下降的原因之一是油过滤器堵塞。

476. 放油螺塞拧得过紧不会造成真空泵反油故障。

477. 造成旋片式真空泵真空不高的原因可能是旋片式真空泵温度太高。

478. 造成真空泵真空不高的原因可能是进气处过滤网堵塞。

479. 止回阀关得太紧不会造成真空泵漏油。

480. 悬浮液的黏度对过滤速率没有影响。

481. 在某些情况下可以把浆料稀释后再过滤，但会造成过滤容积增加。

482. 过滤介质对过滤速率没有影响。

483. 振动或有猛烈锤击声可能是室外总管冷凝水多造成的。

484. 蒸发器真空不足的主要原因是冷却水压不足，可用加大冷却水流量的方法调节。

485. 应变片式压力传感器的应变片发生压缩时其阻值变大。

486. 测量高压气体的压力表材料多选用碳钢。

487. 压力表安装时，压管长度不超过 50m。

488. 在结晶操作中，出现晶垢现象是因为排气不畅。

489. 萃取塔发生液泛的原因是萃取器的通量过大。

490. 冷却结晶适用于溶解度随温度降低而显著降低的物系。

491. 适当提高操作温度，使溶剂溶解更多地被提纯物质，从而有利于后期结晶的形成。

492. 反应器床层反应异常只和反应温度波动有关，与反应器内部波动无关。

493. 反应器床层反应异常与反应温度波动及反应器内部压力波动都有关系。

494. 馏分油加氢装置中，原料油中的铁含量是造成床层堵塞，压力降增大主要原因。

495. 质量管理要层层抓，不可以轻视每个环节。

496. 对于不合格的原料就要办退货手续或其他方法办理。

497. 产品检查合格后，成品化验员还要抽查。

498. ISO 是国际电工委员会缩写。

499. 国际标准化组织是世界上最大的组织。

500. 技术标准可分为基础标准和产品标准两类。

501. 常用的基础标准有通用科学技术标准、结构要素标准等。

502. 产品质量标准内容是基础标准和产品标准。

503. 基础标准是标准化工作的基础。

504. 试液取样量为 1~10mL 的分析方法称为半微量分析。

505. 按被测组分含量来分，分析方法中常量组分分析指含量>1%分析。

506. 某产品杂质含量标准规定不应大于 0.033，分析 4 次的得到如下结果：0.034、0.033、0.036、0.035，则该产品为合格产品。

507. 当反应器热点温度升高时，可以保持负荷不变，降低反应气量，以使热点温度下降。

508. 齿轮泵泵流量不足时，故障原因可能是入口压力低。

509. 齿轮泵泵流量不足时，故障原因可能是旋转方向相反。

510. 在现场操作中，出现原料中断，自己能解决就解决，不能解决的立即汇报上级。

511. 原料中断时间不太长就没多大问题。

512. 生产原料中断应立即抢修，不能耽误生产，不能出现事故。

513. 加热炉燃料油突然中断，应关闭所有炉前阀门。

514. 加强水冷器泄露检查，相关装置工艺人员积极配合采取分析，查找漏点，以期在最短的时间内发现漏点，避免影响循环水水质。

515. 不论热料或冷料中断都应联系灌区或常压检查原因，立即处理。

516. 冷却操作时，冷却介质不可以中断，否则造成积热，使反应异常、系统温度和压力升高，引起火灾或爆炸。

517. 循环水压力下降时，由于循环水的压力降低，导致循环水冷却器进水流量也随之下降。

518. 装置短时间停仪表风，可将各控制阀上游阀打开，改副线调节。若停风时间较长，操作无法维持时，可按停工处理。

519. 液氨泄露的原因可能是液氨罐玻璃板液位计破碎。

520. 为了防止跑料、串料事故的发生，在投料时，必须认真检查各相关管道及阀门，保证管道使用正确，阀门开关无误，投料过程必须由当班班长或指定操作人员进行监督复核，并在操作记录上注明。

521. 一般性串料性事故发生后，要努力控制影响范围，做到不蔓延不跑串、不超温、不超压、不爆炸。

522. 公司应该有自己的停水应急系统和应急方案。

523. 为了安全起见，发生停水事故时应该停止生产。

524. 发生停水事故时，自己应该处理，不用向上级汇报。

525. 停电时不应立即启动备用电路，要先抢修。

526. 公司应该制定自己的停电应急预案。

527. 发生工厂大面积停电，应该启动备用电路，不能耽误生产。

528. 净化风中断后，室内调节各控制阀门，断进料处理。

529. 装置停蒸汽时，有的装置可用工业风代替，如雾化蒸汽。

530. 对一般质量事故或对公司影响较小的质量事故，采取现场进行纠正，开具《纠正预防措施报告单》，并对相应责任人或相关岗位开展质量事故教育。

531. 凡出现的质量问题，需经重新取样化验。

532. 当接到质量事故报告、日常检查或抽查中现场发现质量事故，或接到顾客对产品质量的投诉时，应立即进行现场调查或采取其他方式进行调查。

533. 重大质量事故处理完后，由责任部门形成书面总结报告。

534. 重大质量事故指问题批量较少，不会造成人身伤害，不具有普遍性的质量问题。

535. 对在重大事故的预防、通报、报告、调查、控制和处理过程中，有玩忽职守、失职渎职的行为，根据情况进行处罚，影响重大的追究法律责任。

536. 手动跳闸由就地安装手动跳闸按钮，在危急时按下直接动作相应的手动跳闸继电器，使相应跳闸电磁阀失电，汽机停机。

537. 事故信号为黄色，预告信号为红色。

538. 事故信号、预报信号发出时，发出不同音响，此时可迅速切换至信号画面，查看发出信号。

三、填空题

1. 安全工作要坚持(　　)、(　　)、(　　)、(　　)的“四全管理”原则。

2. 安全生产中对设备操作要做到“四懂三会”，其“四懂”指(　　)、(　　)、(　　)和(　　)；“三会”指(　　)、(　　)和(　　)。

3. 根据工作原理的不同，泵通常分为(　　)、(　　)、(　　)和(　　)。

4. 我国环境法制定的基本原则是(　　)、(　　)、(　　)。

5. 仪表的零点和指示随着时间而变化的性质叫(　　)，主要是由(　　)和(　　)等原因引起的。

6. 气体压送机械按其压缩比分类，可分为(　　)、(　　)、(　　)和(　　)四类。

7. 离心泵装填料压盖将填料压紧在(　　)和(　　)之间，从而达到(　　)的目的。

8. 阀门的手轮在一般情况下(　　)为开，而(　　)为关。

9. 用蒸汽加热某油时，蒸汽应走换热器的(　　)，某油应走换热器的(　　)。

10. 并流加料的多效蒸发适用于那些黏度随(　　)增加和(　　)的降低而增加不大的溶液。

11. 裂解原料油中的烃按结构分为(　　)、(　　)、(　　)和(　　)。

12. PE、PS、ABS 塑料代号名称分别为(　　)、(　　)、(　　)。

13. 化工生产中发生的爆炸现象可以由(　　)和(　　)引起。

14. 一种优良的催化剂，一般来说应具有(　　)、(　　)和(　　)性能。

15. 管道内流体的速度，在一般情况下，沿(　　)处流速最大，越靠近管壁流速(　　)，管壁处的流速(　　)。

16. 当液体的(　　)和(　　)相等时，液体就(　　)，其温度叫做该液体的(　　)。

17. 离心泵的工作性能曲线指(　　)曲线、(　　)曲线和(　　)曲线。

18. 石油化工生产的三大合成材料是(　　)、(　　)和(　　)。

19. 在换热器内可以使物料进行(　　)或(　　)，也可以使物料(　　)或(　　)。

20. 假若真空泵的真空度为 600mmHg，则折算成(　　)kPa 和(　　)kgf/cm^2。

21. 安全阀按气体排放方式可分为(　　)、(　　)和(　　)三种。

22. 通常卤素是指(　　)、(　　)、(　　)、(　　)、(　　)五种。

23. 单级离心泵开车时应关闭(　　)，再启动(　　)是为了防止(　　)过大而烧坏电动机。

24. 间壁两侧流体热交换中，流体的流动方式有(　　)、(　　)、(　　)和(　　)。

25. 动力消耗定额指生产单位产品所需(　　)、(　　)、(　　)和(　　)的消耗量。

26. 某装置中，若有大量的硫酸、硝酸泄漏，应用(　　)覆盖，不能用(　　)冲洗。

27. 蒸发操作的必备条件是必须不断地(　　　)和排除(　　)。

28. 通常压力表的指示值表示被测参数的(　　)，即(　　)。

29. 1 kcal/(kg·℃)=(　　)kJ/(kg·K)。

30. 在压力容器上通常的安全附件包括(　　)、(　　)、(　　)、(　　)、(　　)等。

31. 1 atm=(　　　)Pa=(　　)mmHg=(　　)kgf/cm^2。

32. 影响流体阻力的因素有(　　)、(　　)、(　　)和(　　)。

33. 传热的基本方式有(　　)、(　　)和(　　)。

34. 一般情况下，氮氧化物浓度超过(　　)时，会使人感到胸痛，当浓度达到(　　)时，可引起肺水肿，甚至造成急性中毒死亡。

35. 强酸、强碱及盐类是(　　)，而弱酸、弱碱及有机酸是(　　)。

36. 三相电源经(　　)改变交流电的频率，从而改变电动机的转速称为(　　)。

37. 真空泵曲轴箱内润滑油位应保持在(　　)液泣，气缸油杯滴加速度为(　　)滴/min。

38. 蒸发速度与(　　)、(　　)和(　　)有关。

39. 测量范围20~100℃表的下限为(　　)，上限值为(　　)，量程为(　　)。

40. 计算机在生产过程中使用时被称为(　　)，其主要用于(　　)、(　　)、(　　)和事故报警。

41. 气体压缩有：(　　)、(　　)和(　　　)过程，其单级压缩比不能(　　)。

42. 1cP=(　　)P=(　　)Pa·s=(　　)mPa·s。

43. 反应釜中搅拌器常见的有(　　)、(　　)、(　　)等。

44. 化工静设备根据工艺条件可分为(　　)、(　　)、(　　)、(　　)、(　　)。

45. 在液体内部和表面同时进行的汽化现象称为(　　)，其温度称为(　　)。

46. 工业上把含钙、镁盐较少的水称做(　　)，含钙、镁盐较多的水称为(　　)。

47. 热量衡算是为了计算热量(　　)和(　　)热能提供可靠的依据。

48. 工业企业噪声通常分为(　　)、(　　)和(　　)。

49. 安全生产管理的“三违”内容是指杜绝(　　)、(　　)和(　　)。

50. 转动设备运转之前必须(　　)。

51. 化工生产中，要做到勤检查、勤操作、勤联系，将工艺违反率控制在(　　)以下。

52. 大气一次污染物是指直接从污染源排放到大气中的有害物质。最常见的一次污染物有(　　)、(　　)、(　　)及颗粒物。

53. 烯烃的分子通式(　　)。

54. 延缓、防止聚合物在储存、运输、使用、加工过程中因氧化变质的化学物质叫(　　)。

55. 注射机由(　　)系统、(　　)系统和(　　)系统三大部分组成。

56. 影响化学平衡的主要因素有(　　)、(　　)和(　　)。

57. 事故管理中的三不放过内容是(　　)、(　　)、(　　)。

58. 目前工业上所用的流量仪表大致分为：(　　)、(　　)、(　　)三大类。

59. 生物膜法的主要设施是(　　)、(　　)和(　　)。

60. 化工生产要认真填写操作记录，差错率应控制在(　　)以下。

61. 挤出机按螺杆的配置可分为(　　)挤出机和(　　)挤出机。

62. 乙烯装置的分离方法主要有(　　)、(　　)、(　　)等。

63. 炼塑机可分为(　　)炼塑机和(　　)炼塑机两种。

64. 影响化学反应速度的主要因素有(　　)、(　　)、(　　)、(　　)。

65. 工业上换热方法按工作原理和设备类型可分为：(　　)、(　　)和(　　)换热。

66. 旋涡泵的特点是扬程(　　)、压力(　　)、流量(　　)。

67. 尿素[分子式为 $CO(NH_2)_2$]的相对分子质量是(　　)，其中各元素的质量比为(　　)，氮元素的百分含量是(　　)。

68. 正己烷在聚合生产时常作为一种(　　)，但因其(　　)且(　　)，因此对其安全问题也应予以充分重视。

69. 常用的具有温度补偿装置的列管换热器有(　　)换热器、(　　)换热器和(　　)换热器。

70. 压缩机通常在出口处连结(　　)，这样可使得排气管中气体(　　)，也能起到使气体中的(　　)出来。

71. 离心泵的流量调节有两种方法，即(　　)和(　　)。

72. 流体在流动过程中具有的机械能有(　　)、(　　)和(　　)。

73. 在多效蒸发的流程中，并流加料是指(　　)和(　　)，都是从第一效流到末效。

74. 压缩机的吸入口安装(　　)，是为了防止气体中夹带(　　)而造成对(　　)的磨损和刮伤。

75. 某泵的铭牌上写着 100D45×4，其中 D 表示(　　)系列代号，45 表示(　　)，4 表示(　　)。

76. 某换热器目的是加热冷流体，为减少热流体的热损失，管程应走(　　)壳程应走(　　)。

77. 在多效蒸发的流程中，平流加料是指各效都(　　)和(　　)。

78. 参加聚合反应的单体只有一种的反应称为(　　)反应，参加聚合反应的单体有两种以上的反应称为(　　)反应。

79. 高聚物改性的方法有(　　)、(　　)和(　　)。

80. 一般合成高分子化合物是由组成(结构单元)相同，而分子大小不等的同类聚合物组成的混合物，这种现象被称为高分子化合物的(　　)。

81. 自由基聚合物的反应历程一般包括(　　)、(　　)和(　　)等基元反应。此外还可能伴有(　　)反应。

82. 在化工生产中，对于偶然中毒的催化剂，通常可以用(　　)、(　　)或(　　)再生。

83. 废气处理方法有(　　)、(　　)、(　　)、(　　)。

84. 催化剂制备通常包括(　　)、(　　)、(　　)、(　　)等过程。

85. (　　)是控制化学品危害的最直接、最有效的方法。

四、简答题

1. 我国环境保护的三大政策是什么？

2. 什么是爆炸极限？写出乙烯、H_2、C_3H_8的爆炸极限？

3. 爆炸极限是否是一个固定值？为什么？
4. 什么叫稳定传热？什么叫不稳定传热？
5. 环保监测中的 COD 是指什么？
6. 简述流体的压强及其单位以及表压、绝压、真空度之间的关系？
7. 1211 灭火器的使用方法是什么？
8. 换热器在冬季如何防冻？
9. 循环冷却水如何防止结垢？
10. 放空阀的作用是什么？安装位置如何？
11. 泵自动停转的原因有哪些？出现了应怎样处理？
12. 手提式干粉火火器的使用方法是什么？
13. 怎样维护保养电气设备？
14. 倒淋阀的作用是什么？安装在什么位置？
15. 离心泵安装时应注意哪些事项？
16. 怎样进行疏水器的维护保养？
17. 泵打不出物料是什么原因？
18. 影响石油烃裂解的主要因素有哪些？
19. 阀门的作用、分类以及代号是什么？
20. 灭火的基本方法有哪些？
21. 什么是公用工程？
22. 管式换热器内流体通入管内、管间如何确定？
23. 石油化工装置为什么要定期进行停工检修？
24. 石油化工生产中的明火控制主要有哪些内容？
25. 聚合反应中的爆聚现象是怎么回事？如何防止？
26. 什么叫絮凝？
27. 浸渍法生产催化剂的生产原理是什么？
28. 载体在催化剂中主要起什么作用？
29. 离心泵的性能和结构有哪些特点？
30. 离心泵振动原因及处理办法是什么？
31. 什么是管路的特性曲线？
32. 往复泵的性能结构有哪些特点？
33. 热量传递过程的原理是什么？
34. 在流量一定的情况下，管径是否越小越好？为什么？
35. 在化工生产装置中，为什么要严格控制跑、冒、滴、漏现象？
36. 静止流体内部的压力变化有什么规律？
37. 强化传热速率的途径有哪些？其主要途径和采取措施是什么？
38. 何谓稳定流动和不稳定流动？
39. 对于“甲级”防火、防爆破区有哪些安全防护措施？
40. 何谓换热器的热负荷？
41. 蒸汽管线使用前为什么要暖管？

42. 电动机温度过高或冒烟的可能原因有哪些？
43. 怎样做好离心泵的维护保养工作？
44. 进入设备(塔、罐等)内部检修作业，应具备哪些条件，需办理哪些手续？
45. 怎样做好列管式换热器的维护保养工作？
46. 造成电动机轴承过热的原因有哪些？
47. 离心泵开车、停车的程序是？
48. 设备大修后应达到的标准是什么？
49. 水处理中常用的絮凝剂有哪些？
50. 水在石油产品中存在的状态主要有几种？
51. 石油化工厂区为什么禁止吸烟？
52. 什么是催化剂？
53. 举例说明什么是相对分子质量调节剂？
54. 操作蒸汽发生器要注意什么条件？
55. 什么叫转化率、产率和收率？
56. 什么叫换热器？常见的换热器有哪些？
57. 阻火设备由哪几部分组成？其作用是什么？
58. 什么叫高分子化合物？
59. 何谓填料密封？
60. 何谓机械密封？
61. 在自动调节系统中，变送器起什么作用？
62. 装置检修后在开车前应检查验收的主要项目有哪些？
63. 两台性能相同的离心泵并联与串联，在操作中有什么特点？在生产上有什么意义？
64. 简述釜式聚合反应器的主要排热方式。
65. 孔板(文氏)流量计与转子流量计的有什么区别？
66. 影响压缩机生产能力的因素有哪些？
67. 装置停工后检修加堵盲板的重要性是什么？
68. 影响传热膜系数的因素有哪些？
69. 什么叫过热蒸汽及蒸汽的过热度？
70. 论述气流输送的主要优点。

五、作图题

1. 画出离心泵特性曲线示意图。
2. 请画出两台同型号离心泵并联操作时的特性曲线示意图。
3. 请画出两台同型号离心泵串联操作时的特性曲线示意图。
4. 请画出某反应器的温度自动调节系统。
5. 请画出某精馏塔的进料流量自动调节系统。

六、计算题

1. 相对密度是0.9的重油沿内径156mm的钢管输送，如质量流量是50t/h，求体积流量和流速。

2. 在一密闭的容器内，盛有相对密度为1.2的溶液，液面上方的压强为 $P_0=100\text{kPa}$，求距液面 6m 处所受的压力强度是多少？

3. 如附图 6-1 所示，用水箱送水，水箱液面至水出口管垂直距离保持在 6.2m，管子内径为 100mm，若在流动过程中压头损失为 6mH_2O，试求管路输水量。（56.2m^3/h）

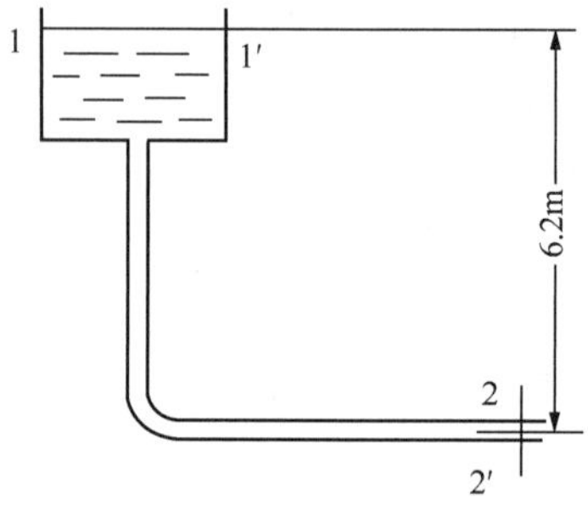

图 6-1　输水系统

4. 某离心泵运转时，测得排液量为 10 m^3/min，液体密度为 720kg/m^3，压力表和真空度读数分别为 343kN/ m^2，和 180mmHg(1mmHg = 133.322Pa)，吸入管和排出管内径分别为 400mm 和 350mm，泵的效率为 80%，试求泵的实际压头。

5. 有一面砖墙，厚度为 3600mm，面积为 20 m^2。设其内壁温度为 30℃，外壁温度为 0℃，砖的导热系数为 0.8W/(m·K)，试计算这面墙每小时向外界散失的热量。

6. 在某换热器中，用冷却水冷却高温流体，使高温流体由 380K 冷却到 340K，冷却水则由 280K 上升到 310K，试求：冷热流体并流和逆流时的平均温度差。

7. 在一换热器中，用压力 0.6MPa，温度 180℃的低压过热蒸汽间接加热某一介质。已知：蒸汽用量 3 t/h，汽化潜热 2091.1kJ/kg，蒸汽平均比热容 1.92kJ/kg·℃，0.6MPa 蒸汽的饱和温度 160℃、冷凝水温度 100℃，冷凝水平均比热容 4.6kJ/(kg·℃)，求每小时该换热器的换热量。

8. 一单程裂管式换热器，由直径为 $\phi 25\times 2.5$mm 的钢管束来组成。苯在换热器的管内流动，流量为 1.25kg/s，由 80℃冷却到 30℃，冷却水在管间和苯是逆流流动，进口水温为 20℃，出口不超过 50℃。若已知总传热系数为 K = 0.472kW/（m^2·℃）、苯的平均比热容为 1.9kJ/(kg·℃)，试求该换热器的传热面积。

9. 一反应器的加料量为 500kg/h，乙烯含量为 90%(质量)，反应尾气中乙烯含量为 40kg/h，求乙烯转化率。

10. 煤油裂解制乙烯和丙烯，煤油加料量 12t/h，得 2700kg/h 乙烯和 1500kg/h 丙烯，求乙烯和丙烯的产率。

11. 用 293K 的井水将某物料 2000kg/h 在一换热器内由 353K 冷却到 313 K，井水从换热器出口的温度 308K，问每小时需多少吨井水？（物料比热容为 1.67kJ/(kg·K)，井水的比热容为 4.18kJ/(kg·K)）。

12. 一台列管式换热器，由外径为 100mm，壁厚 2mm 的金属管组成，其导热系数为 46.5W/(m·K)，管内流体对流体传热系数为 1340W/(m^2·K)，管外为饱和蒸汽冷凝，对流传热系数 4640W/(m^2·K)，管子内壁和外壁各有一层污垢，内侧污垢热阻为 0.287(m^2·K)/kW，外侧污垢热阻为 0.216(m^2·K)/kW，求无垢层和有垢层时的传热系数。

13. 有一蒸汽管道长 100m，管外径为 170mm，外面有一保温层，其厚度为 60mm，导热系数为0.0697W/(m·K)，保温层内表面温度为563K，外表面温度为323K，求单位时间蒸汽管上的热损失。

14. 某油泵的吸入口管径 $\phi108\times4$，出口管径 $\phi86\times3$，油的相对密度为0.8，油在吸入管中流速为1.5m/s. 求油在出口管中的流速。

15. 10g含碳化钙85%的电石和30g水反应，可得多少升(标准状态)乙炔(Ca的原子量为40)。

七、论述题

1. 请论述离心泵内进入空气，会产生什么现象，如何消除。
2. 请论述离心泵的工作原理。
3. 请论述离心泵的汽蚀现象。
4. 请论述列管式换热器的正确使用方法。
5. 请论述正确使用离心泵的方法。
6. 请论述一下本体聚合的特点。
7. 请论述水灭火的原理。
8. 请论述压缩机的喘振。
9. 叙述回路状态变更，即手动、自动、串级的投用和切换操作方法。
10. 请论述工业上使用催化剂应具备的条件。
11. 请论述固体催化剂为什么要高温锻烧(即活化)。
12. 请论述二氧化碳灭火器的工作原理及使用方法。

6.1.3 参考答案

一、选择题

题号	1	2	3	4	5	6	7	8	9	10	11	12
答案	A	D	D	A	B	A	B	D	C	A	D	C
题号	13	14	15	16	17	18	19	20	21	22	23	24
答案	A	A	B	C	A	C	A	C	A	A	C	B
题号	25	26	27	28	29	30	31	32	33	34	35	36
答案	B	C	C	C	D	A	B	A	A	C	B	D
题号	37	38	39	40	41	42	43	44	45	46	47	48
答案	A	A	D	A	C	A	A	D	B	A	D	A
题号	49	50	51	52	53	54	55	56	57	58	59	60
答案	B	D	D	D	B	B	C	C	B	A	B	B
题号	61	62	63	64	65	66	67	68	69	70	71	72
答案	C	A	C	D	B	D	D	D	B	D	B	D
题号	73	74	75	76	77	78	79	80	81	82	83	84
答案	A	B	D	C	C	D	A	B	D	A	C	C
题号	85	86	87	88	89	90	91	92	93	94	95	96
答案	D	A	D	A	C	B	A	B	B	D	A	B
题号	97	98	99	100	101	102	103	104	105	106	107	108
答案	B	C	D	A	C	B	C	D	C	C	D	C
题号	109	110	111	112	113	114	115	116	117	118	119	120
答案	B	B	D	D	A	C	C	A	B	D	A	C

题号	121	122	123	124	125	126	127	128	129	130	131	132
答案	B	D	C	A	D	C	D	B	A	D	A	C
题号	133	134	135	136	137	138	139	140	141	142	143	144
答案	D	D	A	A	C	D	B	A	B	A	A	B
题号	145	146	147	148	149	150	151	152	153	154	155	156
答案	D	B	C	D	C	B	B	D	A	C	C	B
题号	157	158	159	160	161	162	163	164	165	166	167	168
答案	D	C	D	C	A	A	B	A	A	A	B	A
题号	169	170	171	172	173	174	175	176	177	178	179	180
答案	C	A	A	D	D	A	A	D	A	C	C	A
题号	181	182	183	184	185	186	187	188	189	190	191	192
答案	D	B	A	D	D	A	B	B	D	B	A	A
题号	193	194	195	196	197	198	199	200	201	202	203	204
答案	A	D	C	B	C	A	B	D	B	A	D	B
题号	205	206	207	208	209	210	211	212	213	214	215	216
答案	B	B	C	D	B	D	C	A	B	B	C	A
题号	217	218	219	220	221	222	223	224	225	226	227	228
答案	B	B	D	C	B	D	A	C	C	C	A	D
题号	229	230	231	232	233	234	235	236	237	238	239	240
答案	C	A	A	B	A	D	A	B	D	A	D	A
题号	241	242	243	244	245	246	247	248	249	250	251	252
答案	B	C	C	D	D	A	D	C	D	C	C	D
题号	253	254	255	256	257	258	259	260	261	262	263	264
答案	A	C	B	A	D	C	D	C	D	A	B	D
题号	265	266	267	268	269	270	271	272	273	274	275	276
答案	D	A	A	C	B	D	A	D	D	B	A	C
题号	277	278	279	280	281	282	283	284	285	286	287	288
答案	B	B	B	C	C	C	B	A	A	B	A	D
题号	289	290	291	292	293	294	295	296	297	298	299	300
答案	A	C	B	D	C	D	C	A	C	A	A	C
题号	301	302	303	304	305	306	307	308	309	310	311	312
答案	A	D	A	C	C	A	C	D	D	C	C	D
题号	313	314	315	316	317	318	319	320	321	322	323	324
答案	B	A	B	A	B	C	D	D	B	A	B	A
题号	325	326	327	328	329	330	331	332	333	334	335	336
答案	D	B	A	B	C	B	A	C	D	B	B	A
题号	337	338	339	340	341	342	343	344	345	346	347	348
答案	B	A	D	D	D	A	B	D	D	D	C	B
题号	349	350	351	352	353	354	355	356	357	358	359	360
答案	C	B	B	C	D	D	A	D	D	A	A	C
题号	361	362	363	364	365	366	367	368	369	370	371	372
答案	D	B	C	B	B	A	A	B	A	A	C	C
题号	373	374	375	376	377	378	379	380	381	382	383	384
答案	B	C	D	D	C	C	B	A	D	D	A	D
题号	385	386	387	388	389	390	391	392	393	394	395	396
答案	D	D	B	B	C	B	B	A	B	C	D	A

题号	397	398	399	400	401	402	403	404	405	406	407	408
答案	C	D	C	A	A	C	B	C	A	D	A	B
题号	409	410	411	412	413	414	415	416	417	418	419	420
答案	D	A	C	C	D	A	D	B	C	C	B	A
题号	421	422	423	424	425	426	427	428				
答案	D	B	A	C	D	B	A	C				

二、判断题

题号	1	2	3	4	5	6	7	8	9	10	11	12
答案	√	√	×	√	×	×	×	√	×	×	√	×
题号	13	14	15	16	17	18	19	20	21	22	23	24
答案	×	×	√	√	×	×	√	×	√	×	√	√
题号	25	26	27	28	29	30	31	32	33	34	35	36
答案	√	×	×	√	√	√	×	√	√	×	√	×
题号	37	38	39	40	41	42	43	44	45	46	47	48
答案	√	×	×	×	×	×	√	√	×	×	×	√
题号	49	50	51	52	53	54	55	56	57	58	59	60
答案	√	×	√	×	√	√	√	×	√	√	×	×
题号	61	62	63	64	65	66	67	68	69	70	71	72
答案	√	√	×	√	√	×	×	√	×	×	×	√
题号	73	74	75	76	77	78	79	80	81	82	83	84
答案	√	×	×	×	√	√	×	×	√	×	×	√
题号	85	86	87	88	89	90	91	92	93	94	95	96
答案	×	×	√	×	√	×	×	×	√	√	√	√
题号	97	98	99	100	101	102	103	104	105	106	107	108
答案	√	×	×	×	×	√	√	×	√	√	×	×
题号	109	110	111	112	113	114	115	116	117	118	119	120
答案	×	√	×	√	√	√	√	×	×	√	×	√
题号	121	122	123	124	125	126	127	128	129	130	131	132
答案	×	×	×	×	√	√	×	×	√	√	×	√
题号	133	134	135	136	137	138	139	140	141	142	143	144
答案	×	√	√	×	×	√	×	×	×	×	×	×
题号	145	146	147	148	149	150	151	152	153	154	155	156
答案	×	×	√	√	×	√	×	×	√	×	√	√
题号	157	158	159	160	161	162	163	164	165	166	167	168
答案	×	√	×	×	×	√	√	√	×	×	√	√
题号	169	170	171	172	173	174	175	176	177	178	179	180
答案	√	√	√	×	√	√	×	√	√	×	√	×
题号	181	182	183	184	185	186	187	188	189	190	191	192
答案	×	√	×	√	×	√	×	×	×	×	√	√
题号	193	194	195	196	197	198	199	200	201	202	203	204
答案	×	√	×	√	√	√	×	×	×	×	√	√
题号	205	206	207	208	209	210	211	212	213	214	215	216
答案	√	√	×	√	√	×	×	×	√	×	×	×

题号	217	218	219	220	221	222	223	224	225	226	227	228
答案	√	×	×	√	×	×	×	√	√	√	√	×
题号	229	230	231	232	233	234	235	236	237	238	239	240
答案	×	×	×	×	√	×	×	√	×	×	√	√
题号	241	242	243	244	245	246	247	248	249	250	251	252
答案	√	×	√	√	√	√	√	×	×	√	√	√
题号	253	254	255	256	257	258	259	260	261	262	263	264
答案	×	×	√	×	√	×	×	√	√	×	×	×
题号	265	266	267	268	269	270	271	272	273	274	275	276
答案	√	√	√	√	×	√	×	×	√	√	×	×
题号	277	278	279	280	281	282	283	284	285	286	287	288
答案	√	√	√	√	×	√	√	√	√	×	√	√
题号	289	290	291	292	293	294	295	296	297	298	299	300
答案	√	√	√	√	×	√	×	√	×	√	√	√
题号	301	302	303	304	305	306	307	308	309	310	311	312
答案	×	√	√	√	√	×	√	×	×	√	√	√
题号	313	314	315	316	317	318	319	320	321	322	323	324
答案	×	√	√	×	×	√	×	√	√	×	√	√
题号	325	326	327	328	329	330	331	332	333	334	335	336
答案	×	√	√	√	×	×	√	√	×	√	×	√
题号	337	338	339	340	341	342	343	344	345	346	347	348
答案	√	×	×	√	√	×	√	×	√	√	√	×
题号	349	350	351	352	353	354	355	356	357	358	359	360
答案	√	×	×	√	√	×	√	√	√	×	×	√
题号	361	362	363	364	365	366	367	368	369	370	371	372
答案	√	×	√	√	√	√	×	×	√	√	×	√
题号	373	374	375	376	377	378	379	380	381	382	383	384
答案	×	×	×	×	√	×	√	√	×	×	×	√
题号	385	386	387	388	389	390	391	392	393	394	395	396
答案	×	√	×	×	√	√	×	√	×	×	×	√
题号	397	398	399	400	401	402	403	404	405	406	407	408
答案	√	√	×	×	√	×	√	×	×	√	×	√
题号	409	410	411	412	413	414	415	416	417	418	419	420
答案	√	×	√	×	√	√	√	×	√	√	√	×
题号	421	422	423	424	425	426	427	428	429	430	431	432
答案	√	×	√	√	√	×	√	×	√	√	×	√
题号	433	434	435	436	437	438	439	440	441	442	443	444
答案	×	√	√	×	√	√	√	√	√	√	×	√
题号	445	446	447	448	449	450	451	452	453	454	455	456
答案	√	×	√	×	×	√	√	×	√	×	×	×
题号	457	458	459	460	461	462	463	464	465	466	467	468
答案	√	×	√	√	√	×	√	×	√	√	×	√

题号	469	470	471	472	473	474	475	476	477	478	479	480
答案	√	×	√	×	√	×	√	√	√	√	√	×
题号	481	482	483	484	485	486	487	488	489	490	491	492
答案	√	×	√	√	×	√	√	×	√	√	√	×
题号	493	494	495	496	497	498	499	500	501	502	503	504
答案	√	√	√	√	√	×	√	×	√	×	√	×
题号	505	506	507	508	509	510	511	512	513	514	515	516
答案	√	×	√	√	×	√	×	√	√	√	√	√
题号	517	518	519	520	521	522	523	524	525	526	527	528
答案	√	×	√	√	√	√	×	×	×	√	√	√
题号	529	530	531	532	533	534	535	536	537	538		
答案	×	×	√	√	√	×	√	√	×	√		

三、填空题

1. 全员、全过程、全方位、全天候
2. 懂结构、懂原理、懂性能、懂用途；会使用、会维护保养、会排除故障
3. 离心式、往复式、旋转式、流体作用式
4. 防治结合、以防为主、综合治理
5. 不稳定、磨损、劣化
6. 压缩机、鼓风机、通风机、真空泵
7. 填料函壳、泵轴、密封
8. 逆时针、顺时针
9. 壳程、管程
10. 浓度、温度
11. 链烷烃、烯烃、环烷烃、芳烃
12. 聚乙烯、聚苯乙烯、丙烯腈-丁二烯-苯乙烯共聚物
13. 物理原因、化学原因
14. 活性好、选择性高、寿命长
15. 管道中心线、越小、为零
16. 饱和蒸气压、外压、沸腾、沸点
17. 流量-扬程、流量-效率、流量-功率
18. 合成塑料、合成纤维、合成橡胶
19. 加热、冷却、沸腾、冷凝

20. 80. 04. 0. 82

21. 封闭、半封闭、敞开
22. 氟、氯、溴、碘、砹
23. 出口阀、电动机、电动机启动功率
24. 并流、逆流、错流、折流
25. 水、电、汽、燃料
26. 沙子、水

27. 加热、已经汽化的蒸汽
28. 静压强、表压
29. 4. 1868
30. 压力表、液面计、温度计、安全阀、防爆片
31. 1.013×10^5、760. 1. 033
32. 流动状态、管壁粗糙程度、管长、管径
33. 传导、对流、辐射
34. $25mg/Nm^3$、$100\sim200mg/Nm^3$
35. 强电解质、弱电解质
36. 变频器、变频调速
37. 2/3. 10～20
38. 温度、压力、蒸气分压
39. +20、+100. 80
40. 工业控制机、巡回检测、生产过程控制、自动开停车
41. 等温压缩、绝热压缩、多变压缩、大于 8
42. 10^{-2}、10^{-3}、1
43. 锚式、框式、挺进式
44. 塔、釜、罐、槽、换热器
45. 沸腾、沸点
46. 软水、硬水
47. 消耗定额、合理利用
48. 空气动力性噪声、机械性噪声、电磁性噪声
49. 违章指挥、违章作业、违反劳动纪律
50. 盘车
51. 2 ‰
52. 二氧化硫、二氧化碳、氮氧化物
53. C_nH_{2n}
54. 抗氧剂
55. 注射、锁模、模具
56. 温度、压力、浓度
57. 原因分析不清不放过、群众没有受教育不放过、没有制定防范措施不放过
58. 速度式、质量式、体积式
59. 生物滤池、生物转盘、生物接触氧化池
60. 1. 5‰
61. 单螺杆、双螺杆
62. 深冷分离、浅冷分离、油吸收法
63. 开放式、封闭式
64. 温度、压力、浓度、催化剂
65. 间壁式、直接接触混合式、蓄热式

66. 大、大、小
67. 60. 3 : 4 : 7 : 1. 67%
68. 溶剂、易挥发、有毒
69. 有补偿圈的固定管板式、U 形管式、浮头式
70. 缓冲罐、流速稳定、油和水沉降分离
71. 改变管路特性曲线、改变泵特性曲线
72. 动能、位能、静压能
73. 溶液、蒸汽
74. 过滤器、固体颗粒、气缸
75. 多级泵、每一级扬程、该泵级数
76. 热流体、冷流体
77. 加入原料液、放出浓缩液
78. 均聚、共聚
79. 物理方法、化学方法、物理化学方法
80. 多分散性
81. 链引发、链增长、链终止、链转移
82. 氧气、空气、水蒸气
83. 冷却、燃烧、吸收、吸附
84. 沉淀、浸渍、干燥、活化
85. 工程技术

四、简答题

1. 答：(1)预防为主、防治结合的政策；(2)谁污染，谁治理的政策；(3)强化环境管理的政策。

2. 答：可燃性气体、粉尘或可燃体的蒸汽与空气形成的混合物，遇火源发生爆炸的极限浓度称为爆炸极限。爆炸极限分爆炸上限和爆炸下限。

例如：C_2H_4爆炸极限：2.7%~36%；H_2爆炸极限：4.1%~74.2%；C_3H_8爆炸极限：2.3%~9.5%。

3. 答：爆炸极限不是一个固定值。因为它受初始温度、初始压力、惰性气体含量、容器的尺寸和火源的能量、性质及其他因素的多重影响。

4. 答：在传热过程中，传热面上各点的温度因位置的不同而不同，但温度不随时间而改变的称为稳定传热。在传热过程中，传热面上各点温度不但随位置变化，而且随时间变化的，称为不稳定传热。

5. 答：COD 即化学耗氧量，它表示工业废水中含有的有机物和可氧化无机物在规定条件下，被氧化所需水中的氧含量。单位是 mg/L。

6. 流体垂直作用于单位面积上的力称为流体的压力强度，简称压强。

用 P 表示。即：$P=F/A$　单位：N/m^2或 Pa

绝压=表压+大气压

真空度=大气压-绝压

7. 答：将手提式 1211 灭火器拿到起火地点，手提灭火器上部(不要颠倒)，用力紧握压把，开启阀门。储压在钢瓶内的灭火剂即可喷出。必须将喷嘴对准火源，左右扫射，并向前

推进，将火扑灭。当手放松时，压把受弹簧力作用恢复原位，阀门关闭，喷射停止。可重复开启灭火器阀门，也可以点射灭火。

8. 答：(1)所有冷却水换热器不管使用与否，均通冷却水，不得中断。上下水旁通阀稍开。(2)未投用的蒸汽加热器均通入少量蒸汽，凝液由倒淋阀连续排出。(3)长期不用的换热器，应将其中的介质倒空。

9. 答：防护措施主要有：对系统的补充水进行预处理，以降低进入系统补充水中的Ca、Mg离子含量；向循环冷却水中加入阻垢药剂。

10. 答：放空阀的作用是用于设备及系统的减压，应尽量做到不要将有毒有害可燃气体不经放空阀排入大气，而应将其并入火炬气管网，经燃烧后排空。放空阀应安装在设备及系统的最高处。

11. 答：(1)原因：①运转时间过长；②超负荷时间过长；③电机或泵发生故障。

(2) 处理：①换备用泵；②检查自动停止的泵，找出原因；③消除故障后，试运转，不能消除时应交设备维修钳工处理。

12. 答：将干粉灭火器提到起火点，上风头，上下颠倒两次。一只手握住喷嘴并对准火源，另一只手撕去铅封，拔动保险栓，干粉即可喷出。扑救地面油火时，左右摆动喷嘴由近及远，快速推进，要防止复燃。

13. 答：禁止把水、蒸汽和酸碱等腐蚀性液体或有机物料喷洒、滴漏在电气设备上。电机外壳温度高于50℃、轴承温升高于45℃或有火花、发出异常响声时，应立即通知电工检查处理。启动电机应先盘车，严禁用启动主机来代替盘车。

14. 答：倒淋阀的作用是用于设备及系统的最后倒空，蒸汽系统的倒淋阀，还用于排除冷凝液。倒淋阀应安装在设备及系统的最低处。

15. 答：(1)选择安装地点，要求靠近液源，场地明亮干燥，便于检修、拆装。(2)泵的地基要求坚实，一般用混凝土地基，地脚螺丝连接，防止震动。(3)泵轴和电机转轴要严格保持水平。(4)吸入管路应严格控制好安装高度，并应尽量减少弯头、阀门等局部阻力，吸入管的直径不应小于泵进口的直径。

16. 答：(1)安装正确，使用蒸汽进口压力不得高于疏水器的公称压力；(2)保持疏水器的静密封点无泄漏，部件动作灵活，外观清洁，漏气率<3%；(3)定期检查阀片、阀座及过滤网的磨损情况，清除铁锈和污垢；(4)完好率应保持在95%以上。

17. 答：原因是泵内有气体；出口阀管线堵塞；入口阀门管线堵塞；输送物料温度过高，易挥发或灌注压力不足。

18. 答：主要有裂解原料的特点、裂解反应条件(如裂解温度、停留时间、烃分压等)以及裂解反应器的形式和结构等。

19. 答：阀门是调节流体流量的装置，可使管中流体暂时停止运动或限制其流量，以满足工艺需要。常用的阀门有以下几种：闸阀(Z)、截止阀(J)、旋塞阀(考克)(X)、单向阀(止回阀)(H)、减压阀(Y)、安全阀(A)、疏水阀(S)、调节阀(T)。

20. 答：(1)隔离法；(2)窒息法；(3)冷却法。

21. 答：引入各个生产装置的加热蒸汽(低压和中压)、冷却水(过滤水、循环水、7℃水、软水)、压缩空气、氮气、冷冻盐水等系统，因各个生产装置、生产过程中都要使用，故称之为公用工程。

22. 答：

（1）不清洁容易结垢的流体走管内；

（2）流量小的或不易传热的流体走管内；

（3）腐蚀性的液体走管内；

（4）压力高的液体走管内；

(5)被冷却液体适宜走管间；

(6)黏度大的液体易走管间；

(7)饱和蒸汽走管间，以便于排除冷凝液。

23. 答：在石油和化工企业中，设备经过长周期转运，会出现泄漏、磨损、结垢、堵塞、变形等问题，为了实现安全生产，提高设备效率，降低消耗，保证产品质量，获取最大经济效益，必须做到有计划地对装置进行定期的停工检修。

24. 答：

（1）尽量避免明火加热易燃液体；

（2）在储罐和管道内作业，应避免使用普通照明；

（3）在生产装置内尽量避免焊接、切割作业；

（4）在积存可燃气体和蒸汽的管沟、下水道、渠坑及附近，应尽量避免明火作业；

（5）避免利用生产设备、管线做电焊地线；

（6）应控制生产区域内明火熬炼设备；

（7）应避免生产区域机动车辆的排气喷火；

（8）厂内严禁吸烟。

25. 答：所谓爆聚是指聚合反应在很短时间就完成，并且伴随着大量热能的释放和气体的产生。爆聚的主要条件是温度，当其温度达到某一值后，聚合反应无法控制就产生爆聚。转化率的高低是爆聚发生的辅助条件，转化率越高，越易促使发生爆聚。防止发生爆聚的主要手段是熟知物料聚合特性、控制反应温度及引发剂的加入量，对于悬浮聚合还须注意搅拌转速和稳定体系的有效性。

26. 答：高分子混凝剂溶于水后，会产生水解和缩聚反应而形成高聚物，继而通过这些高分子聚合物的吸附架桥从而使微粒相互黏结，逐步变大的过程即为絮凝。

27. 答：原理是固体的孔隙与液体接触时，由于表面胀力的作用而产生毛细压力，使得液体渗透至毛细管内部，液体中活性组分被吸附于载体表面上。

28. 答：

（1）提供有效表面和适合的孔结构；

（2）使催化裂获得一定的机械强度；

（3）提高催化剂的热稳定性；

（4）和活性组分作用形成新化合物；

（5）节省活性组分用量。

29. 答：

（1）流量均匀，压力稳定；

（2）扬程和流量大小，决定于叶轮外径和转速；

（3）自吸能力差，易产生汽蚀现象；

(4) 转速高；
(5) 在低流量下效率较低，但在设计点，效率较高，大型泵效率较高；
(6) 通常采用开关出口阀的方法调节流量；
(7) 适用于要求流量大，扬程低，黏度较小的液体输送。

30. 答：
(1) 地脚螺栓或垫铁松动；
(2) 泵与原动机中心不对，或对轮螺丝尺寸不符合要求；
(3) 转子平面不对，叶轮损坏，流道堵塞；平衡管堵塞；
(4) 泵进出口管线配置不良，固定不良；
(5) 轴承损坏，滑动轴承没有紧力，或轴承间隙过大；
(6) 汽蚀，抽空，大泵打小流量；
(7) 转子与定子部件发生摩擦；
(8) 泵内部构件松动。
消除方法：
(1) 拧紧螺栓，点焊垫铁；
(2) 重新校中心，更换对轮螺丝；
(3) 校对平衡，更换叶轮，疏通流道；
(4) 重新配置管线并固定好；
(5) 更换轴承，调整紧力，加铜片调整间隙；
(6) 提高进口压力，开大进口阀，接旁通管；
(7) 修理，调整；
(8) 解体并紧固。

31. 答：对于某一管路(不包括管路的设备、孔板、仪表等)输送某种液体时，流量 Q 和需要的压头 H 是对应的，如果把通过此管路的不同流量和需要的相应压头 H 之间的关系在直角平面上用曲线表示出来，这条曲线就是该管路的特性曲线。

32. 答：
(1) 流量小而不均匀；
(2) 扬程大；
(3) 流量和扬程几乎无关，轴功率随流量和扬程而变化；
(4) 吸上高度大，不易产生抽空现象，有自吸能力；
(5) 效率较高；
(6) 结构复杂，易损件多，耗用金属量大，维修麻烦，占地面积大，基础大；
(7) 适用于流量较小，扬程要求高，黏度较大的液体输送，但不适宜于含有固体杂质的液体。

33. 答：在热量传递过程中，热传导是由物体本身分子或电子的微观运动使得热量从物体温度较高的部分传递到温度较低部分的过程，是固体或静止以及层流流体的主要传热方式；热对流是当流体发生宏观运动时，利用流体质点的运动碰撞、混合而引起的传热过程，是流动流体的主要传热方式；热辐射是利用物体本身发射的电磁波在空间的传递来传递热量，主要发生在温度差别很大的情况下。

34. 答：不是。因为流量不变时，流速大，则管径小，管材投资小；但管径如果缩小 1 倍，其他条件不变，则管路上的压头损失将增大到原来的 32 倍，使得动力消耗增大很多。

35. 答：在化工生产装置中，原料、中间产品、产品等一般均属易燃、易爆、有毒物质和具有腐蚀性物质，如果这些物质在现场扩散，极易发生如烫伤、中毒及火灾、爆炸事故，因此在生产中及时消除跑、冒、滴、漏是防止事故发生的有效手段，同时也是减少浪费、降低成本、提高经济效益的重要措施。

36. 答：

（1）静止流体内部任一点的压强，与流体的性质以及该点距离液面的深度（垂直距离）有关；

（2）静止流体同一水平面上的各点所受压强相等；

（3）当液体上方的压强 P_0 有变化时，其他各点的压强将发生同样大小的变化。

37. 答：提高传热速率的途径：

（1）提高传热温度差；

（2）增加传热面积；

（3）提高传热系数 K。其主要途径是提高传热系数 K，可采取提高那个较小的对流传热膜系数，即增大其流速和防止结垢，来达到及时除垢得目的。

38. 答：流体在管道中流动时，任一截面处的流速、流量和压强等物理量均不随时间而变化，但可随位置变化而变的称为稳定流动。流体在管道中流动时，任一截面处的流速、流量和压强等物理量均随时间而变化，也可随位置的变化而变化者称为不稳定流动。

39. 答：安全防护措施：

（1）罐区设置可燃气超限报警仪；

（2）罐顶设置液位超限报警仪；

（3）设有避雷针；

（4）罐顶装有阻火器、呼吸阀、安全阀；

（5）罐底出口阀后装有金属软管；

（6）罐壁上部设有泡沫消防栓；

（7）罐区所属电气设备均采用防爆型。

40. 答：在一台换热器内，冷热流体单位时间所交换的热量是根据生产上换热任务的要求提出的，即工艺对换热器提出的换热要求，称为换热器的热负荷。

41. 答：蒸汽管道使用前必须充分暖管。因为第一次使用或停用一段时间后再使用，不暖管会因热膨胀不均匀而导致管线损坏。蒸汽凝液来不及排出易造成水锤，使管线、管托等损坏。中压蒸汽管线暖管至少 2h，高压蒸汽暖管至少 5h，确认各倒淋阀无水排出。高压蒸汽暖至主汽阀时，其温度必须大于 390℃。

42. 答：（1）过载。（2）单相运行。（3）电源电压过低或电机接线错误。（4）定子绕组接地或匝间、相间短路。（5）定子、转子相碰。（6）绕组型转子电动机转子线圈接头松脱或鼠笼型转子断条。（7）通风不畅。

43. 答：

（1）经常检查泵内有无杂音和振动现象，发现后应及时检修。

（2）经常注意压力表和电流表的指针摆动情况，超过规定指标应立即查明原因并处理之。

(3) 按时检查密封泄漏情况，泄漏严重应停泵检查动静密封环磨损情况，如属于填料密封应调整压盖的压力。

(4) 保持泵体和电动机清洁，润滑良好。

44. 答：(1)具备条件：①进入设备作业前，应切断电源并由配电室挂出“有人工作请勿合闸”的警告牌。②切断物料来源，倒空物料并加盲板，用 N_2 进行置换，空气吹扫直到可燃物气体和氧含量合格为止。③配置安排监视人员，确定设备内外联系的方式或方法。④打开设备人孔或通风孔，保持设备内空气流通。

(2) 办理手续：①必须做好设备内气体测定工作。可燃物含量在 0.1%以下，氧含量在18%以上。②办理《进入设备作业证》。

45. 答：

(1) 保持主体设备外部整洁，保温层和油漆完好。

(2) 保持压力表、温度计、安全阀和液位计等附件齐全、灵敏、准确。

(3) 发现法兰口和阀门有渗漏时，应抓紧消除。

(4) 开停换热器时，不应将蒸汽阀门和被加热介质阀门开得太猛，否则容易造成外壳与列管伸缩不一，产生热应力，使局部焊缝开裂或管子胀口松弛。

(5) 尽量减少换热器开停次数，停止使用时应将内部水和液体排放干净，防止冻裂和腐蚀。

(6) 定期测量换热器的壁厚，一般两年一次。

46. 答：

(1) 轴承损坏；

(2) 滚动轴承润滑油过多、缺少或有杂质；

(3) 滑动轴承润滑油不够、有杂质或油环卡住；

(4) 轴承与轴配合过松或过紧；

(5) 轴承与端盖配合过松或过紧；

(6) 电机两侧端盖或轴承没有装配好；

(7) 皮带过松或联轴器装置不良。

47. 答：(1) 开车程序：①首先检查电机的转动方向是否正确；②检查油箱的油位，油位应保持在 1/2~2/3；③盘车正常(有冷却装置的，应通上冷却水)；④打开入口活门，排出泵内气体；⑤启动电机，开压力表，慢慢打开出口阀门，调节到所需位置。

(2) 停车程序：①关闭出口阀门，停电机；②关闭入口阀门及压力表，冷却水；③倒空泵内液体。

48. 答：

(1) 运转正常，并达到铭牌标定的额定能力；

(2) 零附件齐全完整，质量符合要求；

(3) 设备整洁，无跑冒滴漏现象，防腐防冻保温完整。

49. 答：水处理中常用的絮凝剂有阴离子型聚丙烯酰胺、阳离子型聚丙烯酰胺、非离子型聚丙烯酰胺等。

50. 答：有三种。悬浮状、乳化状和溶解状。

51. 答：烟头的表面温度为200~300℃，中心温度可达700~800℃，超过了一般可燃物的燃点。石油化工厂区内生产、储有大量的易燃物料，易引起火灾、爆炸造成严重后果。

52. 答：催化剂是指一种参加化学反应的局外物质。能改变反应速度亦能控制反应选择性和产物，而其本身反应前后没有变化的物质称为催化剂。

53. 答：一种调节或控制聚合物相对分子质量大小并抑制交化和交联反应的物质叫相对分子质量调节剂。常用的相对分子质量调节剂是叔十二碳硫醇。

54. 答：

(1) 注意保持器内有合适水位，不能让加热管干烧而烧毁；

(2) 注意压力不超压；

(3) 注意电源不短路。

55. 答：参加反应原料量与投入反应原料量的百分比叫转化率。产率是生成目的产物的原料量占参加反应原料量的百分比。收率是指生成产物的原料量占投入反应原料量的百分比。

56. 答：换热器主要指用来完成介质热量交换的容器。常用换热器有废热锅炉、热交换器、冷却器、冷凝器、蒸发器、加热器等。

57. 答：阻火设备包括安全液封，阻火器和单向阀等。其作用是防止外部火焰窜入有燃烧爆炸危险的设备、管道、容器，以阻止火焰在设备和管道间扩展。

58. 答：所谓高分子化合物是指相对分子质量在一万以上，主要以共价键连接起来的化合物，高分子化合物又称为大分子或高分子，而人工合成的高分子化合物通常简称聚合物。聚合物是由一种或几种结构单元通过共价键连接起来的相对分子质量很高的化合物，高聚物指由许多相同的、简单的结构单元通过共价键重复连接而成的高相对分子质量的化合物。

59. 答：填料密封是最常见的密封装置之一，主要由填料套、填料环、填料、压盖、长扣双头螺丝所组成。填料密封主要靠填料压盖压紧填料，并迫使它产生变形，以达到密封目的。

60. 答：机械密封又称端面密封，主要由动环、静环、胶圈组成。密封的目的是靠动环与静环端面间紧密接触来实现的。动环是和轴一起旋转的，静环与座固定联接，两端面间的紧贴程度，可通过弹簧调节。

61. 答：在自动调节系统中，变送器把化工操作参数测量出来，并把它变成统一的气信号或电信号，送到二次仪表显示出当时的测量参数数值。同时将这个信号送到调节器，去与调节器的给定信号相比较产生一个偏差值，作为调节器的输出信号。

62. 答：检查验收的主要内容包括：检修项目是否全部完工，质量合格；脚手架，临时电线是否全部拆除；施工机具是否全部运走，传运机具是否移至装置外围；梯子、平台、栏杆是否完整；安全装置是否齐备、灵敏、好用；照明(包括事故照明)是否正常；地沟盖板及下水井盖是否全部盖好，道路是否畅通；消防设备是否齐全完好；地面是否平整清洁，门窗是否完整，玻璃是否明亮；工具备件是否齐备；水、电、蒸汽、风、氮气、通讯等是否正常。达到上述验收条件，才能准备开工，否则不得开工。

63. 答：在生产上，当一单台离心泵满足不了生产需要时，可采用并联或串联操作，解决生产难题，确保安、稳、长、满、优生产。在生产中，当流量要求增大，原有的一台泵不能满足需要或生产过程中流量要求变化大时，采用并联操作是有意义的。两台相同规格的泵并联使用后，所获得的流量并不是每台泵在同一管路单独使用时的两倍，且并联台数越多，流量增加越少。在生产中，当遇到要在几乎不变的流量下获得一台泵所不能达到的压头或原有设备不能满足要求或吸液位变化较大时都可采用串联操作，以满足应急需要。

64. 答：釜式聚合反应器的排热方式是多样的，主要有：

（1）夹套冷却；

（2）夹套附加内冷管冷却；

（3）内冷管冷却；

（4）反应物料釜外循环冷却；

（5）回流冷凝器冷却；

（6）反应物料部分闪蒸；

（7）反应介质预冷。

65. 答：前者的节流口面积不变，流体流经节流口所产生的压强差随流量不同而变化。因此，可通过流量计的压差计读数来反映流量的大小。而后者是使流体流经节流口所产生压强差保持恒定，而节流口的面积随流量而变化。由此，变动的截面积可以来反映流量的大小，即根据转子所处位置的高低来读取流量。

66. 答：影响压缩的主要因素：

（1）压缩机入口压力、温度及入口气体中有效气体含量；

（2）气缸的余隙容积及气缸出入口阀的泄漏和阻力；

（3）活塞环的泄漏；

（4）冷却效率及气液分离器的排液状况；

（5）循环量的大小以及其他点的跑、冒、滴、漏状况。

67. 答：石油化工生产装置之间，装置与贮罐之间纵横连通。为确保安全生产，停工检修时，必须用盲板加以隔绝，不加盲板只靠阀门是不行的。因为阀门经过长期的化学介质冲刷、腐蚀、结垢或杂质的结存等因素，很难保证严格密封，一旦有物料窜通，易燃易爆物料遇上明火便会引起装置爆炸着火事故，如果是有毒或窒息性物料，人在设备内工作，就会造成中毒或窒息死亡。

68. 答：影响传热膜系数的因素很多，其中主要有：

（1）流体的种类；

（2）流体的性质；

（3）流体的运动状态；

（4）流体的对流状况；

（5）传热壁的形状、位置与大小。

69. 答：对于饱和蒸汽在一定的压力下继续加热，此时蒸汽温度继续升高就得到了过热蒸汽。因此凡温度高于同压下饱和蒸汽温度的蒸汽叫做过热蒸汽。过热蒸汽与同样压力下的饱和蒸汽温度差叫过热蒸汽的过热度。

70. 答：

（1）密闭性好，可以防止被输送物料受潮、污染，也能防止粉尘和有害气体对环境的污染；

（2）在输送过程和终端，可以同时进行对被输送物料的加热、冷却、混合、粉碎、干燥等操作；

（3）设备简单，占地面积小，操作方便，并易于实现自动化。

五、作图题

1. 离心泵特性曲线，见图 6-2 所示。

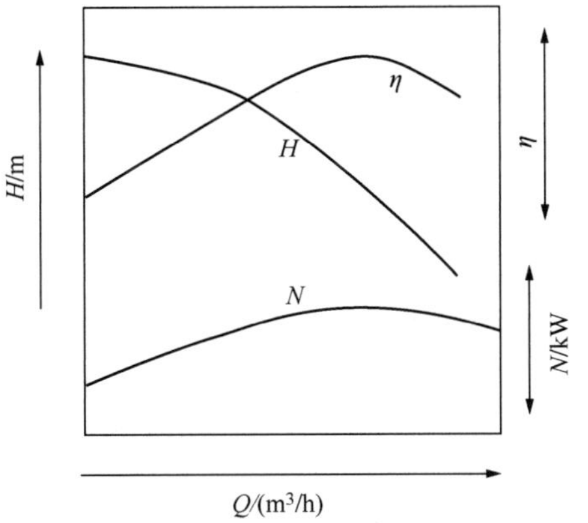

图 6-2　离心泵的特性曲线

2. 两台同型号离心泵并联操作时的特性曲线示意图见图 6-3。

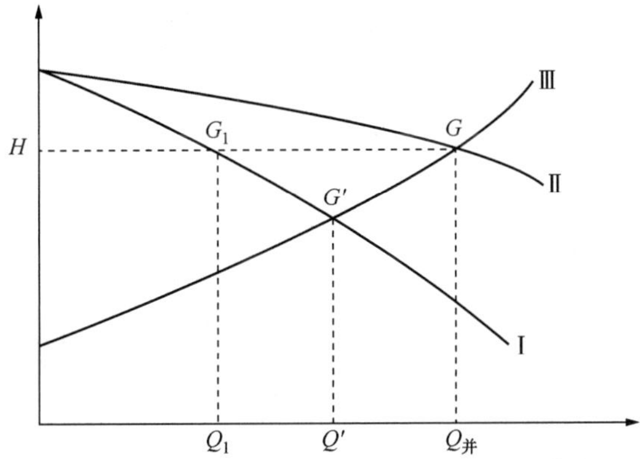

图 6-3　两台同型号离心泵并联时的特性曲线

曲线Ⅰ为单台泵的特性曲线，点 G' 为其工作点。

曲线Ⅱ为两台泵并联后的特性曲线，点 G 为其工作点。

3. 两台同型号离心泵串联操作时的特性曲线示意图见图 6-4。

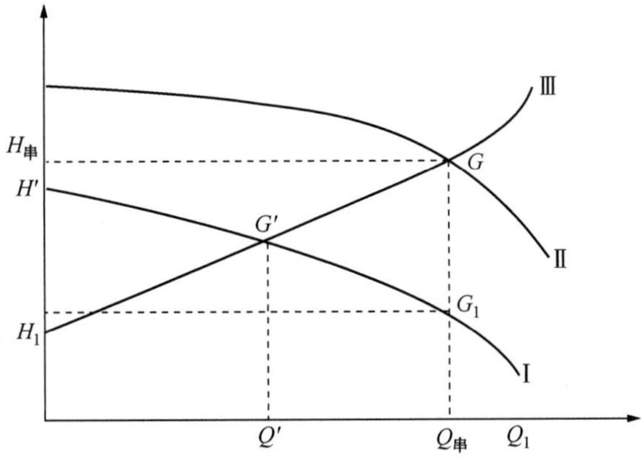

图 6-4　两台同型号离心泵串联操作时的特性曲线

曲线Ⅰ为单台泵的特性曲线，点 G' 为其工作点。

曲线Ⅱ为两台泵串联后的特性曲线，点 G 为其工作点。

4. 某反应器的温度自动调节系统见图 6-5。

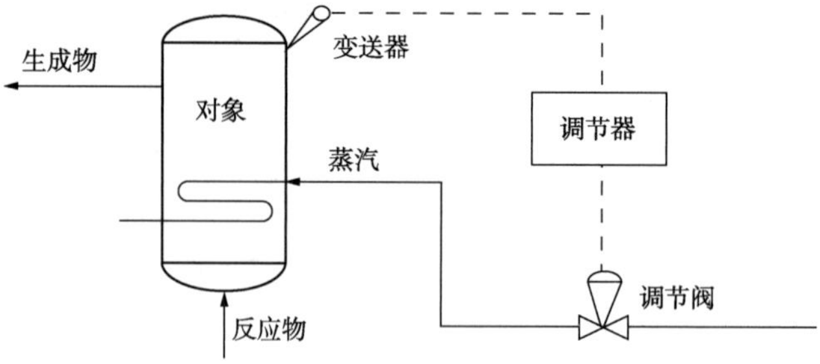

图 6-5　某反应器的温度自动调节系统

5. 某精馏塔的进料流量自动调节系统见图 6-6。

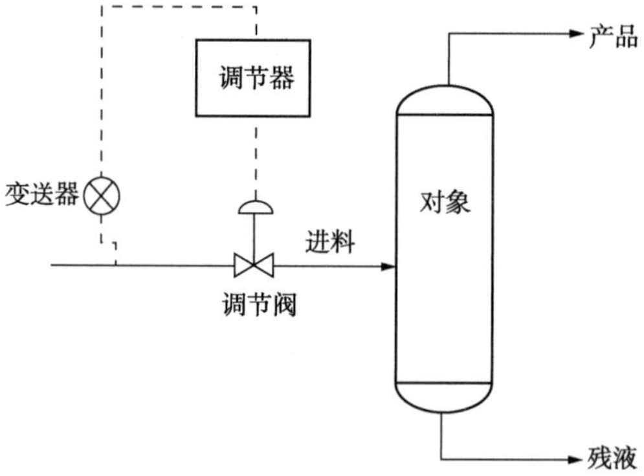

图 6-6　某精馏塔的进料量自动调节系统

六、计算题

1. 55. 6m³/h，0. 81m/s。
2. 170. 6kPa。
3. 56. 2m³/h。
4. 52. 0m
5. 4. 8×10⁵J/h。
6. 并流 58. 3K，逆流 65K。
7. 7216448kJ。
8. 13. 8m²。
9. 91. 1%
10. 乙烯收率 22. 5%，丙烯收率 12. 5%。
11. 2. 127t/h。
12. 994W/(m²·K)，663W/(m²·K)。
13. 20129W。
14. 2. 35m/s。
15. 2. 98L。

七、论述题

1. 答：离心泵内进入空气，首先泵体有异常响声或有振动，泵出口压力、流量均偏低，甚至打不上流体。这时应停机检查进口管路有无渗漏，消除后重新开车，一定要先待泵体内充满液体排净气体后，再开启电机和出口阀调节流量。

2. 答：离心泵在泵内充满液体的情况下，叶轮旋转产生离心力，叶轮流道中的液体在离心力的作用下被甩向外围流进泵壳，液体在叶轮上获得能量。由于叶轮中心液体被甩出而压力降低，这个压力低于液面处的压力，液体在压力差推动下，经进料管吸入泵内，当叶轮不断地旋转时，液体就能连续不断地从叶轮中心吸入，获得一定的能量后连续不断地排出。在泵壳内由于流道不断扩大，进一步将液体的动能转化为静压能，从而将高压的液体输送出去。

3. 答：当叶轮入口处压力低到与操作温度下液体饱和蒸气压相等时，便会引起一部分液体汽化。汽化后气泡进入压力较高的区域时，受压突然凝结或破裂，气泡所在的空间形成真空，周围液体质点向此处补充，造成水力冲击，天长日久使泵壳、叶轮烂成海绵状，这种现象称为汽蚀现象。

4. 答：

（1）投产前应检查压力表、温度计、安全阀、液位计以及有关阀门是否齐全完好。

（2）送蒸汽之前应先打开冷凝水排放阀门，排除积水和污垢，打开放空阀，排除空气和不凝结气体。

（3）换热器投产时，应先打开冷态工作液体阀门和放空阀向其注液，当液面达到规定位置时，缓慢或分数次开启蒸汽或热态其他液体阀门，做到先预热后加热，骤冷骤热会降低换热器的使用寿命。

（4）经常检查冷热两种工作介质的进出口温度压力变化，发现温度压力有变化，要立即查明原因，消除故障。

（5）定时分析介质成分变化，以确定有无漏管，以便及时堵管或换管。

（6）定时检查换热器有无渗漏，外壳有无变形及有无振动现象，若有应及时排除。

（7）定时排出不凝结气体和冷凝液。并要根据换热效率下降情况及时地刷洗掉结垢，以提高传热效率。

5. 答：

（1）开泵前向轴承加注润滑油，关闭出口阀门，打开排气阀，向泵内注满输送液体，用手盘车检查轴转动是否灵快。

（2）启动泵后，观察压力大小是否达到规定值，待运转正常后，缓慢地开大出口阀门，使压力平稳上升。

（3）经常检查填料函和轴承的温度，防止泵轴磨损和轴承烧坏。

（4）泵内无液体时，切不可运转，更不能开反转，否则会损伤叶轮和轴套松扣。

（5）出口阀门关闭后，泵的运转时间不能太长，不然泵会发热。

（6）在北方地区寒冷季节，停泵后应将泵内的液体放净，并冲洗干净，防止将泵体冻裂或冻结。

6. 答：本体聚合的配方主要成分是单体引发剂，聚合机理则遵循自由基聚合的一般机理，但因无散热介质存在，同时伴随着聚合反应的进行，体系黏度不断增大，反应热难于排出。因此，容易产生局部过热，致使产品变色，发生气泡甚至爆聚。由于反应体系黏度高，分子扩散困难，反应温度不易恒定，所以反应产物的相对分子质量分散性较大。加之有未参加反应的单体和引发剂，故产品容易老化。但本体聚合具有产品纯度高，生产快速，工艺流程短，设备少，工序简单等优点，可生产透明浅色制品，宜制板材和型材。

7. 答：

（1）水能够冷却燃烧物质，水的热容和汽化热较大，加热 1kg 水，使其温度升高 1℃需要 1kcal(1kcal = 4.186kJ) 热量。水能够从燃烧物质中吸收大量的热，降低燃烧区物质的温度。

（2）水蒸气能隔绝空气，使燃烧窒息。1kg 水能生成 1720L 水蒸气。水蒸气能够阻止空气进入燃烧区，并减少燃烧区中氧酸含量，从而降低助燃作用。

（3）水在机械作用下有很大的冲力，水流强烈地冲击火焰，使火焰中断而熄灭。

（4）水能够稀释某些液体，冲淡燃烧区内可燃气体的浓度，降低燃烧强度，并能浸湿未燃烧的物质，使之难以燃烧。

8. 答：产生压缩机喘振的原因：

（1）运行点落入喘振区或距喘振边界太近；

（2）防喘振裕度设定不够；

（3）吸入流量不足；

（4）压缩机出口气体系统压力超高；

（5）工况变化时返回阀未能及时打开；

（6）返回阀未投自动(包括现场)；

（7）升速升压过快；

（8）降速未先降压；

（9）气体性质改变或气体状态严重改变；

（10）气体相对分子质量减小；

（11）吸入温度升高；

（12）吸入压力减小；

（13）压缩机出口管线上止逆阀失灵。

9. 答：

（1）手动、自动切换：调节器在手动状态时，按调节器下面对应的自动键和确认键，使调节器由手动状态切换到自动状态运转；调节器在自动状态时，按调节器下面相对应的手动键和确认键，使调节器自动状态切换到手动状态。

（2）自动、串级切换：调节器在自动状态时，按串级键，并按确认键，使调节仪表投入串级运行；调节器在串级状态时，按调节器相对应的自动键，并按确认键，使调节器由串级切换到自动状态运行。

（3）由串级直接切到手动状态：调节器在串级状态运行时，按调节器下面相对应的手动键，并按确认键，使调节器由串级直接切换到手动状态运行。

10. 答：

（1）活性好并稳定、选择性高；

（2）寿命长且耐毒耐热；

(3)具有足够的机械强度和合理的流体流动性；

(4) 要有再生性；

(5) 要造价低廉，处理容易。

11. 答：其目的是：

(1) 除掉催化剂中易挥发组分，保留一定化学组成，从而使催化剂具有稳定的活性；

(2) 使催化剂保持一定晶型、晶粒大小、孔结构和比表面；

(3)提高机械强度。

12. 答：二氧化碳是一种比空气重、不燃烧的窒息性气体。它不含水分、不导电。适宜用来扑救电气、精密仪器和珍贵物品及液体的火灾。二氧化碳灭火器是将二氧化碳加压成液体装入耐压钢瓶而成。瓶内压力为12.5MPa。使用时开启开关，液态二氧化碳喷出，由于减压迅速汽化，体积比原来膨胀450倍，并吸收大量热量，使气体凝成雪花状，温度约为-78℃，当雪花覆盖在燃烧物上时，可以迅速使二氧化碳气体密布在燃烧物的周围。当二氧化碳在空气中的含量达到12%~15%时，火焰会立即熄灭。使用二氧化碳灭火器时，手要握在喷筒的木柄上，防止冻伤皮肤。使用时注意通风，二氧化碳灭火器喷射距离较近，一般只有2~3m，喷射时应接近火源。

6.2　相关技能实训项目

6.2.1　技能训练1　离心泵仿真操作

- **训练目标**

1. 了解离心泵的工作原理和本单元的工艺流程，掌握离心泵开车、停车和事故处理的操作方法；

2. 掌握调节器的操作法与控制方案；

3. 分程控制原理、特点与操作方法；

4. 旁通阀作用和调节阀前后阀的开闭顺序；

5. 投运行(自动)原则与方法。

- **工艺流程**

本工艺为单独训练离心泵的操作而设计，其工艺流程如下：

来自某一设备约40℃的带压液体经调节阀LV101进入带压罐V101，罐液位由液位控制器LIC101通过调节V101的进料量来控制。罐内压力由PIC101分程控制，PV101A、PV101B分别调节进入V101和出V101的氮气量，从而保持罐压恒定在5.0atm(表)(1atm=101.325kPa)。罐内液体由泵P101A/B抽出，泵出口流量在流量调节器FIC101的控制下输送到其他设备。见图6-7所示。

- **实训要领**

1. 冷态开车过程：包括盘车、V101充液充压、PIC101投自动、灌泵排气、启动离心泵、打开出口阀(注意条件)、调整各参数达正常后投自动。

2. 事故处理过程：包括泵坏、阀卡、管堵、汽蚀、气缚现象事故判断方法与处理方法。

3. 正常停车与紧急停车过程：包括停进料、停泵、泵泄液、储槽泄液泄压等操作。

4. 正常运行过程：主要维持各工艺参数稳定运行，密切注意参数变化。

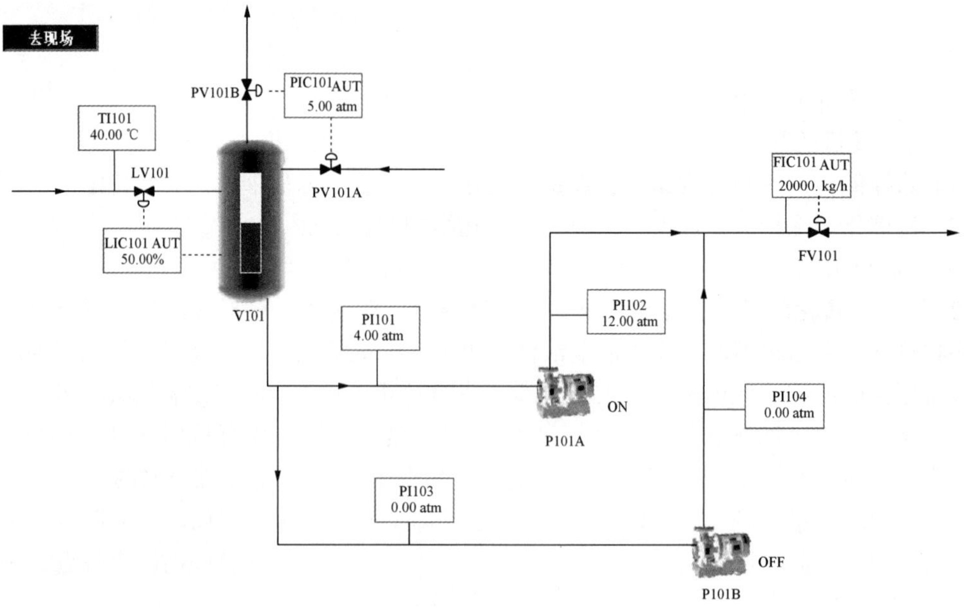

图 6-7　离心泵仿真操作实训流程图

1atm = 101. 325kPa

- **思考与分析**

1. 什么叫汽蚀现象？汽蚀现象有什么破坏作用？
2. 为什么启动前一定要将离心泵灌满输送液体？
3. 离心泵在启动和停止运行时泵的出口阀应处于什么状态？为什么？
4. 泵 P101A 和泵 P101B 在进行切换时，应如何调节其出口阀 VD04 和 VD08？为什么要这样做？
5. 离心泵出口压力过高或过低应如何调节？

6.2.2　技能训练 2　单级压缩机仿真操作

- **训练目标**

1. 了解单级压缩机分类、工作原理、结构及其工艺流程。
2. 了解单级压缩机的喘振现象、喘振的危害及防喘振的方法。
3. 掌握单级压缩机的冷态开车、正常停车及常见事故处理的操作方法。

- **工艺流程**

在生产过程中产生的压力为 1. 2~1. 6kgf/cm^2(绝)(1kgf/cm^2 = 98. 066kPa)，温度为 30℃左右的低压甲烷经 VD01 阀进入甲烷贮罐 FA311，罐内压力控制在 300mmH_2O(1mmH_2O = 9. 806Pa)。甲烷从贮罐 FA311 出来，进入压缩机 GB301，经过压缩机压缩，出口排出压力为 4. 03kgf/cm^2(绝)，温度为 160℃的中压甲烷，然后经过手动控制阀 VD06 进入燃料系统。

该流程为了防止压缩机发生喘振，设计了由压缩机出口至贮罐 FA311 的返回管路，即由压缩机出口经过换热器 EA305 和 PV304B 阀到贮罐的管线。返回的甲烷经冷却器 EA305 冷却。另外贮罐 FA311 有一超压保护控制器 PIC303，当 FA311 中压力超高时，低压甲烷可以经 PIC303 控制排放火炬，使罐中压力降低。压缩机 GB301 由蒸汽透平 GT301 同轴驱动，蒸汽透平的供汽为压力 15kgf/cm^2(绝)的来自管网的中压蒸汽，排汽为压力 3kgf/cm^2(绝)的降压蒸汽，进入低压蒸汽管网。

流程中共有两套自动控制系统：PIC303 为 FA311 超压保护控制器，当贮罐 FA311 中压力过高时，自动打开排放火炬阀。PRC304 为压力分程控制系统，当此调节器输出在 50%~100%范围内时，输出信号送给蒸汽透平 GT301 的调速系统，即 PV304A，用来控制中压蒸汽的进汽量，使压缩机的转速在 3350~4704r/min 之间变化，此时 PV304B 阀全关。当此调节器输出在 0~50%范围内时，PV304B 阀的开度对应在 0~100%范围内变化。透平在起始升速阶段由手动控制器 HC311 手动控制升速，当转速大于 3450r/min 时可由切换开关切换到 PIC304 控制。见图 6-8 所示。

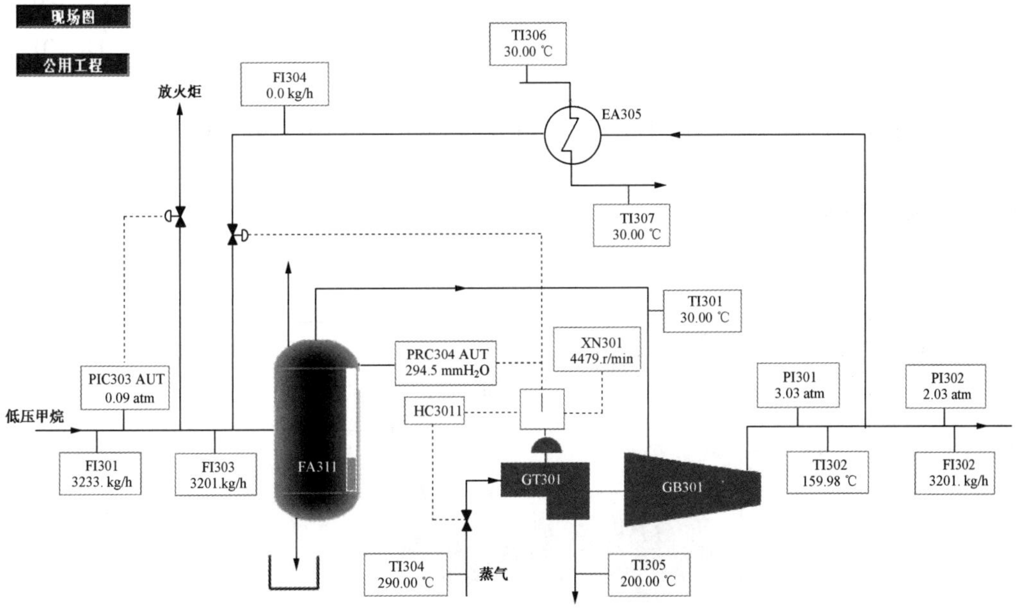

图 6-8　单级压缩机仿真流程图

1atm = 101. 325kPa；1mmH$_2$O = 9. 806Pa

- **实训要领**

1. 冷态开车过程包括：开车前准备工作、罐 FA311 充低压甲烷、透平单级压缩机开车等操作。

2. 正常停车与紧急停车过程包括：停调速系统、手动降速、停 FA311 进料等。

3. 事故处理过程包括：入口压力过高、出口压力过高、入口管道破裂、出口管道破裂与入口温度过高等事故的处理操作。

4. 正常运行过程：主要维持各工艺参数稳定运行，密切注意参数变化。

- **思考与分析**

1. 离心式压缩机的工作原理是什么？与离心泵有何区别？

2. 什么是喘振？如何防止喘振？

3. 根据本单元操作，理解何谓盘车、手动升速、自动升速。

4. 在手动调速状态，为什么防喘振线上的防喘振阀 PV304B 全开时，可以防止喘振？

6.2.3 技能训练 3 列管换热器仿真操作

- **训练目标**

1. 了解列管换热器工作原理、工艺流程与操作方法。
2. 了解物料衡算与热量衡算的应用。
3. 掌握换热器的冷态开车、正常停车及正常运行的操作方法。
4. 能正确分析过程事故产生的原因，并掌握事故处理的方法。

- **工艺流程**

本单元采用管壳式换热器。来自界外的 92℃冷物流(沸点 198.25℃)由泵 P101A/B 送至换热器 E101 的壳程被流经管程的热物流加热至 145℃，并有 20%被汽化。冷物流流量由流量控制器 FIC101 控制，正常流量为 12000kg/h。来自另一设备的 225℃热物流经泵 P102A/B 送至换热器 E101，与注经壳程的冷物流进行热交换，热物流出口温度由 TIC101 控制(177℃)。

为保证热物流的流量稳定，TIC101 采用分程控制，TV101A 和 TV101B 分别调节流经 E101 和副线的流量，TIC101 输出 0~100%分别对应 TV101A 开度 0~100%，TV101B 开度 100%~0。见图 6-9 所示。

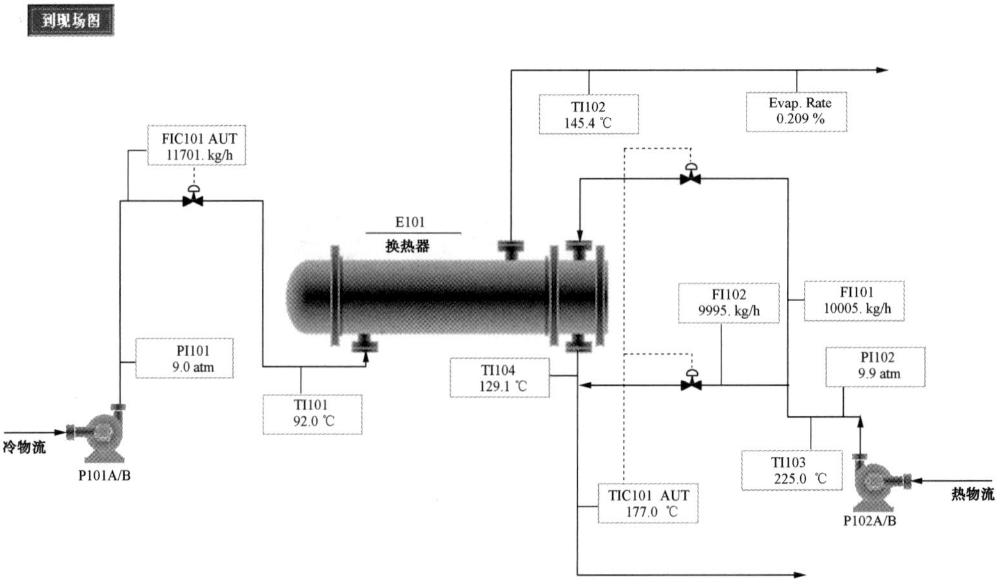

图 6-9 列管换热器仿真流程图

1atm = 101.325kPa

- **实训要领**

1. 冷态开车操作过程：包括排气、启动冷物料泵、启动热物料泵、调整各参数达正常后投放自动。

2. 事故处理操作过程：包括泵坏、阀卡、部分管堵、壳程结垢严重等事故的现象判断与处理方法。

3. 正常停车与紧急停车操作过程：包括改自动为手动、停热物料泵、停冷物料泵、管壳程排凝等操作。

4. 正常运行过程：主要维持各工艺参数稳定运行，密切注意参数变化。

● 思考与分析

1. 冷态开车是先送冷物料，后送热物料；而停车时又要先关热物料，后关冷物料，为什么？

2. 开车时不排出不凝气会有什么后果？如何操作才能排净不凝气？

3. 为什么停车后管程和壳程都要高点排气、低点泄液？

4. 你认为本系统调节器 TIC101 的设置合理吗？如何改进？

5. 影响间壁式换热器传热量的因素有哪些？

6.2.4　技能训练 4　管式加热炉仿真操作

● 训练目标

1. 了解加热炉分类、结构、工作原理以及工艺流程。

2. 了解电磁阀工作过程，学会联锁的作用和方法。学会复杂控制系统的操作方法。

3. 掌握管式加热炉的冷态开车、正常运行、正常停车操作过程。

4. 能正确分析事故产生的原因，并掌握事故处理的方法。

● 工艺流程

燃料气经管网在调节器 PIC101 的控制下进入燃料气罐 V-105，燃料气在 V-105 中经脱油脱水后，分两路送入加热炉，一路在 PCV01 控制下送入常明线；一路在 TV106 调节阀控制下送入油-气联合燃烧器。

来自燃料油罐 V-108 的燃料油经 P101A/B 升压后，在 PIC109 控制压送至燃烧器火嘴前，用于维持火嘴前的油压，多余燃料油返回 V-108。来自管网的雾化蒸汽在 PDIC112 的控制下，与燃料油保持一定压差，送入燃料器。来自管网的吹扫蒸汽直接进入炉膛底部。

某烃类化工原料在流量调节器 FIC101 的控制下先进入加热炉 F-101 的对流段，经对流加热升温后，再进入 F-101 的辐射段，被加热至 420℃后送至下一工序，其炉出口温度由调节器 TIC106 通过调节燃料气流量或燃料油压力来控制。

采暖水在调节器 FIC102 控制下，经与 F-101 的烟气换热，回收余热后返回采暖水系统。见图 6-10 所示。

● 实训要领

1. 冷态开车操作过程包括：开车前的准备、点火准备工作、燃料气准备、点火操作、升温操作、引工艺物料、启动燃料油系统、调整至正常等操作。

2. 正常停车操作过程包括：停车准备、降量、降温及停燃料油系统、停燃料气及工艺物料、炉膛吹扫等操作。

3. 事故处理过程包括：燃料油火嘴堵塞、燃料气压力低、炉管破裂、燃料气调节阀卡、燃料气带液、燃料油带水、雾化蒸汽压力低、燃料油泵 A 停等事故的判断和处理操作。

4. 正常运行过程：主要维持各工艺参数稳定运行，密切注意参数变化。

● 思考与分析

1. 加热炉在点火前为什么要对炉膛进行蒸汽吹扫？

2. 加热炉点火时为什么要先点燃点火棒，再依次开长明线阀和燃料气阀？

3. 在点火失败后应做些什么工作？为什么？

4. 加热炉在升温过程中为什么要烘炉？升温速度应如何控制？

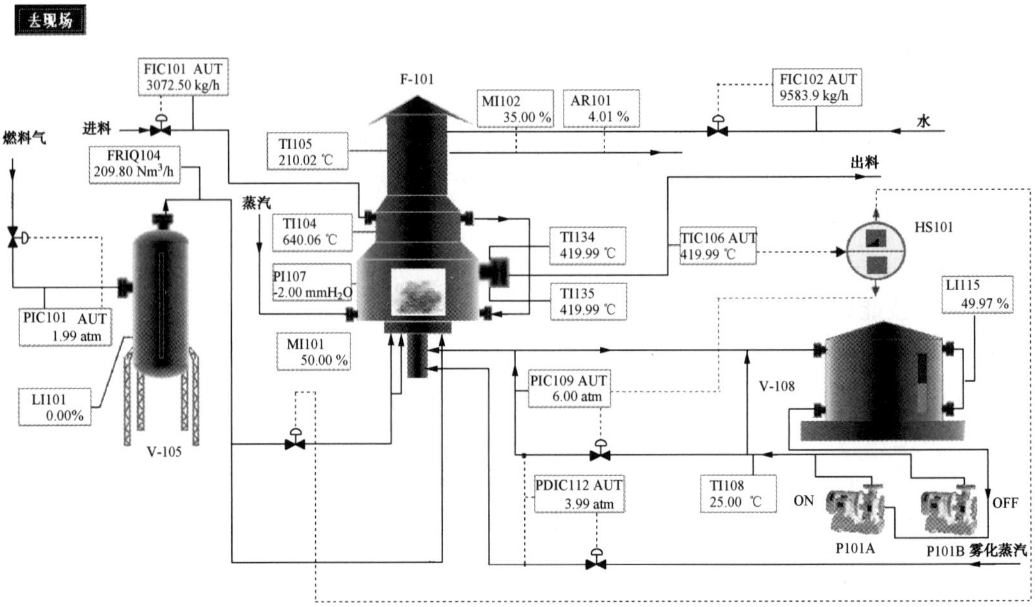

图 6-10　管式加热炉仿真流程图

1atm = 101.325kPa；$1mmH_2O$ = 9.806Pa

5. 雾化蒸气量过大或过小，对燃烧有什么影响？应如何处理？

6. 烟道气出口氧气含量为什么要保持在一定范围？过高或过低意味着什么？

7. 加热过程中风门和烟道挡板的开度大小对炉膛负压和烟道气出口氧气含量有什么影响？

8. 本流程中三个电磁阀的作用是什么？在开停车时应如何操作？

6.2.5　技能训练 5　液位控制仿真操作

- **训练目标**

1. 了解液位控制系统的操作原理及其工艺流程。了解物料衡算在液位控制中的应用。

2. 学会复杂串联设备液位和压力的操作调节，掌握简单回路及复杂回路的控制及相互关系。

3. 掌握液位控制系统的冷态开车、正常运行、正常停车操作要令。

4. 能正确分析事故产生的原因，并掌握事故处理的方法。

5. 学会分程、串级和比值复杂控制原理、特点与操作方法。

- **工艺流程**

由图 6-11 可以知道，缓冲罐 V101 经一股来料，$8kgf/cm^2$（$1kgf/cm^2$ = 98.066kPa）压力的液体通过调节产供阀 FIC101 向罐 V101 充液，此罐压力由调节阀 PIC101 分程控制，缓冲罐压力高于分程点（$5.0kgf/cm^2$）时，PV101B 自动打开泄压，压力低于分程点时，PV101B 自动关闭，PV101A 自动打开给罐充压，使 V101 压力控制在 $5kgf/cm^2$。缓冲罐 V101 液位调节器 LIC101 和流量调节阀 FIC102 串级调节，一般液位正常控制在 50%左右，自 V101 底抽出液体通过泵 P101A 或 P101B（备用泵）打入罐 V102，该泵出口压力一般控制在 $9kgf/cm^2$，FIC102 流量正常控制在 20000kg/h。

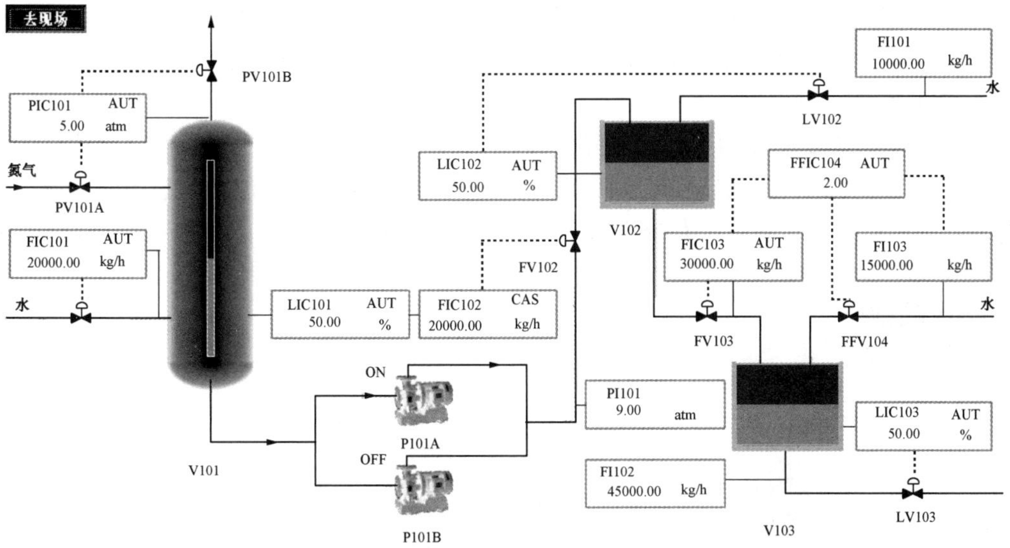

图 6-11　液位控制系统仿真流程图

1atm = 101. 325kPa

罐 V102 有两股来料，一股为 V101 通过 FIC102 与 LIC101 串级调节后来的流量；另一股为 $8kgf/cm^2$ 压力的液体通过调节阀 LIC102 进入罐 V102，一般 V102 液位控制在 50%左右，V102 底液抽出通过调节阀 FIC103 进入 V103，正常工况时 FIC103 的流量控制在 30000 kg/h。

罐 V103 也有两股进料，一股来自于 V102 的底抽出量，另一股为 $8kgf/cm^2$ 压力的液体通过 FIC103 与 FI103 比值调节进入 V103，比值系数为 2∶1，V103 底液体通过 LIC103 调节阀输出，正常时罐 V103 液位控制在 50%左右。

- **实训要领**

1. 冷态开车过程：包括 V101 充液充压、PIC101 分程控制稳定后投自动、V103 建立液位、V103 建立液位、调整各参数达正常后投自动；

2. 正常运行过程：主要维持各工艺参数稳定运行，密切注意参数变化；

3. 正常停车过程：包括解除串级、改自动为手动、停进料、停泵、贮槽排凝泄压；

4. 事故处理过程：当发生泵坏或阀卡等事故时，能够及时发现并排出。

- **思考与分析**

1. 通过本单元实训理解什么是“过程动态平衡”，掌握通过仪表画面了解液位发生变化的原因和解决的方法。

2. 请问在调节器 FIC103 和 FFIC104 组成的比值控制回路中，哪一个是主动量？为什么？并指出这种比值调节属于开环还是闭环控制回路？

3. 本仿真实训单元包括有串级、比值、分程三种复杂调节系统，你能说出它们的特点吗？它们与简单控制系统的差别是什么？

4. 在开、停车时，为什么要特别注意维持流经调节阀 FV103 和 FFV104 的液体流量比值为 2？

6.2.6　技能训练 6　间歇釜反应器仿真操作

- **训练目标**

1. 了解间歇釜反应器操作原理及其工艺流程。

2. 掌握间歇釜反应器的冷态开车、正常运行、正常停车的操作要点。

3. 能正确分析间歇釜反应器事故产生的原因，并掌握事故处理的方法。

- **工艺流程**

来自备料工序的二硫化碳 CS_2、邻硝基氯苯 $C_6H_4CLNO_2$、多硫化钠 Na_2Sn 分别注入计量罐及沉淀罐中，经计量沉淀后利用位差及离心泵压入反应釜中，釜温由夹套中的蒸汽、冷却水及蛇管中的冷却水控制，设有分程控制 TIC101(只控制冷却水)，通过控制反应釜温控制反应速度及副反应速度，来获得较高的收率及确保反应过程安全。见图 6-12 所示。

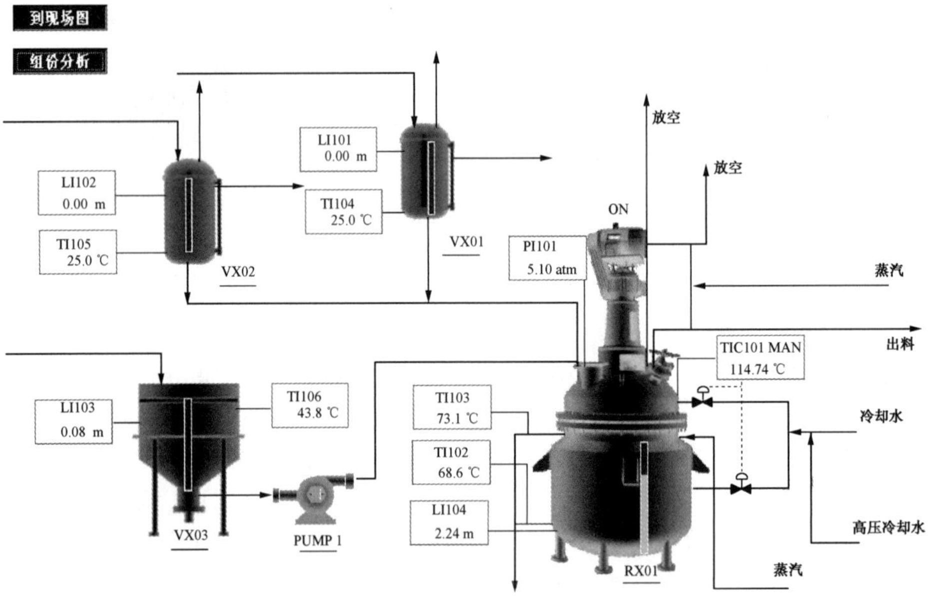

图 6-12　间歇釜反应器仿真流程图

在本工艺流程中，一般正反应活化能要比负反应活化能高，因此升温后更利于反应收率。在 90℃时，正反应和负反应的速度比较接近，此时要尽量延长反应温度在 90℃以上的时间，以获得更多的正反应产物。

- **实训要领**

1. 冷态开车过程：包括备料、进料、反应器开车和反应过程控制等操作；

2. 正常运行过程：主要维持各工艺参数稳定运行，密切注意参数变化；

3. 正常停车过程：包括放空残存气体、通入加压蒸汽、预热、出料、吹扫等；

4. 事故处理过程：当发生超温(压)、搅拌器停转、冷却水阀卡、出料管堵塞及测温电阻连线故障等事故时，及时发现并排除。

- **思考与分析**

1. 反应釜超温(超压)如何处理?

2. 反应温度和压力如何控制?

3. 如何有效地提高收率?

6.2.7　技能训练 7 固定床反应器仿真操作

- **训练目标**

1. 了解固定床反应器的结构、操作原理、工艺流程及其优点。

2. 掌握固定床反应器的冷态开车、正常运行、正常停车的操作要点。

3. 能正确分析固定床反应器事故产生的原因，并掌握事故处理的方法。

● **工艺流程**

本流程利用催化加氢脱乙炔工艺，乙炔通过等温加氢反应器除掉，反应器温度由壳侧中冷剂温度控制。见图 6-13 所示。

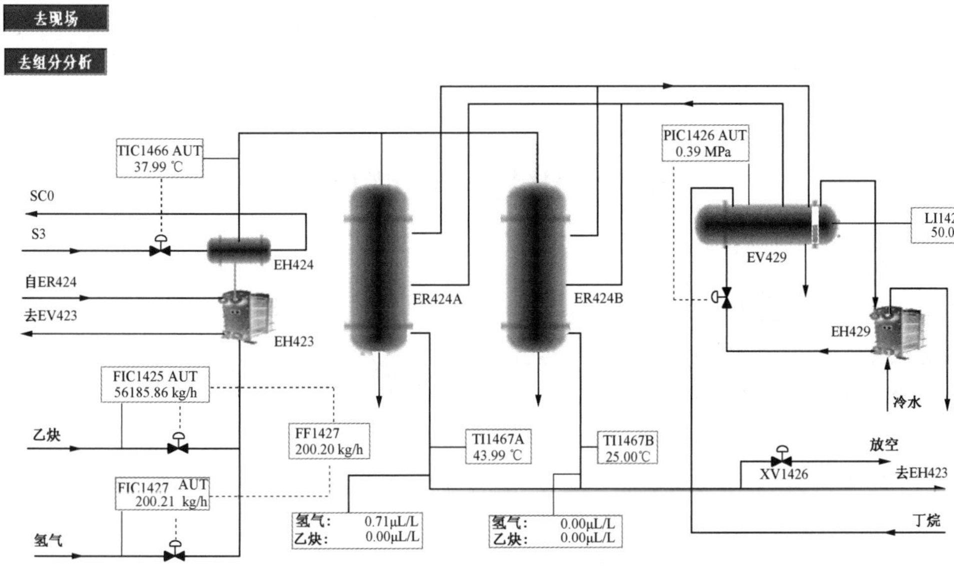

图 6-13　固定床反应器仿真流程图

主反应为：$nC_2H_2+2nH_2 \longrightarrow (C_2H_6)_n$，该反应是放热反应，每克乙炔反应后放出热量约为 34000kcal(1kcal=4. 186kJ)。温度超过 66℃时有副反应产生：$2nC_2H_4 \longrightarrow (C_4H_8)_n$，该反应也是放热反应。

冷却介质为液态丁烷，通过丁烷蒸发带走反应器中的热量，丁烷蒸气通过冷却水冷凝。

反应原料分两股，一股为约-15℃以 C_2为主的烃原料，进料量由流量控制器 FIC1425 控制；另一股为 H_2 与 CH_4 的混合气，温度约 10℃，进料量由流量控制器 FIC1427 控制。FIC1425 与 FIC1427 为比值控制，两股原料按一定比例在管线中混合后经原料气/反应气换热器(EH-423)预热，再经原料预热器(EH-424)预热到 38℃，进入固定床反应器(ER-424A/B)。预热温度由温度控制器 TIC1466 通过调节预热器 EH-424 加热蒸汽(S3)的流量来控制。

ER-424A/B 中的反应原料在 2. 523MPa、44℃下反应生成 C_2H_6。当温度过高时，会发生 C_2H_4聚合生成 C_4H_8的副反应。反应器中的热量由反应器壳侧循环的加压 C_4 冷却剂蒸发带走。C_4 蒸气在水冷器 EH-429 中由冷却水冷凝，而 C_4 冷剂的压力由压力控制器 PIC-1426 通过调节 C_4 蒸气冷凝回流量来控制，从而保持 C_4 冷剂的温度。

● **训练要领**

1. 冷态开车过程：包括闪蒸器充丁烷、反应器充丁烷、加氢反应器启动等操作；

2. 正常运行过程：主要维持各工艺参数稳定运行，密切注意参数变化；

3. 正常停车过程：包括关闭氢气进料，关闭加热器蒸汽进料，闪蒸器冷凝回流控制设手动，开度 100%，逐渐减少乙炔进料，开大冷却水进料，逐渐降低反应器和闪蒸器温度、压力，至常温、常压。

4. 事故处理过程：当发生氢气进料阀卡、预热器阀卡、闪蒸罐压力调节阀卡、反应器漏气、冷却水进口阀卡以及反应器超温等事故时，能够及时发现并排除。

- **思考与分析**

1. 如何理解“联锁”和“联锁复位”？
2. 根据本单元实际情况，说明反应器冷却剂的自循环原理。
3. 观察在 EH-429 冷却器的冷却水中断后会造成的结果。

6.3 相关资料链接

1.《化工原理》；
2.《有机化工生产技术》；
3.《无机化工生产技术》；
4.《高分子化学及工艺学》；
5.《化工单元操作实训》；
6.《化工单元仿真实训》；
7.《化工工艺概论》；
8.《化学反应过程与设备》；
9.《化工安全技术》；
10.《化工厂节能知识》。

第七章　高级工专业基础部分

7.1　专业知识点

7.1.1　应知

1. 精馏、吸收、干燥、萃取等化工单元操作过程的基本原理、基本计算和典型设备的操作。

2. 重要高分子化合物：

(1) 塑料、纤维、橡胶的定义、分类和特性；

(2) 典型高聚物，如 PE、PP、PVC、PS、PET、PA、PAN、BS 的生产方法、生产工艺和显著特征。

3. 化工工艺及主要工艺影响因素的选择：化工工艺的概念、特点、分类(无机工艺、有机工艺、高分子化学及工艺等)。主要工艺影响因素，如温度、压力、流量、空速、停留时间、浓度等的选择。

4. 装置热量的衡算知识。

5. 装置“三废”名称、排放标准以及处理的工作原理。

7.1.2　应会

一、选择题

1. 对于吸收有利的条件是(　　)。

A. 高压、低温　　B. 高压、高温　　C. 低压、高温　　D. 低压、低温

2. 单元操作精馏主要属于(　　)的传递过程。

A. 热量　　B. 动量　　C. 能量　　D. 质量

3. 下列哪一种物质为生产合成橡胶的主要单体(　　)。

A. 甲醇　　B. 乙烯　　C. 丙酮　　D. 丁二烯

4. 适宜的回流比取决于最小回流比的(　　)倍。

A. 1.0~2.0　　B. 0.5~2.5　　C. 1.2~2.5　　D. 1.1~2

5. 精馏塔塔底产品纯度下降，可能是(　　)。

A. 提馏段板数不足　　B. 精馏段板数不足

C. 再沸器热量过多　　D. 塔釜温度升高

6. 下面(　　)不是精馏装置所包括的设备。

A. 分离器　　B. 再沸器　　C. 冷凝器　　D. 精馏塔

7. 下列属于公用工程的是(　　)。

A. 原料处理　　B. 净化处理　　C. 供水、供电　　D. 生产设备

8. 蒸馏分离的依据是混合物中各组分的(　　)不同。

A. 浓度　　B. 挥发度　　C. 温度　　D. 溶解度

9. 干燥进行的条件是被干燥物料表面所产生的水蒸气分压(　　)干燥介质中水蒸气分压。

A. 小于　B. 等于　C. 大于　D. 不等于

10. 精馏过程中采用负压操作可以(　　)。

A. 使塔操作温度提高　B. 使物料的沸点升高

C. 使物料的沸点降低　D. 适当减少塔板数

11. 转化率指的是(　　)。

A. 生产过程中转化掉的原料量占投入原料量的百分数

B. 生产过程中得到的产品量占理论上所应该得到的产品量的百分数

C. 生产过程中所得到的产品量占所投入原料量的百分比

D. 在催化剂作用下反应的收率

12. 影响干燥速率的主要因素除了湿物料、干燥设备外，还有一个重要因素是(　　)。

A. 绝干物料　B. 平衡水分　C. 干燥介质　D. 湿球温度

13. 下列操作中(　　)可引起冲塔。

A. 塔顶回流量大　B. 塔釜蒸汽量大　C. 塔釜蒸汽量小　D. 进料温度低

14. 反应物流经床层时，单位质量催化剂在单位时间内所获得目的产物量称为(　　)。

A. 空速　B. 催化剂负荷

C. 催化剂空时收率　D. 催化剂选择性

15. 流化床干燥器发生尾气含尘量大的原因是(　　)。

A. 风量大　B. 物料层高度不够

C. 热风温度低　D. 风量分布分配不均匀

16. 下列操作中(　　)会造成塔底轻组分含量大。

A. 塔顶回流量小　B. 塔釜蒸汽量大

C. 回流量大　D. 进料温度高

17. 精馏塔操作时，回流比与理论塔板数的关系是(　　)。

A. 回流比增大时，理论塔板数也增多

B. 回流比增大时，理论塔板数减少

C. 全回流时，理论塔板数最多，但此时无产品

D. 回流比为最小回流比时，理论塔板数最小

18. 若需从牛奶料液直接得到奶粉制品，选用(　　)。

A. 沸腾床干燥器　B. 气流干燥器　C. 转筒干燥器　D. 喷雾干燥器

19. 精馏塔内上升蒸汽不足时将发生的不正常现象是(　　)。

A. 液泛　B. 泄漏　C. 雾沫挟带　D. 干板

20. 在下列条件中，影响恒速干燥阶段干燥速率的是(　　)。

A. 湿物料的直径　B. 湿物料的含水量

C. 干燥介质流动速度　D. 湿物料的结构

21. 精馏过程中，当其他条件不变时，回流比增加，塔顶易挥发组分浓度(　　)。

A. 减小　B. 不变　C. 增加　D. 不能确定

22. 对于 $CO+2H_2 \rightleftharpoons CH_3OH$，正反应为放热反应。如何通过改变温度、压力来提高甲

醇的产率？(　　)。

A. 升温、加压　B. 降温、降压　C. 升温、降压　D. 降温、加压

23. 湿空气在预热过程中不变化的参数是(　　)。

A. 焓　B. 相对湿度　C. 湿球温度　D. 露点

24. 精馏塔温度控制最为关键的是(　　)。

A. 塔顶温度　B. 塔底温度　C. 灵敏板温度　D. 进料温度

25. 下列塔设备中，操作弹性最小的是(　　)。

A. 筛板塔　B. 浮阀塔　C. 泡罩塔　D. 舌板塔

26. 利用空气作介质干燥热敏性物料，且干燥处于降速阶段，欲缩短干燥时间，则可采取的最有效措施是(　　)。

A. 提高介质温度　B. 增大干燥面积，减薄物料厚度

C. 降低介质相对湿度　D. 提高介质流速

27. 要小批量干燥晶体物料，该晶体在摩擦下易碎，但又希望产品保留较好的晶形，应选用下面哪种干燥器(　　)。

A. 厢式干燥器　B. 滚筒干燥器　C. 气流干燥器　D. 沸腾床干燥器

28. 在一定空气状态下，用对流干燥方法干燥湿物料时，能除去的水分为(　　)。

A. 结合水分　B. 非结合水分　C. 平衡水分　D. 自由水分

29. 对于反应后分子数增加的反应，提高反应平衡产率的方法有(　　)。

A. 增大压力　B. 升高温度

C. 充入惰性气体，并保持总压不变　D. 采用催化剂

30. 反应温度过高对化工生产造成的不良影响可能是(　　)。

A. 催化剂烧结　B. 副产物增多

C. 爆炸危险性增大　D. 以上都有可能

31. 下面原因不会引起降液管液泛的是(　　)。

A. 塔板间距过小　B. 严重漏液

C. 过量雾沫夹带　D. 液、气负荷过大

32. 关于原料配比，下述不正确的是(　　)。

A. 多数条件下，原料的配比不等于化学计量系数比

B. 原料配比严格按化学计量系数比就能保证原料 100%转化

C. 使价廉易得的反应物过量能保证反应经济合理

D. 恰当的原料配比可以避开混合气体的爆炸范围

33. 干燥热敏物料时，为了提高干燥速率，不宜采取的措施是(　　)。

A. 提高干燥介质的温度　B. 改变物料与干燥介质接触方式

C. 降低干燥介质的相对湿度　D. 增大干燥介质的流速

34. 精馏操作时，若其他操作条件均不变，只将塔顶的过冷液体回流改为泡点回流，则塔顶产品组成变化为(　　)。

A. 变小　B. 不变　C. 变大　D. 不确定

35. 干燥介质经过预热后(　　)。

A. 降低湿度　B. 降低相对湿度　C. 提高进气温度　D. 提高传热速率

36. 在实际生产过程中，为提高反应过程目的产物的单程收率，宜采用以下哪种措施(　　)。

A. 延长反应时间，提高反应的转化率，从而提高目的产物的收率

B. 缩短反应时间，提高反应的选择性，从而提高目的产物的收率

C. 选择合适的反应时间和空速，从而使转化率与选择性的乘积(单程收率)达到最大

D. 选择适宜的反应器类型，从而提高目的产物的收率

37. 某筛板精馏塔在操作一段时间后，分离效率降低，且全塔压降增加，其原因及应采取的措施是(　　)。

A. 塔板受腐蚀，孔径增大，产生漏液，应增加塔釜热负荷

B. 筛孔被堵塞，孔径减小，孔速增加，雾沫夹带严重，应降低负荷操作

C. 塔板脱落，理论板数减少，应停工检修

D. 降液管折断，气体短路，需要更换降液管

38. 对于木材干燥，应采用(　　)。

A. 干空气有利于干燥　　B. 湿空气有利于干燥

C. 高温空气干燥　　D. 明火烤

39. (　　)表达了主副反应进行程度的相对大小，能确切反映原料的利用是否合理。

A. 转化率　　B. 选择性

C. 收率　　D. 生产能力

40 、吸收过程是溶质从气相转移到(　　)的质量传递过程。

A. 气相　　B. 液相　　C. 固相　　D. 任一相态

41. 吸收塔尾气超标，可能引起的原因是(　　)。

A. 塔压增大　　B. 吸收剂降温

C. 吸收剂用量增大　　D. 吸收剂纯度下降

42. 吸收时，气体进气管管端向下切成45°倾斜角，其目的是为了防止(　　)。

A. 气体被液体夹带出塔　　B. 塔内下流液体进入管内

C. 气液传质不充分　　D. 液泛

43. 在(　　)两种干燥器中，固体颗粒和干燥介质呈悬浮状态接触。

A. 厢式与气流　　B. 厢式与流化床

C. 洞道式与气流　　D. 气流与流化床

44. 吸收操作气速一般(　　)。

A. 大于泛点气速　　B. 小于载点气速

C. 大于泛点气速而小于载点气速　　D. 大于载点气速而小于泛点气速

45. 其他条件不变，吸收剂用量增加，填料塔压强将(　　)。

A. 减小　　B. 不变　　C. 增加　　D. 不能确定

46. 在蒸馏生产中，液泛是容易产生的操作事故，其表现形式是(　　)。

A. 塔压增加　　B. 温度升高　　C. 回流比减小　　D. 温度降低

47. 严重的雾沫夹带将导致(　　)。

A. 塔压增大　　B. 板效率下降　　C. 液泛　　D. 板效率提高

48. 反映热空气容纳水气能力的参数是(　　)。

A. 绝对湿度　B. 相对湿度　C. 湿容积　D. 湿比热容

49. 内部扩散控制阶段影响干燥速率的主要因素有(　　)。

A. 空气的性质　B. 物料的结构、形状和大小

C. 干基含水量　D. 湿基含水量

50. 正常操作的吸收塔，若因某种原因使液体量减少至液气比小于原定的最小液气比，下列(　　)情况将发生。

A. 出塔液体浓度增加，回收率增加

B. 出塔气体浓度增加，出塔液体浓度减小

C. 出塔气体浓度增加，出塔液体浓度增加

D. 在塔的下部将发生解吸现象

51. 将氯化钙与湿物料放在一起，使物料中水分除去，这是采用(　　)。

A. 机械去湿　B. 吸附去湿　C. 供热干燥　D. 无法确定

52. 难溶气体吸收是受(　　)。

A. 气膜控制　B. 液膜控制　C. 双膜控制　D. 相界面

53. 吸收过程产生液泛现象的主要原因是(　　)。

A. 液体流速过大　B. 液体加入量不当

C. 气体速度过大　D. 温度控制不当

54. 吸收塔操作时，应(　　)。

A. 先通入气体后进入喷淋液体　B. 先进入喷淋液体后通入气体

C. 增大喷淋量总是有利于吸收操作的　D. 先进气体或液体都可以

55. 对处理易溶气体的吸收，为了显著地提高吸收速率，应增大(　　)的流速。

A. 气相　B. 液相　C. 气液两相　D. 不确定

56. 逆流填料塔的泛点气速与液体喷淋量的关系是(　　)。

A. 喷淋量减小泛点气速减小　B. 无关

C. 喷淋量减小泛点气速增大　D. 喷淋量增大泛点气速增大

57. (　　)反映吸收过程进行的难易程度的因数。

A. 传质单元高度　B. 液气比数　C. 传质单元数　D. 脱吸因数

58. 吸收在逆流操作中，其他条件不变，只减小吸收剂用量(能正常操作)，将引起(　　)。

A. 操作线斜率增大　B. 塔底溶液出口浓度降低

C. 尾气浓度减小　D. 吸收推动力减小

59. 吸收操作过程中，在塔的负荷范围内，当混合气处理量增大时，为保持回收率不变，可采取的措施有(　　)。

A. 减少操作温度　B. 减少吸收剂用量

C. 降低填料层高度　D. 减少操作压力

60. 气液两相在筛板上接触，其分散相为液相的接触方式是(　　)。

A. 鼓泡接触　B. 喷射接触　C. 泡沫接触　D. 以上三种都不对

61. 萃取操作包括若干步骤，除了(　　)。

A. 原料预热　B. 原料与萃取剂混合

C. 澄清分离　　D. 萃取剂回收

62. 有四种萃取剂，对溶质 A 和稀释剂 B 表现出下列特征，则最合适的萃取剂应选择(　　)。

A. 同时大量溶解 A 和 B　　B. 对 A 和 B 的溶解都很小

C. 大量溶解 A 少量溶解 B　　D. 大量溶解 B 少量溶解 A

63. 萃取操作温度升高时，两相区(　　)。

A. 减小　　B. 不变　　C. 增加　　D. 不能确定

64. 进行萃取操作时，应使(　　)。

A. 分配系数大于 1　　B. 分配系数小于 1

C. 选择性系数大于 1　　D. 选择性系数小于 1

65. 用纯溶剂 S 对 A、B 混合液进行单级萃取，进料量(F)、进料组成(X_F)不变，加大萃取剂用量，通常所得萃取液的组成 y_a 将(　　)。

A. 提高　　B. 减小　　C. 不变　　D. 不确定

66. 萃取是利用各组分间的(　　)差异来分离液体混合物的。

A. 挥发度　　B. 离散度　　C. 溶解度　　D. 密度

67. 萃取剂加入量应使原料和萃取剂的交点 M 位于(　　)。

A. 溶解度曲线之上方区　　B. 溶解度曲线上

C. 溶解度曲线之下方区　　D. 座标线上

68. 对于同样的萃取相含量，单级萃取所需的溶剂量(　　)。

A. 比较小　　B. 比较大　　C. 不确定　　D. 相等

69. 多级逆流萃取与单级萃取比较，如果溶剂比、萃取相浓度一样，则多级逆流萃取可使萃余相浓度(　　)。

A. 变大　　B. 变小　　C. 不变　　D. 无法确定

70. 研究萃取最简单的相图是(　　)。

A. 二元相图　　B. 三元相图　　C. 四元相图　　D. 一元相图

71. 萃取操作只能发生在混合物系的(　　)。

A. 单相区　　B. 二相区　　C. 三相区　　D. 平衡区

72. 萃取剂 S 与稀释剂 B 的互溶度愈(　　)，分层区面积愈(　　)，可能得到的萃取液的最高浓度 y 较高。

A. 大　大　　B. 小　大　　C. 小　小　　D. 大　小

73. 将具有热敏性的液体混合物加以分离，常采用(　　)方法。

A. 蒸馏　　B. 蒸发　　C. 萃取　　D. 吸收

74. 回流比的计算公式是(　　)。

A 回流量比塔顶采出量　　B. 回流量比塔顶采出量加进料量

C 回流量比进料量　　D. 回流量加进料量比全塔采出量

75. 精馏操作中液体混合物应被加热到(　　)时，可实现精馏的目的。

A. 泡点　　B. 露点　　C. 泡点和露点间　　D. 高于露点

76. 区别精馏与普通蒸馏的必要条件是(　　)。

A. 相对挥发度小于 1　　B. 操作压力小于饱和蒸气压

C. 操作温度大于泡点温度　　D. 回流

77. 两组分液体混合物，其相对挥发度 α 越大，表示用普通蒸馏方法进行分离(　　)。

A. 较容易　　B. 较困难　　C. 很困难　　D. 不能够

78. 在再沸器中溶液(　　)而产生上升蒸气，是精馏得以连续稳定操作的一个必不可少条件。

A. 部分冷凝　　B. 全部冷凝　　C. 部分汽化　　D. 全部汽化

79. 在精馏过程中，回流的作用是提供(　　)。

A. 提供下降的液体　　B. 提供上升的蒸气

C. 提供塔顶产品　　D. 提供塔底产品

80. (　　)可能导致液泛的操作。

A. 液体流量过小　　B. 气体流量太小

C. 过量液沫夹带　　D. 严重漏液

81. 当回流从全回流逐渐减小时，精馏段操作线向平衡线靠近，为达到给定的分离要求，所需的理论板数(　　)。

A. 逐渐减少　　B. 逐渐增多　　C. 不变　　D. 无法判断

82. 某常压精馏塔，塔顶设全凝器，现测得其塔顶温度升高，则塔顶产品中难挥发组分的含量将(　　)。

A. 升高　　B. 降低　　C. 不变　　D. 以上答案都不对

83. 在精馏操作中，若进料组成、馏出液组成与釜液组成均不变，在气液混合进料中，液相分率(q)增加，则最小回流比 R_{min}(　　)。

A. 增大　　B. 减小　　C. 不变　　D. 无法判断

84. 化工污染物都是在生产过程中产生的，其主要来源(　　)。

A. 化学反应副产品，化学反应不完全

B. 燃烧废气，产品和中间产品

C. 化学反应副产品，燃烧废气产品和中间产品

D. 化学反应不完全的副产品，燃烧的废气，产品和中间产品

85. 适宜的回流比取决于(　　)。

A. 生产能力　　B. 生产能力和操作费用

C. 塔板数　　D. 操作费用和设备折旧费

86. 如果精馏塔进料组成发生变化，轻组分增加，则(　　)。

A. 釜温下降　　B. 釜温升高　　C. 釜压升高　　D. 顶温升高

87. 根据傅立叶定律 $Q=\dfrac{\lambda}{\delta}A\Delta t$，式中 Δt 是(　　)。

A. 两流体的温度差　　B. 两流体的平均温度差

C. 壁面两侧的温度差　　D. 流体主体与壁面之间的温度差

88. 精馏塔釜压升高将导致塔釜温度(　　)。

A. 不变　　B. 下降　　C. 升高　　D. 无法确定

89. 根据牛顿冷却定律 $Q=\alpha A\Delta t$，其中式中 Δt 是(　　)。

A. 间壁两侧的温度差　　B. 两流体的温度差

C. 两流体的平均温度差　　D. 流体主体与壁面之间的温度差

90. 用孔板流量计测量气体流量，当测量气体温度升高，则所测得结果与实际流量相比(　　)。

A. 无变化　　B. 不确定　　C. 偏低　　D. 偏高

91. 减小垢层热阻的目的是(　　)。

A. 提高传热面积　　B. 减小传热面积　　C. 提高传热系数　　D. 增大温度差

92. 当苯和甲苯混合成理想溶液，苯的质量分率是0.4，则摩尔分率是(　　)。

A. 0.5　　B. 0.54　　C. 0.45　　D. 0.6

93. 根据亨利定律，当气液处于平衡时，可吸收组分在液相中的浓度与其在气相中的平衡分压成(　　)。

A. 正比　　B. 反比　　C. 平方的正比　　D. 平方的反比

94. 单元操作精馏是属于(　　)过程。

A. 单向传质　　B. 双向传质　　C. 热量传递　　D 分子传递

95. 流体在套管的外管内流动，已知外管内径为45mm，内管外径为25mm，流速为1m/s，黏度为0.9mPa·s，相对密度为0.9，则它的 *Re* 值为(　　)。

A. 42500　　B. 20000　　C. 2000　　D. 4250

96. 流体在内径为2cm的圆管内流动，其流速为1m/s，若流体的黏度为0.9mPa·s，相对密度为0.9，则它的 *Re* 值为(　　)。

A. 20　　B. 200　　C. 2000　　D. 20000

97. 如果计算出泵的安装高度为负值，说明(　　)。

A. 计算错误　　B. 此泵应安装在液面以下

C. 此泵应安装在液面以上　　D. 此泵无法安装

98. 用精馏方法分离A、B组分的理想溶液，若 $p_B° > p_A°$ 则一定是(　　)。

A. $Y_A > X_A$　　B. $Y_B > X_B$　　C. $Y_A > X_B$　　D. $Y_B < X_A$

99. 导致透平压缩机喘振现象的原因是(　　)。

A. 吸气量太大，致使管网压强大于压缩机出口压强

B. 吸气量减小，致使管网压强大于压缩机出口压强

C. 吸气量太大，致使管网压强小于压缩机出口压强

D. 吸气量减小，致使管网压强小于压缩机出口压强

100. 用压力变送器测量容器液位，测量结果(　　)。

A. 与容器液位高低有关而与容器压力、介质密度无关

B. 与容器液位高低、介质密度有关而与容器压力无关

C. 与容器压力、介质密度有关而与容器液位高低无关

D. 与三者都有关

101. 水在直径为20mm的管内流动，欲使水做层流运动，已知水的密度为1000kg/m³，黏度为1.0mPa·s，测其临界流速为(　　)。

A. 0.01m/s　　B. 0.1m/s　　C. 0.2m/s　　D. 0.02m/s

102. 下列物质适合做保温材料的是(　　)。

A. $\lambda = 204$W/m·K　　B. $\lambda = 46.5$W/m·K

C. $\lambda=0.15W/m\cdot K$　　D. $\lambda=10W/m\cdot K$

103. 有四种两组分组成的理想溶液，其相对挥发度 a 值如下，其中最容易分离的是(　　)。

A. $a=2.0$　　B. $a=2.4$　　C. $a=1.0$　　D. $a=1.2$

104. 化学工业用水主要包括四类，其中用水量最大的是(　　)。

A. 锅炉用水　　B. 工艺用水　　C. 清洗用水　　D. 冷却用水

105. 连续精馏过程，当气—液混合进料时，其温度(　　)泡点温度。

A. 小于　　B. 等于　　C. 大于　　D. 小于或等于

106. 挤出机的生产能力与(　　)有关。

A. 螺杆直径　　B. 螺杆长度　　C. 螺杆转速　　D. 螺杆直径与转速

107. 启动真空泵的正确顺序是(　　)。

A. 先盘车并检查阀门的开启状态，然后再送电即可

B. 先盘车并检查阀门的开启状态，通冷却水，然后再送电即可

C. 先通冷却水，再送电，然后检查阀门的开启状态

108. 蒸汽发生器的初始液位不得超过发生器高位的液位，不得低于规定警戒液位的(　　)。

A. 60%　　B. 70%　　C. 80%　　D. 50%

109. 在适宜的工艺条件下烃类裂解可以得到以下产物(　　)。

A. 乙炔、乙烯、乙醇、乙酸、丁烯、芳烃

B. 乙炔、乙烯、丙烯、丁烯、丁二烯、芳烃

C. 乙炔、乙烯、乙醛、丁烯、丁二烯、芳烃

D. 乙醇、乙烯、丙烯、丁烯、丁二烯、芳烃

110. 下列关于氨合成催化剂的描述，哪一项是正确的(　　)。

A. 温度越高，内表面利用率越小

B. 氨含量越大，内表面利用率越小

C. 催化剂粒度越大，内表面利用率越大

D. 催化剂粒度越小，流动阻力越小

111. 聚合物主链中的取代基有规律的交替排列在中轴分子链的两端的聚合物，称为(　　)。

A. 定向聚合　　B. 间规聚合　　C. 无规聚合　　D. 本体聚合

112. 生产聚丙烯的原料丙烯通过精制后，其硫含量要求达到(　　)。

A. 硫<10(mg/kg)　　B. 硫<1(mg/kg)　　C. 硫<100(mg/kg)　　D. 硫<0.1(mg/kg)

113. 在化工生产工艺技术路线选择中，首先要选择的原则是(　　)。

A. 工艺路线的先进性　　B. 工艺技术路线的可靠性

C. 工艺路线经济的合理性　　D. 工艺路线先进性及经济合理性

114. 在选择化工过程是否采用连续操作时，下述几个理由不正确的是(　　)。

A. 操作稳定安全　　B. 一般年产量大于 4500t 的产品

C. 反应速率极慢的化学反应过程　　D. 工艺成熟

115. 在化学反应中温度升高可以使下列哪种类型反应的速率提高的更快(　　)。

A. 活化能高的反应　　B. 活化能低的反应
C. 压力较高的反应　　D. 压力较低的反应

116. (　　)最为重要，是化学工业的主要原料来源。
A. 矿产资源　　B. 水　　C. 空气　　D. 农副产品

117. 现有下列高聚物，用于制备轮胎的是(　　)。
A. 聚乙烯　　B. 天然橡胶树脂　　C. 硫化橡胶　　D. 合成纤维

118. 工业重要的应用较为广泛的热塑性塑料是(　　)。
A. 聚乙烯塑料　　B. 酚醛塑料　　C. 氨基塑料　　D. 不饱和聚酯塑料

119. 指出下列物质中哪一个不是自由基聚合反应的单体(　　)。
A. 乙烯　　B. 丙烯醇　　C. 丁二烯　　D. 丙二醇

120. 下列各加工过程中不属于化学工序的是(　　)。
A. 硝化　　B. 裂解　　C. 蒸馏　　D. 氧化

121. 下列哪个不是制造高分子合成材料的基本原料(　　)。
A. 矿石　　B. 石油　　C. 天然气　　D. 煤炭

122. 被称为“塑料王”的材料名称是(　　)。
A. 聚乙烯　　B. 聚丙烯　　C. 聚四氟乙烯　　D. 聚酰胺-6

123. BPO 是聚合反应时的(　　)。
A. 引发剂　　B. 单体　　C. 氧化剂　　D. 催化剂

124. 下面高聚物哪一个不是均聚物(　　)。
A. PVC　　B. PTFE　　C. ABS 树脂　　D. PP

125. 有机玻璃是指(　　)。
A. 聚乙烯　　B. 聚氯乙烯
C. 聚甲基丙烯酸甲酯　　D. 聚苯乙烯

126. PET 是指(　　)。
A. 脲醛树脂　　B. 涤纶树脂　　C. 醇酸树脂　　D. 环氧树脂

127. 工业上乙炔与氯化氢合成氯乙烯的化学反应器是(　　)。
A. 釜式反应器　　B. 管式反应器　　C. 流化床反应器　　D. 固定床反应器

128. 硫铁矿在沸腾炉中焙烧的过程属于(　　)。
A. 固定床　　B. 流化床　　C. 输送床　　D. 移动床

129. 卡普隆又称尼龙 6，是聚酰胺纤维的一种，它的单体是己内酰胺和(　　)。
A. 环己醇　　B. 氨基乙酸
C. 对苯二甲酸二甲酯　　D. 萘

130. 塑料的组成以(　　)为主，还含有一定量的填料、增塑剂、着色剂及其他各种添加剂等。
A. 玻璃纤维　　B. 苯二甲酸甲酯　　C. 合成树脂　　D. 滑石粉

131. 高压法甲醇合成塔的原料气分为主、副线进料。其中副线进料的目的是(　　)。
A. 调节原料气的浓度　　B. 调节反应器中的压力
C. 调节催化剂床层反应温度　　D. 调节原料气的空间速度

132. 氨合成时，提高压力，对氨合成反应(　　)。

A. 平衡和速率都有利　　B. 平衡有利，速率不利
C. 平衡不利，速率有利　　D. 平衡和速率都不利

133. 下列不能用作工程塑料的是(　　)。
A. 聚氯乙烯　　B. 聚碳酸酯　　C. 聚甲醛　　D. 聚酰胺

134. 下列高聚物中，采用缩聚反应来生产的典型产品是(　　)。
A. PVC　　B. PET　　C. PS　　D. PE

135. 橡胶与塑料和纤维比较，正确的是(　　)。
A. 模量最大　　B. Tg 最低　　C. 结晶度最大　　D. 强度最大

136. 氯乙烯聚合只能通过(　　)。
A. 自由基聚合　　B. 阳离子聚合　　C. 阴离子聚合　　D. 配位聚合

137. 以高聚物为基础，加入某些助剂和填料混炼而成的可塑性材料，主要用作结构材料，该材料称为(　　)。
A. 塑料　　B. 橡胶　　C. 纤维　　D. 合成树脂

138. 合成尿素中，提高氨碳比的作用是：(1)使平衡向生成尿素的方向移动；(2)防止缩二脲的生成；(3)有利于控制合成塔的操作温度；(4)减轻甲铵液对设备的腐蚀。以上正确的有(　　)。
A. (1)　　B. (1)，(2)　　C. (1)，(2)，(3)　　D. 4 条皆是

139. 氯丁橡胶的单体是(　　)。
A. 氯乙烯　　B. 三氯乙烯　　C. 3-氯丁二烯　　D. 2-氯丁二烯

140. 以下对硫酸生产中二氧化硫催化氧化采用“两转两吸”流程叙述正确的是(　　)。
A. 最终转化率高，尾气中二氧化硫低
B. 进转化器中的炉气中二氧化硫的起始浓度高
C. 催化剂利用率高
D. 用于该流程的投资较其他流程的投资少

141. 硝酸生产的原料是(　　)。
A. H_2　　B. N_2　　C. Ar　　D. NH_3

142. 高压聚乙烯是(　　)。
A. PP　　B. LDPE　　C. HDPE　　D. PAN

143. 属于热固性塑料的是(　　)。
A. PS　　B. PVC　　C. EP　　D. PP

144. 样品的外观检查应包括(　　)
A. 品名、外包装、密封　　B. 编号、颜色、质量
C. 编号、物态、储存方式　　D. 编号、质量、储存方式

145. 样品的物态检查包括(　　)。
A. 品名、编号　　B. 颜色、状态
C. 包装完整情况、质量　　D. 包装完整情况、储存方式

146. 样品的包装检查应是(　　)。
A. 包装完整情况、密封是否有人为的拆动
B. 送样人、编号、代表量是否填写

C. 检验项目、检验要求是否填写

D. 编号、质量、储存方式是否填写

147. 固体样品储存条件包括(　　)。

A. 室内空气的洁净度和压力　　B. 温度和干、湿度

C. 压力和温度　　D. 压力和通风

148. 液体样品储存条件包括(　　)。

A. 气压和光照　　B. 室内空气的洁净度和温度

C. 温度和干、湿度　　D. 室内空气的洁净度和光照

149. 气体钢瓶样品储存条件包括(　　)。

A. 通风、光照和室内空气的洁净度　　B. 光照、通风和干、湿度

C. 温度、压力和干、湿度　　D. 通风、光照和室内空气的洁净度

150. (　　)是对易变质样品储存时的注意事项。

A. 室内空气的洁净度　　B. 通风

C. 避光　　D. 室温

151. (　　)是对易潮解样品储存时的注意事项。

A. 通风　　B. 室温

C. 室内空气的洁净度　　D. 压力

152. (　　)是对易风化样品储存时的注意事项。

A. 干、湿度　　B. 温度

C. 室内空气的洁净度　　D. 光照

153. 下列不属于 EDTA 分析特性的选项为(　　)。

A. EDTA 与金属离子的配位比为 1∶1　　B. 生成的配合物稳定且易溶于水

C. 反应速率快　　D. EDTA 显碱性

154. 在分光光度计中，其原理为(　　)。

A. 牛顿定律　　B. 朗伯-比尔定律　　C. 布朗定律　　D. 能斯特定律

155. 色谱定量分析的依据是进入检测气的组分量与(　　)成正比。

A. 峰宽　　B. 保留值　　C. 校正因子　　D. 峰面积

156. 在气相色谱仪中，起分离作用的是(　　)。

A. 净化器　　B. 热导池　　C. 气化室　　D. 色谱柱

157. 测定某有色溶液的吸光度，用 1cm 比色皿时吸光度为 A，若用 2cm 比色皿，吸光度为(　　)。

A. $2A$　　B. $A/2$　　C. A　　D. $4A$

158. 符合光吸收定律的溶液适当稀释时，其最大吸收波长位置(　　)。

A. 向长波移动　　B. 向短波移动　　C. 不移动　　D. 都不对

159. 气-液色谱法，其分离原理是(　　)。

A. 吸附平衡　　B. 分配平衡　　C. 离子交换平衡　　D. 渗透平衡

160. 对于液体样品，中部样品的定义是(　　)。

A. 从物料的特定部位或物料流的特定部位和时间采得的一定数量或大小的样品，它代表瞬时或局部环境的一种样品

B. 在液面下相当于总体积一半处采得的样品
C. 在物料表面采得的样品
D. 在物料最低点采得的样品
161. 采集高压气体要用(　　)。
A. 抽气泵　B. 双链球　C. 钢瓶　D. 抽空容器
162. 常压气体采样时要用(　　)。
A. 真空瓶　B. 双链球　C. 抽空容器　D. 球胆
163. 如果正压气体的压力较高则需先安装(　　)，降低气体压力至(　　)。
A. 干燥管　等于大气压　B. 减压阀　等于大气压
C. 减压阀　略高于大气压　D. 干燥管　略高于大气压
164. 常温下液体采样时，如果样品为立式圆形储罐并只有上部采样口时，当物料装满储罐时，平均样品的采取应该是(　　)。
A. 把采样瓶从顶部进口放入，降到中部，采取中部样品，作为平均样品
B. 把采样瓶从顶部进口放入，降到所需部位，分别采取上、中、下部位样品，等体积混合成平均样品
C. 把采样瓶从顶部进口放入，降到底部，采取底部样品，作为平均样品
D. 把采样瓶从顶部进口放入，降到所需部位，分别采取上、中部位样品
165. 常温下液体采样时，如果样品为立式圆形储罐并配有上、中、下采样口时，当物料装满储罐时，平均样品的采取应该是(　　)。
A. 上采样口采取
B. 上、下采样口各采取 1/2，混合后作为平均样品
C. 上、中、下采样口各采取 1/3，混合后作为平均样品
D. 下采样口采取
166. 在正常的精馏工段检验中，分析频次一般为(　　)。
A. 5min 一次　B. 20min 一次　C. 1h 一次　D. 8h 一次
167. 当精馏工段中的操作工艺数据不稳定时，分析频次一般要求为(　　)。
A. 1min 一次　B. 10min 一次　C. 5h 一次　D. 8h 一次
168. 在常压合成工艺开车阶段，分析频次(　　)。
A. 一般不需要增加
B. 一般需要增加
C. 与开、停车无关
D. 只有在超高压合成中，才需要增加分析检验的频次
169. 在常压合成小试工艺条件的研究工程中，分析频次一般要求为(　　)。
A. 在合成过程中至少要检验 2~3 次
B. 在合成过程中只要检验 1 次即可
C. 釜检验 1 次
D. 在全部工艺条件研究过程中检验一次即可
170. 下面有关质量标准说法正确的是(　　)。
A. 若急需生产，可以急需放行

B. 特殊情况特殊对待，不用那么严格

C. 如果急需生产，可以先向生产科提交申请单后在提货检验

D. 一大批货可以随机挑几个产品检验

171. 下面说法正确的是(　　)。

A. 产品质量不会造成多大事故

B. 必须把握好每一关，保证产品质量，把事故降到最小

C. 化验不合格的产品，检验员不必在化验单上写出

D. 原辅料不会造成产品质量不合格

172. 下面关于我国产品质量标准分类说法正确的是(　　)。

A. 分为国家标准、地方标准和企业标准　　B. 企业标准不是企业自己制定的

C. 企业标准必须符合国家标准　　D. 以上都不对

173. 下列说法正确的是(　　)。

A. 产品质量标准是产品生产、检验和评定质量技术依据

B. 技术标准可分为基础标准和产品标准两类

C. 我国现行标准是国际标准

D. ISO 是国际电工委员会缩写

174. 下列说法正确的是(　　)。

A. 国际标准是指国际标准化组织、国际电工委员会以及其他国际组织所制定的标准

B. 国际标准化组织不是世界上最大的组织

C. 1979 年我国颁布了《工业企业全面质量管理暂行办法》

D. 以上均对

175. 产品质量标准内容是(　　)。

A. 技术标准和管理标准　　B. 基础标准和产品标准

C. 方法标准和技术标准　　D. 产品标准和管理标准

176. 下列关于基础标准说法正确的是(　　)。

A. 是标准化工作的基础　　B. 是衡量产品质量的依据

C. 提高工作效率的依据　　D. 以上都不是

177. 关于技术管理标准说法正确的是(　　)。

A. 是企业各种活动准则　　B. 是推动企业技术进步必须遵守的准则

C. 是管理各部门的具体规定　　D. 以上均是

178. 按被测组分含量来分，分析方法中常量组分分析指含量(　　)分析。

A. $<0.1\%$　　B. $>0.1\%$　　C. $<1\%$　　D. $>1\%$

179. 试液取样量为 1~10mL 的分析方法称为(　　)。

A. 微量分析　　B. 常量分析　　C. 半微量分析　　D. 超微量分析

180. 预防废热锅炉炉管过热事故，应(　　)。

A. 减少热端积垢，避免局部过热　　B. 保持水循环速度不变

C. 保持锅炉中良好的水质　　D. 停止锅炉运行达到降温效果

181. 降低酸碱中和反应反应釜中温度的方法是(　　)。

A. 强制性停止反应已达到降温效果

B. 用循环冷水从反应釜夹套中匀速流过，以达到降温效果
C. 直接开启放空阀
D. 向反应釜中加冷水
182. 在实际吸收操作中，降低吸收塔温度的方法是(　　)。
A. 减少吸收物料的量　　B. 减少吸收剂的用量
C. 在塔内或塔外设中间冷却器　　D. 增加塔内压力
183. 可采用(　　)方法解决反应釜中压力过高现象。
A. 适当打开反应釜顶部的放空阀　　B. 打开进料阀
C. 降低塔釜温度　　D. 减少投料量
184. (　　)原因导致反应釜内压力不够。
A. 塔顶放空阀没关好　　B. 出气阀没打开
C. 气密性不好　　D. 以上均正确
185. 反应器反应压力低采取的措施中不正确的是(　　)。
A. 提高生产负荷　　B. 增加原料投入量
C. 提高器内部温度　　D. 加大反应器采出量
186. 反应器入口压力升高可能是由于(　　)。
A. 后部系统堵塞　　B. 入口温度升高　　C. 入口温度降低　　D. 催化剂活性减弱
187. 当精馏塔塔釜压力高时，合理的调节方法是(　　)。
A. 增加再沸器加热介质量　　B. 减少再沸器加热介质量
C. 减少回流量　　D. 减少塔顶冷却剂的流量
188. 脱硫装置吸收塔如果液位高，不正确的操作是(　　)。
A. 确认排浆管路阀门开关正确，控制系统无误
B. 手动关闭除雾器冲洗水门及吸收塔补充水门
C. 关小滤液水至吸收塔的入门口
D. 可关闭底部排浆门排浆至正常液位
189. 脱硫装置吸收塔如果液位高，不正确的操作是(　　)。
A. 确认排浆管路阀门开关正确，控制系统无误
B. 手动关闭除雾器冲洗水门及吸收塔补充水门
C. 开大滤液水至吸收塔的入门口
D. 可开启底部排浆门排浆至正常液位
190. 精馏塔操作负荷不变情况下，降低塔顶压力，精馏塔塔釜液位会(　　)。
A. 上升　　B. 下降　　C. 不变　　D. 不确定
191. 精馏塔操作不变的情况下，增加回流量，精馏塔塔釜液位会(　　)。
A. 上升　　B. 下降　　C. 不变　　D. 不确定
192. 精馏塔操作负荷不变的情况下，增加进料量，精馏塔塔釜液位(　　)。
A. 上升　　B. 下降　　C. 不变　　D. 不确定
193. 产气设备液位过高而造成蒸汽(　　)大，蒸汽压力过低时，可降低液位至控制指标。
A. 温度　　B. 压力　　C. 含水量　　D. 流量

194. 齿轮泵泵流量不足时，可能的原因是(　　)。

A. 吸入或排出阀关闭　B. 入口压力低

C. 出口管线堵塞　D. 以上皆有可能

195. 离心泵发生抽空现象时，应(　　)。

A. 停泵　B. 倒泵　C. 关小入口阀门　D. 关小出口阀门

196. 离心泵发生抽空现象时，应(　　)。

A. 提高入口液位和压力　B. 降低入口液位

C. 提高出口压力　D. 提高出口流量

197. 锅炉给水量下降或中断时，应采取的办法是(　　)。

A. 将自动切换至手动，手动操作给水泵，维持正常供水

B. 拉响生产事故报警器，立即停止生产

C. 立即向管理者报告，同时停止生产

D. 以上均正确

198. 在生产中处理原油中断情况时，可采取的方法(　　)。

A. 仔细检查原因，及时排除

B. 立即联系灌区，排查原因，并保证原油继续供应

C. 立即切换备用原油罐

D. 以上均正确

199. 在炼油过程中，处理高压注水中断的措施是(　　)。

A. 只要不超过 2h 就没有问题　B. 直接关闭注水点

C. 启用备用泵　D. 查看仪表是否有问题

200. 加热炉燃料油突然中断，错误操作是(　　)。

A. 可以利用燃料气加热　B. 停止进料

C. 全开所有炉前阀门　D. 全开三门一板，进行吹扫

201. 加热炉燃料油突然中断，错误操作是(　　)。

A. 可以利用燃料气加热　B. 继续进料

C. 关闭所有炉前阀门　D. 全开三门一板，进行吹扫

202. 只使用一种燃料的装置突然停燃料时，使用燃料的岗位必须按照装置应急预案进行(　　)处理。

A. 长期停车　B. 正常停车　C. 正常开车　D. 紧急停车

203. 下列说法错误的是(　　)。

A. 冷却操作时，冷却介质不可以中断，否则造成积热，使反应异常，系统温度和压力升高，引起火灾或爆炸

B. 不论热料或冷料中断都应联系罐区或常压查明原因，立即处理

C. 若冷热料同时中断，则按进料泵故障处理。待冷热料恢复后，重新组织进料

D. 装置短时间停仪表风，可将各控制阀上游阀打开，改副线调节。若停风时间较长，操作无法维持时，可按停工处理

204. 出现循环水中断后，车间应向厂(　　)汇报情况。

A. 生产管理部门　B. 主任　C. 生产主任　D. 设备主任

205. 装置发生严重有毒气体可燃气体泄露时，以下说法错误的是(　　)。

A. 设备安全第一、人生安全第二、生产效益第三

B. 立即封锁相关路口隔离泄露区

C. 立即向班长汇报，联系车间调度、消防队

D. 通知装置区域相关单位，采取必要防范措施

206. 物料管线出现泄漏时，可以根据情况进行(　　)处理。

A. 中和　B. 酸洗　C. 堵漏　D. 碱洗

207. 带有保温的管线出现泄漏时，要将其漏点周围的(　　)去除，以便进行堵漏操作。

A. 管线　B. 伴热　C. 机泵　D. 保温

208. 有机物料泄漏时，尽快关掉所有与(　　)相关的阀门，将泄漏范围控制在最小范围内。

A. 伴热　B. 泄漏设备　C. 风机　D. 机泵

209. 以下不是防止液氮泄漏的措施的是(　　)。

A. 液氮充装时观察压力表，防止压力过低

B. 经常检验各阀门状态

C. 定期检查密封面腐蚀情况

D. 液位计是否完好

210. 以下关于串料事故，说法错误的是(　　)。

A. 易燃物质串入非燃介质，可造成燃烧爆炸

B. 有氧气体串入惰性气体，不会造成爆炸

C. 串料后发生一般性事故，要努力控制影响范围，做到不蔓延、不跑串、不超温、不超压、不爆炸

D. 串料后起火，应先切断进料，再转移储存在设备内的物料

211. 装置突然停止循环水时，先将循环水的总线进出口阀门关闭，引入过滤水作为冷却水维持(　　)。

A. 设备运转　B. 生产　C. 仪表运行　D. 流量

212. 处理生产中冷凝水中断事故的措施是(　　)。

A. 立即停止生产，进行检修　B. 启动工厂备用水，并立即进行检修

C. 可以使用其他冷凝剂　D. 边生产边进行检修

213. 预防生产过程中停水事故的措施有(　　)。

A. 定期对管件、泵、阀门等进行查　B. 成立预防小组，专门预防工作

C. 定期检修、更换损坏管件、阀门等　D. 以上均正确

214. 处理停水事故的办法是(　　)。

A. 拉响报警系统　B. 快速启动备用系统，立即抢修

C. 立即向领导汇报，自己先处理　D. 以上均正确

215. 车间发生停电事故，应(　　)。

A. 立即启动车间备用电路系统　B. 向上级汇报，并停止生产工作

C. 班长组织车间人员进行检修　D. 以上均正确

216. 工厂发生大面积停电事故时，应(　　)。

A. 停止生产，立即组建抢修
B. 向有关电力部门汇报，立即启动工厂备用电路系统
C. 公司组建抢修小组
D. 以上均正确
217. 关于停电应急说法正确的是(　　)。
A. 立即启用备用电力系统，不能耽误生产
B. 拉响停电应急警报器，停止生产
C. 停止生产，组建人力抢修
D. 以上均正确
218. 主风中断可能的原因是(　　)。
A. 机组负荷调整幅度过大　　B. 供电系统故障
C. 以上皆有可能　　D. 以上都不可能
219. 净化风中断后不可能的是(　　)。
A. 装置内风关阀全开　　B. 装置内风关阀全关
C. 装置内风开阀全关　　D. 带反吹风的仪表失灵
220. 蒸汽压力过低是由于蒸汽减压阀导致的，需对蒸汽减压阀进行(　　)。
A. 安装　　B. 拆除　　C. 装配　　D. 检修和调试
221. 关于装置停蒸汽的操作，以下说法错误的是(　　)。
A. 不同的装置停蒸汽的操作不同　　B. 高压蒸汽与低压蒸汽中断时，操作不同
C. 短时间中断和长时间中断操作不同　　D. 有的装置可用工业风代替，如汽提蒸汽
222. 为预防产品质量事故发生，需要(　　)。
A. 只要把好出产关就没问题
B. 依据产品质量法层层预防
C. 最重要的是生产的那一关，把握好生产关口就好了
D. 只要质监部门把好关口就可以
223. 关于产品质量认识正确的是(　　)。
A. 只要不造成严重事故就没多大关系
B. 产品质量造成事故后，各层领导必须负责直接责任
C. 产品质量造成事故后，立即展开调查，并采取措施
D. 产品质量造成事故后，领导负直接责任
224. 对难溶气体，如欲提高其吸收速率，较有效的手段是(　　)。
A. 增大液相流速　　B. 增大气相流速　　C. 减小液相流速　　D. 减小气相流速
225. 某吸收过程，已知气膜吸收系数 k_Y 为 4×10^{-4}kmol/(m^2·s)，液膜吸收系数 k_X 为 8kmol/(m^2·s)，由此可判断该过程(　　)。
A. 气膜控制　　B. 液膜控制　　C. 判断依据不足　　D. 双膜控制
226. 用水吸收下列气体时，(　　)属于液膜控制。
A. 氯化氢　　B. 氨　　C. 氯气　　D. 三氧化硫
227. 液膜控制吸收过程的条件是(　　)。
A. 易溶气体，气膜阻力可忽略　　B. 难溶气体，气膜阻力可忽略

C. 易溶气体，液膜阻力可忽略　　D. 难溶气体，液膜阻力可忽略

228. 萃取塔发生液泛的原因是(　　)。

A. 萃取剂的通过量较小　　B. 萃取液黏度较小

C. 萃取剂的通过量过大　　D. 与黏度、通过量无关

229. 与精馏操作相比，萃取操作不利的是(　　)。

A. 不能分离组分相对挥发度接近于 1 的混合液

B. 分离低浓度组分消耗能量多

C. 不易分离热敏性物质

D. 流程比较复杂

230. 在结晶操作中，(　　)会出现晶垢现象。

A. 流速或保温不均　　B. 排气不畅

C. 压力过低　　D. 晶种过多

231. 结晶操作过程中，有利于形成较大颗粒晶体的操作是(　　)。

A. 迅速降温　　B. 缓慢降温　　C. 激烈搅拌　　D. 快速过滤

232. 在干燥操作中，导致尾气含粉尘太多的原因是(　　)。

A. 分离器堵塞　　B. 离心盘转速太快

C. 溶液压力过高　　D. 喷嘴孔径太小

233. 在干燥操作中，产品水分含量高的原因是(　　)。

A. 溶液浓度低　　B. 热风相对湿度大

C. 风速大　　D. 分离器积料多

234. 在干燥操作中，(　　)可导致塔壁有积粉。

A. 溶液供量大，雾化效果差　　B. 溶液雾化不均匀

C. 过滤袋破裂　　D. 进料太多蒸发不均匀

235. 在对流干燥过程中，湿空气经过预热器后，下面描述不正确的是(　　)。

A. 湿空气的比容增加　　B. 湿空气的焓增加

C. 湿空气的湿度下降　　D. 空气的吸湿能力增加

236. 除了(　　)，下列都是干燥过程中使用预热器的目的。

A. 提高空气露点　　B. 提高空气干球温度

C. 降低空气的相对湿度　　D. 增大空气的吸湿能力

237. 干、湿球温度差($T-T_{湿}$)较大表示(　　)。

A. 湿空气的吸热能力强　　B. 湿空气的吸湿汽化水分能力强

C. 表示湿空气的相对湿度较大　　D. 湿空气的吸湿汽化水分能力差

238. 将饱和湿空气在等压下降温，其湿度将(　　)。

A. 下降　　B. 不变　　C. 增大　　D. 不能确定

239. 在干燥操作中，湿空气经过预热器后，相对湿度将(　　)。

A. 增大　　B. 不变　　C. 下降　　D. 不能确定

240. 用对流干燥的方法干燥湿物料时，不能除去的水分为(　　)。

A. 平衡水分　　B. 自由水分　　C. 非结合水分　　D. 结合水分

241. 在一定空气状态下，用对流干燥方法干燥湿物料时，能除去的水分为(　　)。

A. 结合水分　B. 非结合水分　C. 平衡水分　D. 自由水分

242. 对于对流干燥器，干燥介质的出口温度应(　　)。

A. 小于露点　B. 等于露点　C. 大于露点　D. 不能确定

243. 气流干燥器适合于干燥(　　)介质。

A. 热固性　B. 热敏性　C. 热稳定性　D. 一般性

244. 在(　　)两种干燥器中，固体颗粒和干燥介质呈悬浮状态接触。

A. 厢式与气流　B. 厢式与流化床　C. 洞道式与气流　D. 气流与流化床

245. 干燥器出口气体状态的限制条件是：气体在离开设备之前(　　)。

A. 不降至湿球温度　B. 不降至露点

C. 不降至绝热饱和温度　D. 不降至空气的初始温度

246. 干燥得以进行的必要条件是(　　)。

A. 物料内部表面温度必须大于物料表面温度

B. 物料内部水蒸气压力必须大于物料表面水蒸气压力

C. 物料表面水蒸气压力必须大于空气中的水蒸汽压力

D. 物料表面温度必须高于空气温度

247. 同一物料，如恒速阶段的干燥速率加快，则该物料的临界含水量将(　　)。

A. 不变　B. 减少　C. 增大　D. 不一定

248. 相同的湿空气以不同流速吹过同一湿物料，流速越大，物料的平衡含水量(　　)。

A. 越大　B. 越小　C. 不变　D. 先增大后减小

249. 精馏塔中自上而下(　　)。

A. 分为精馏段、加料板和提馏段三个部分

B. 温度依次降低

C. 易挥发组分浓度依次降低

D. 蒸汽质量依次减少

250. 下列叙述错误的是(　　)。

A. 板式塔内以塔板作为气液两相接触传质的基本构件

B. 安装出口堰是为了保证气液两相在塔板上有充分的接触时间

C. 降液管是塔板间液流通道，也是溢流液中所夹带气体的分离场所

D. 降液管与下层塔板的间距应大于出口堰的高度

251. 精馏的操作线为直线，主要是因为(　　)。

A. 理论板假设　B. 理想物系　C. 塔顶泡点回流　D. 恒摩尔流假设

252. 精馏中引入回流，下降的液相与上升的气相发生传质，使上升的气相易挥发组分浓度提高，最恰当的说法是(　　)。

A. 液相中易挥发最分进入气相

B. 气相中难挥发组分进入液相

C. 液相中易挥发组分和难挥发组分同时进入气相，但其中易挥发组分较多

D. 液相中易挥发组分进入气相和气相中难挥发组分进入液相必定同时发生

253. 要想得到98%质量的乙醇，适宜的操作是(　　)。

A. 简单蒸馏　B. 精馏　C. 水蒸气蒸馏　D. 恒沸蒸馏

254. 加压精馏常用于分离混合物的沸点较(　　)的情况。

A. 高　B. 低　C. 远　D. 近

255. 从节能的观点出发，适宜回流比 R 应取最小回流比 R_{min} 的(　　)倍。

A. 1.1　B. 1.3　C. 1.7　D. 2.0

256. 某精馏塔的馏出液量是 50kmol/h，回流比是 2，则精馏段的回流量是(　　)kmol/h。

A. 100　B. 50　C. 25　D. 125

257. 若仅仅加大精馏塔的回流量，会引起以下的结果是(　　)。

A. 塔顶产品中易挥发组分浓度提高　B. 塔底产品中易挥发组分浓度提高

C. 提高塔顶产品的产量　D. 减少塔釜产品的产量

258. 冷凝器的作用是提供(　　)产品及保证有适宜的液相回流。

A. 塔顶气相　B. 塔顶液相　C. 塔底气相　D. 塔底液相

259. 精馏塔的下列操作中先后顺序正确的是(　　)。

A. 先通加热蒸汽再通冷凝水　B. 先全回流在调节回流比

C. 先停再沸器再停进料　D. 先停冷却水在停产品产出

260. 某二元混合物，进料量为 100kmol/h，$x_F=0.6$，要求塔顶 x_D 不小于 0.9，则塔顶最大产量为(　　)。

A. 60kmol/h　B. 66.7kmol/h　C. 90kmol/h　D. 100kmol/h

261. 精馏段操作线的斜率为 $R/(R+1)$，全回流时其斜率等于(　　)。

A. 0　B. 1　C. ∞　D. -1

262. 精馏过程中采用负压操作可以(　　)。

A. 使塔操作温度提高　B. 使物料的沸点升高

C. 使物料的沸点降低　D. 适当减少塔板数

263. 精馏塔开车时，塔顶馏出物应该是(　　)。

A. 全回流　B. 部分回流部分出料

C. 应该低于最小回流比回流　D. 全部出料

264. 精馏塔在全回流操作下(　　)。

A. 塔顶产品量为零，塔底必须取出产品

B. 塔顶、塔底产品量为零，必须不断加料

C. 塔顶、塔底产品量及进料量均为零

D. 进料量与塔底，但必须从塔顶取出产品

265. 下列操作中，(　　)会造成塔底轻组分含量大。

A. 塔顶回流量小　B. 塔釜蒸汽量大　C. 回流量大　D. 进料温度高

266. 如果精馏塔进料组成变化，轻组分增加，则(　　)。

A. 釜温下降　B. 釜温升高　C. 釜压升高　D. 顶温升高

267. 最小回流比(　　)。

A. 回流量接近于零　B. 在生产中有一定应用价值

C. 不能用公式计算　D. 是一种极限状态，可用来计算实际回流比

268. 其他条件不变的条件下，增大回流比能(　　)。

A. 减少操作费用　　B. 增大设备费用
C. 提高产品纯度　　D. 增大塔的生产能力

269. 以下说法正确的是(　　)。
A. 冷液进料 $q=1$　　B. 气液混合进料 $0<q<1$
C. 过热蒸汽进料 $q=0$　　D. 饱和液体进料 $q<1$

270. 精馏塔操作时，回流比与理论塔板数的关系是(　　)。
A. 回流比增大时，理论塔板数也增多
B. 回流比增大时，理论塔板数减少
C. 全回流时，理论塔板数最多，但此时无产品
D. 回流比为最小回流比时，理论塔板数最小

271. 精馏塔塔底产品纯度下降，可能是(　　)。
A. 提馏段板数不足　　B. 精馏段板数不足
C. 再沸器热量过多　　D. 塔釜温度升高

272. 精馏操作中，料液的黏度越高，塔的效率(　　)。
A. 越低　　B. 有微小的变化　　C. 不变　　D. 越高

273. (　　)是结晶过程必不可少的推动力。
A. 饱和度　　B. 溶解度　　C. 平衡溶解度　　D. 过饱和度

274. 结晶进行的先决条件是(　　)。
A. 过饱和溶液　　B. 饱和溶液　　C. 不饱和溶液　　D. 都可以

275. 在结晶过程中，杂质对晶体成长速率(　　)。
A. 有抑制作用　　B. 有促进作用
C. 有的有抑制作用，有的有促进作用　　D. 没有影响

276. 萃取剂的选用，首要考虑的因素是(　　)。
A. 萃取剂回收的难易　　B. 萃取剂的价格
C. 萃取剂的选择性　　D. 萃取剂稳定性

277. 萃取剂的选择系数是溶剂和原溶剂分别在两相中的(　　)。
A. 质量浓度之比　　B. 摩尔浓度之比　　C. 溶解度之比　　D. 分配系数之比

278. 进行萃取操作时，应使(　　)。
A. 分配系数大于 1　　B. 分配系数小于 1
C. 选择性系数大于 1　　D. 选择性系数小于 1

279. 在萃取操作中用于评价溶剂选择性好坏的参数是(　　)。
A. 溶解度　　B. 分配系数　　C. 选择性系数　　D. 挥发度

280. 萃取剂的选择性(　　)。
A. 是液液萃取分离能力的表征　　B. 是液固萃取分离能力的表征
C. 是吸收过程分离能力的表征　　D. 是吸附过程分离能力的表征

281. 进行萃取操作时，应使溶质的分配系数(　　)1。
A. 等于　　B. 大于　　C. 小于　　D. 无法判断

282. 萃取操作应包括(　　)。
A. 混合-澄清　　B. 混合-蒸发　　C. 混合-蒸馏　　D. 混合-水洗

283. 对于同样的萃取回收率，单级萃取与多级萃取相比所需的溶剂量(　　)。

A. 较小　B. 较大　C. 不确定　D. 相等

284. 混合溶液中待分离组分浓度很低时一般采用(　　)的分离方法。

A. 过滤　B. 吸收　C. 萃取　D. 离心分离

285. 填料萃取塔的结构与吸收和精馏使用的填料塔基本相同。在塔内装填充物，(　　)。

A. 连续相充满整个塔中，分散相以滴状通过连续相

B. 分散相充满整个塔中，连续相以滴状通过分散相

C. 连续相和分散相充满整个塔中，使分散相以滴状通过连续相

D. 连续相和分散相充满整个塔中，使连续相以滴状通过分散相

286. 与精馏操作相比，萃取操作不利的是(　　)。

A. 不能分离组分相对挥发度接近 1 的混合液

B. 分离低浓度组分消耗能量多

C. 不易分离热敏性物质

D. 流程比较复杂

287. 精馏塔开车操作步骤有：①启动再沸器；②进料过程；③调整至正常；④建立回流，其正确的顺序应为(　　)。

A. ①②③④　B. ①③②④　C. ②①④③　D. ④③②①

288. 有些精馏塔投料开车前需要进行化学处理，用气焊火焰将塔内所有表面过火一遍，属于下列(　　)。

A. 金属表面钝化　B. 脱脂

C. 杀灭余留活性中心　D. 以上都不是

289. 精馏塔投料开车步骤应首先进行(　　)。

A. 工艺调整　B. 建立回流　C. 启动再沸器　D. 置换氮气

290. 吸收塔开车步骤应首先(　　)。

A. 氮气充压　B. 进吸收油　C. 吸收油冷循环　D. 进富气

291. 吸收塔开车操作步骤，(　　)后可以进富气。

A. 氮气充压　B. 进吸收油　C. 吸收油冷循环　D. 吸收油热循环

292. 开车时需要预热干燥塔，塔内等冷凝水全部变为蒸汽排出以后方可进料的是(　　)。

A. 气流干燥　B. 闪蒸干燥　C. 带式干燥　D. 喷雾干燥

293. 湿物料在设备内被抄板抄起至一定高度后落下，在下落过程中接触热风，进行干燥的是(　　)。

A. 喷雾干燥　B. 带式干燥　C. 转筒干燥　D. 流化床干燥

294. 开车时不需要热风干燥的是(　　)。

A. 气流干燥　B. 真空干燥　C. 喷雾干燥　D. 闪蒸干燥

295. 精馏系统在清洗时，其工艺操作是(　　)。

A. 逆流程进行　B. 和正常生产操作一样

C. 分别单独冲洗各设备　D. 没有具体的操作方案

296. 精馏系统在清洗后，设备管线需要进行(　　)处理。

A. 吹干　B. 吹扫　C. 蒸汽置换　D. 不需要进一步处理

297. 在精馏塔操作中，若出现塔釜温度及压力不稳时，产生的原因可能是(　　)。

A. 蒸汽压力不稳定　B. 疏水器不畅通

C. 加热器有泄漏　D. 以上三种原因均有可能

298. (　　)是保证精馏过程连续稳定操作的必要条件之一。

A. 液相回流　B. 进料　C. 侧线抽出　D. 产品提纯

299. 决定精馏塔分离能力大小的主要因素是(　　)。

A. 相对挥发度　B. 理论塔板数　C. 回流比　D. 以上三者皆是

300. 吸收塔内不同截面处吸收速率(　　)。

A. 各不相同　B. 基本相同　C. 完全相同　D. 均为 0

301. 在吸收操作中，其他条件不变，只增加操作温度，则吸收率将(　　)。

A. 增加　B. 减小　C. 不变　D. 不能确定

302. 在填料吸收塔中，为了保证吸收剂液体的均匀分布，塔顶需设置(　　)。

A. 液体喷淋装置　B. 再分布器　C. 冷凝器　D. 塔釜

303. 在对流干燥过程中，湿空气进过预热器后，下面描述不正确的是(　　)。

A. 湿空气的比容增加　B. 湿空气的焓增加

C. 湿空气的温度下降　D. 空气的吸湿能力增加

304. 除了(　　)，下列都是干燥过程中使用预热器的目的。

A. 提高空气露点　B. 提高空气干球温度

C. 降低空气相对湿度　D. 增大空气吸湿能力

305. 精馏塔发生液泛的原因是(　　)。

A. 负荷高，进入液泛区

B. 液体下降不畅，降液管局部被垢污堵塞

C. 加热太猛烈，气相负荷太高

D. 以上均是

306. 精馏塔发生淹塔现象时的处理方法正确的是(　　)。

A. 降回流，增大采出量　B. 检查疏水阀

C. 稳定塔釜温度　D. 调节回流比

307. 精馏塔系统压力增高的原因是(　　)。

A. 塔板堵，液体回不到塔釜　B. 冷剂温度高或循环小

C. 回流管不通畅　D. 以上均是

308. 精馏塔在操作中，塔顶压力下降过快，易造成精馏塔(　　)。

A. 淹塔　B. 液泛　C. 塔釜液位上升　D. 塔温上升

309. 在精馏塔操作中，塔顶采出液中重组分超标是因为(　　)。

A. 塔顶压力高　B. 塔釜温度低　C. 塔顶温度高　D. 塔釜压力低

310. 对于吸收过程说法正确的是(　　)。

A. 是放热过程，使体系温度上升

B. 是放热过程，使体系温度上升，吸收率上升

C. 是放热过程，使体系温度减少
D. 是放热过程，使体系温度不变

311. 在实际吸收过程中有关吸收剂用量说法正确的是(　　)。
A. 吸收剂用量过小，尾气浓度变化不明显，吸收率下降
B. 吸收剂用量过小，富液浓度增加
C. 吸收剂用量增大，气液接触面积增大，可升高吸收温度
D. 吸收剂用量增大，吸收推动力增大，吸收率增大

312. 可以采用(　　)方法强化吸收过程。
A. 增大吸收面积，减小推动力　　B. 增大吸收系数
C. 减小推动力　　D. 增大吸收系数，减小推动力

313. 填料吸收塔内压差太大的原因是(　　)。
A. 吸收剂用量波动　　B. 进塔吸收剂量大
C. 液面调节器出故障　　D. 以上皆是

314. 根据双膜理论，在气液接触界面处(　　)。
A. 气体组成大于液体组成　　B. 气体组成小于液体组成
C. 气体组成等于液体组成　　D. 气体组成液体组成平衡

315. 吸收塔尾气超标，可能引起的原因是(　　)。
A. 塔压增大　　B. 吸收剂降温
C. 吸收剂用量增大　　D. 吸收剂纯度下降

316. 在填料塔中，低浓度难溶气体逆流吸收时，若其他条件不变，但入口气量增加，则出口气体吸收质组成将(　　)。
A. 增加　　B. 减少　　C. 不变　　D. 不定

317. 如果塔中有直接蒸汽，为了避免塔板漏液，增加合格产品量应(　　)。
A. 排尽直接蒸汽　　B. 大幅增加直接蒸汽
C. 适当增加直接蒸汽量　　D. 以上均不是

318. 吸收塔停车操作：①逐步降低气相负荷，直到无流量；②逐步关闭吸收剂管线调节阀，停止吸收剂的供应；③关闭吸收剂加料泵；④打开吸收塔底放净管线，将塔釜中液体全部放出。其正确顺序是(　　)。
A. ①②③④　　B. ②①③④　　C. ③②①④　　D. ③①②④

319. 吸收塔在(　　)的情况下紧急停车
A. 停电　　B. 停水　　C. 吸收剂失效　　D. A 和 B

320. 气流干燥机停车操作最后才能(　　)。
A. 停止仪表控制　　B. 停止空气压缩机　　C. 停止加料器加料　　D. 停止引风机引风

二、判断题

1. 在精馏塔中从上到下，气相中易挥发组分的浓度逐渐降低。
2. 精馏操作是一个传热与传质同时进行的过程。
3. 为了保证塔顶产品的质量，回流越大越好。
4. 减压精馏过程中，由于溶液中难挥发组分的饱和蒸气压增大，故对分离有利。
5. 沸程又叫馏程。它是指单组分物料在一定压力下从初馏点到干点的温度范围。

6. 回流比的大小对精馏塔塔板数和进料位置的设计起着重要的作用。

7. 减压精馏时，可降低精馏的操作温度。

8. 锅炉因严重缺水造成停炉后，应等待降温后再向锅炉内送水。

9. 当吸收为气膜控制时，操作过程中吸收剂的用量增大对吸收有利。

10. 对气体吸收塔出现沟流现象，可增大气液接触面积来解决，从而也增大了吸收速率。

11. 减压蒸馏时应先加热再抽真空。

12. 理想的进料板位置是其气体和液体组成与进料的气体和液体组成最接近。

13. 塔顶产品纯度降低的原因之一就是塔上半段板数过少。

14. 填料主要是用来阻止气液两相的接触，以免发生液泛现象。

15. 再沸器的作用是给精馏塔提供热源，使物料得到加热汽化。

16. 浮阀塔板的特点是造价较高、操作弹性小、传质性差。

17. 液泛不能通过压强降来判断。

18. 精馏塔进料温度升高，其提馏段的提浓能力不会改变。

19. 精馏操作时，增大回流比，其他操作条件不变，则精馏段的液气比和馏出液的组成均不变。

20. 筛板精馏塔的操作弹性大于泡罩精馏塔的操作弹性。

21. 精馏过程中，平衡线随回流比的改变而改变。

22. 决定精馏塔分离能力大小的主要因素是：相对挥发度、理论塔板数、回流比。

23. 填料的等板高度越高，表明其传质效果越好。

24. 精馏塔内的温度随易挥发组分浓度的增大而降低。

25. 在蒸馏中，回流比的作用是维持蒸馏塔的正常操作，提高蒸馏效果。

26. 蒸馏塔发生液泛现象可能是由于气相速度过大，也可能是液相速度过大。

27. 蒸馏塔总是塔顶作为产品，塔底作为残液排放。

28. 系统的平均相对挥发度 α 可以表示系统的分离难易程度，$\alpha>1$ 可以分离，$\alpha=1$ 不能分离，$\alpha<1$ 更不能分离。

29. 评价塔板结构时，塔板效率越高，塔板压降越低，则该种结构越好。

30. 通过简单蒸馏可以得到接近纯的组分。

31. 如 X_D、X_F、X_W 一定，进料为泡点的饱和液体，则其所需精馏段理论塔板数一定比冷液体进料要少。

32. 当塔顶产品重组分增加时，应适当提高回流量。

33. 浮阀塔板结构比较简单，造价也不高，操作弹性大，是一种优良的塔板。

34. 精馏操作的回流比减小至最小回流比时，所需理论板数为最小。

35. 在精馏塔内任意一块理论板上，其气相露点温度要大于液相的泡点温度。

36. 用来表达蒸馏平衡关系的定律叫亨利定律。

37. 气液相回流是维持精馏稳定连续进行的必要条件。

38. 精馏是传热和传质同时发生的单元操作过程。

39. 精馏操作中，塔顶馏分重组分含量增加时，常采用降低回流比来使产品质量合格。

40. 精馏塔操作中常采用灵敏板温度来控制塔釜再沸器的加热蒸汽量。

41. 精馏操作中，当操作回流比小于最小回流比时，精馏塔就不能正常工作。
42. 对于溶液来讲，泡点温度等于露点温度。
43. 精馏塔釜压升高将导致塔釜温度下降。
44. 在产品浓度要求一定的情况下，进料温度越低，精馏所需的理论板数就越少。
45. 精馏塔的总板效率就是各单板效率的平均值。
46. 精馏塔中温度最高处在塔顶。
47. 灵敏板温度上升，塔顶产品浓度将提高。
48. 二元溶液连续精馏计算中，进料热状态的变化将引起操作线与 q 线的变化。
49. 精馏段、提馏段操作线方程为直线基于的假设为理论板。
50. 精馏塔操作中，若馏出液质量下降，常采用增大回流比的办法使产品质量合格。
51. 在精馏过程种，塔顶产品流量总是小于塔釜产品流量。
52. 填料塔由液体分布器、气体分布器、溢流装置和填料支承板等若干部件构成。
53. 从相平衡角度来说，低温高压有利于吸收，因此吸收操作时系统压力越大越好。
54. 填料乱堆安装时，首先应在填料塔内注满水。
55. 当气体溶解度很大时，可以提高气相湍流强度来降低吸收阻力。
56. 吸收操作的作用是分离气液混合物。
57. 一般精馏用板式塔，吸收用填料塔。
58. 亨利系数 E 值很大，为易溶气体。
59. 吸收进行的依据是混合气体中各组分的浓度不同。
60. 温度与压力升高，有利于解吸的进行。
61. 吸收塔进气温度越低，气相中水蒸气含量越少，则对吸收操作越有利。
62. 吸收操作时，增大液气比总是有利于吸收操作的。
63. 在选择吸收塔用的填料时，应选比表面积大的，空隙率大的和填料因子大的填料才好。
64. 难溶的气体吸收阻力主要集中在气膜上。
65. 亨利定律是稀溶液定律，适用于任何压力下的难溶气体。
66. 泛点气速是填料吸收塔空塔速度的上限。
67. 在吸收过程中不能被溶解的气体组分叫惰性气体。
68. 气阻淹塔的原因是由于上升气体流量太小引起的。
69. 正常操作的逆流吸收塔中，如吸收剂入塔量减少，会造成实际液气比小于原定的最小液气比，从而将导致吸收过程无法进行。
70. 对流干燥速率的快慢只取决于传热，与干燥介质无关。
71. 利用浓 H_2SO_4 吸收物料中的湿分是干燥过程。
72. 物料的平衡水分随其本身温度升高的变化趋势而增大。
73. 在恒速干燥阶段所除去的水分是非结合水和部分结合水。
74. 恒定干燥介质条件下，降速干燥阶段的湿料表面温度为湿球温度。
75. 湿球温度计是用来测定空气的一种温度计。
76. 干燥介质干燥后离开干燥器其湿含量会增加，温度也会上升。
77. 在条件相同的情况下，干燥过程中空气消耗量(L)在通常情况下，夏季比冬季为大。

78. 在恒速干燥阶段，湿物料表面的温度近似等于热空气的湿球温度。

79. 湿空气的湿度是衡量其干燥能力大小的指标值。

80. 干燥过程既是传热过程又是传质过程。

81. 在物料干燥过程中所能除去的水分均是非结合水分。

82. 对于一定量干球温度的空气，当其相对湿度愈低时，则其湿球温度也愈低。

83. 临界水分是在一定空气状态下，湿物料可能达到的最大干燥限度。

84. 在干燥过程中，只有物料与湿度为零的绝干空气接触时，才可能得到绝干物料。

85. 湿空气进入干燥器前预热，可降低其相对湿度。

86. 湿空气的干球温度和湿球温度一般相等。

87. 任何湿物料只要与一定温度的空气相接触都能被干燥为绝干物料。

88. 萃取设备不仅需要混合能力，而且还需分离能力。

89. 萃取操作，返混随塔径增加而增强。

90. 填料塔不可以用来作萃取设备。

91. 通常物系的温度升高，组分 B、S 的互溶度加大，两相区面积减小，都有利于萃取分离。

92. 在多级逆流萃取中，欲达到同样的分离程度，溶剂比愈大，则所需理论级数愈少。

93. 萃取剂 S 与溶液中原溶剂 B 可以不互溶，也可以部分互溶，但不能完全互溶。

94. 分配系数 k 值越大，对萃取越有利。

95. 萃取操作的结果，萃取剂和被萃取物质必须能够通过精馏操作分离。

96. 液-液萃取中，萃取剂的用量无论多少，均能使混合物出现两相而达到分离的目的。

97. 均相混合液中有热敏性组分，采用萃取方法可避免物料受热破坏。

98. 含 A、B 两种成分的混合液，只有当分配系数大于 1 时，才能用萃取操作进行分离。

99. 萃取操作中，一般情况下选择性系数 $\beta>1$。

100. 萃取温度越低萃取效果越好。

101. 萃取剂必须对混合液中欲萃取出来的溶质 A 有显著的溶解能力，而对其他组分而言，则完全不溶或溶解能力很小。

102. 精馏塔全回流操作时，可在最短的时间内达到气液相平衡。

103. 原料消耗定额是指生产单位产品所需主要原料和辅助材料的消耗量。

104. 单元物系的三相点，其自由度数为 3。即确定此点状态的温度和压力都不能改变。

105. 动火现场要彻底清除易燃、可燃物，设备内氧含量控制在 18%~21%，器内可燃物浓度在低于 1.0%，厂房内可燃物浓度低于 2.0%。

106. 工艺设计中，精馏塔的实际回流比应是最小回流比的 0.5~2 倍。

107. 精馏操作中的雾沫夹带是一定量的汽相雾滴上升到上一块塔板内的现象。

108. 干燥过程中，物料本身温度越低，则表面汽化速度和内部扩散速度越高，干燥速度也将加快。

109. 锅炉发生水击现象，主要存在于锅筒和管道内。

110. 换热器在使用前试压重点检查法兰接口及脱口。

111. 精馏塔操作中常采用灵敏板来控制塔釜再沸器的加热蒸汽量。

112. 为防止透平压缩机的喘振现象，在出口管中采取装放空阀或部分放空并回流的措施。

113. 当锅炉严重缺水时，应请示停炉。

114. 当精馏塔顶馏分中重组分含量增加时，常采用降低回流比的方法使产品产量合格。

115. 压缩机启动前，必须先启动内部油泵，并注油 1min 以上才能起动主电机。

116. 换热器壳程介质流速太快是换热器发生振动的原因之一。

117. 水环式真空泵也可当鼓风机用，但此时需将泵的进口接设备，出口接大气。

118. 塔压差是判断精馏操作加料、出料是否均衡的重要标志之一。

119. 烷基化是有机化合物分子中引入烷基的单元过程。

120. 注射机的规格一般用注射量的大小来表示。

121. 分离过程可以分为机械分离过程和传质分离过程两大类。

122. 丁腈橡胶采用溶液聚合法生产。

123. 广义上讲，凡是有机化合物在高温下分子发生分解的过程都称为裂解。

124. 催化剂活性是判断催化剂性能高低的标准。

125. 载体是催化活性物质的分散剂、黏合物或支持物。

126. 天然气中的干气就是不含水分的气体。

127. 溶液聚合的优点是反应热可借溶剂蒸发而带走。

128. 精制是机械分离过程。

129. 空速大，接触时间短；空速小，接触时间长。

130. 化工生产中，加热时需在热水和蒸汽之间切换时，必须排尽夹套内的热水。

131. 裂解原料中硫含量对炉管有腐蚀作用，故其含量越少越好。

132. 单螺杆挤出机的螺杆一般分为三段，即加料段、压缩段和均化段。塑料粒子的熔化主要在均化段完成。

133. 操作精馏塔时，要注意塔釜温度，防止蒸汽量过大发生液泛。

134. 生产合成橡胶的主要单体有丁二烯、异戊二烯、苯乙烯、异丁烯、丙烯腈、丙烯、乙烯等。

135. 在停真空泵之前，应先将真空泵上的循环阀门打开，等真空泵上的压力表显示为零时，再关闭电源。

136. 将石油加工成各种石油产品的过程称为石油炼制。

137. 合成氨的生产过程必须在高温、高压、催化剂条件下进行。

138. 尼龙(锦纶)的优异性能有：耐磨性好、强度高、弹性模量小、密度小、吸湿性好。

139. 液相本体法生产聚丙烯的投料顺序为：第一步投底料；第二步投活化剂；第三步加催化剂；第四步加氢气。

140. 聚合物的熔融指数在一定温度、压力条件下，聚合物经过一定长度、一定直径的毛细管，在 5min 内流出的物料量(以克计)。

141. 煤水蒸汽转化法制氢工艺中，水蒸气分解率代表水蒸气与碳的反应程度。

142. 热塑性塑料的使用温度都在 T_g 以下，橡胶的使用温度都在 T_g 以上。

143. 聚氯乙烯在工业上的生产方法主要是乳液聚合。

144. 二氧化硫氧化制三氧化硫属于可逆放热反应，存在最佳温度。

145. 合成纤维制成的衣物易污染，不吸汗，夏天穿着时易感到闷热。

146. 聚氯乙烯树脂都是由氯乙烯单体经自由基聚合反应合成的，其工业生产方法主要为本体聚合法。

147. 聚甲基丙烯的聚合反应属于自由基聚合反应。

148. 聚氯乙烯被广泛用于各种包装、容器，如食品保鲜膜等。

149. 连锁式聚合反应过程包括链引发、链增长、链终止。

150. 在乳液聚合中，乳化剂不参加聚合反应，但它的存在对聚合反应(聚合反应速率和聚合物的相对分子质量)有很大影响。

151. 聚乙酸乙烯醇解时用酸作催化剂。

152. 对于合成氨中一氧化碳变换反应，存在着一个最佳反应温度。

153. 合成或天然树脂，外加一定的助剂而加工成的产品就称为纤维。

154. 一般橡胶的加工温度为 80~100℃，而丁苯橡胶塑炼的最高温度可达 130~150℃。

155. 酯化反应必须采取边反应边脱水的操作才能将酯化反应进行到底。

156. 玻璃钢是一种以玻璃丝为主要填料的不饱和树脂塑料。

157. 硫酸生产的主要工序：硫铁矿的预处理、二氧化硫炉气的制备、炉气的净化及干燥、二氧化硫的催化氧化和三氧化硫的吸收。

158. 氨氧化法制硝酸时，降低温度、提高压力可以提高一氧化碳的转化率。

159. 未经硫化的橡胶分子结构是线型或支链型，硫化的目的是使橡胶分子适度交联，形成体型或网状结构。

160. PET 和 PA 都不能采用悬浮聚合、乳液聚合方法来生产。

161. 悬浮聚合可以近似认为是由无数个小本体聚合组成的。

162. 本体聚合的关键问题是聚合热的排除。

163. 聚氯乙烯可用于食品的包装。

164. 合成氨中的铜洗操作中，会导致总铜下降的是氧气。

165. 塑炼是指将橡胶由高弹态转变为可塑状态的过程。

166. 在氨合成塔中，提高氨净值的途径：升高温度、提高压力、保持氢氮比为 3 左右并减少惰性气体含量。

167. 在尿素的生产工艺中，提高氨碳比能防止缩二脲的生成，保证产品质量，同时减轻甲铵液对设备的腐蚀。

168. 以水蒸气为汽化剂，制取的煤气为水煤气。

169. 悬浮聚合体系一般由单体、水、分散剂、引发剂组成。

170. 酚醛树脂、醇酸树脂、聚酰胺属于缩聚物有机高分子化合物。

171. 若想增大丁苯橡胶的刚性可增大苯乙烯的比例。

172. 把 80℃热水冷却成常温水的操作也称为冷冻。

173. 冷冻剂是制冷系统中循环的工作介质。

174. 冷冻剂是制冷系统中循环的工作介质，冷冻剂在气化时放出热量。

175. 在氨-水溶液中，氨为制冷剂，水为吸收剂。

176. 在制冷剂安全分类中，大写字母表示制冷剂毒性危害，阿拉伯数字表示燃烧性危险程度。

177. 连接制冷设备时，氨系统必须用无缝钢管。

178. 制冷系统的管路连接有两种方式，即焊接和螺纹连接，前者为不可拆卸连接，后者为可拆卸连接。

179. 在制冷循环中，节流膨胀后，会使液氨温度下降。

180. 实际气体的压缩过程包括吸气、压缩、排气、膨胀四个过程。

181. 复叠式制冷系统在低温部分设置一个缓冲罐，是供停机时储存制冷剂用。

182. 制冷系统为了美观，管道弯头可以做成任何角度。

183. 压缩机铭牌上标注的生产能力，通常是指常温状态下的体积流量。

184. 螺杆式制冷压缩机的结构简单，螺杆的加工精度要求也不高。

185. 两级蒸汽压缩式制冷系统的启动步骤：先启动低压压缩机，然后再启动高压压缩机。

186. 制冷空调设备日常维护保养安全要求是“四勤”是指，勤看仪表、勤摸设备温度、勤听设备运转声音、勤了解使用部门的要求。

187. 螺杆式制冷压缩机启动前，观察机器上高低压情况，若不平衡，要启动平衡阀，使高低压压力平衡后，再关闭平衡阀。

188. 关于氨泵的操作，原则上是先开机，后开泵，先开风机，后供液。

189. 湿空气温度一定时，相对湿度越低，湿球温度也越低。

190. 若以湿空气作为干燥介质，由于夏季的气温高，则湿空气用量减少。

191. 湿空气在预热过程露点是不变的参数。

192. 对流干燥中湿物料的平衡水分与湿空气的性质有关。

193. 相对湿度越低，则距离饱和程度越远，表明该湿空气吸收水汽的能力越弱。

194. 对于不饱和空气，其干球温度>湿球温度>露点温度总是成立的。

195. 当空气温度为 t、湿度为 H 时，干燥产品含水量为零是干燥的极限。

196. 空气的干、湿球温度及露点温度在任何情况下都应该是不相等的。

197. 湿空气的湿度是衡量其干燥能力大小的指标值。

198. 在一定温度下，物料中的结合水分与非结合水分的划分只与物料本身性质有关，而与空气状态无关。

199. 平衡水分是物料在一定空气状态下可能干燥的最大限度。

200. 平衡水分一定是结合水分，非结合水分一定是自由水分。

201. 干燥硫化氢气体中的水分可以用浓硝酸。

202. 湿空气进入干燥器前预热，可以降低其相对湿度。

203. 干燥过程中既是传热过程又是传质过程。

204. 对流干燥速率的快慢只取决于传热，与干燥介质无关。

205. 在其他条件相同的情况下，干燥过程中空气消耗量 L，在夏季比冬季大。

206. 根据恒摩尔流的假设，精馏塔中每层塔板液体的摩尔流量和蒸汽的摩尔流量均相等。

207. 对乙醇-水系统，用普通精馏方法进行分离，只要塔板数足够，可以得到纯度为 0.98(摩尔分数)以上的纯酒精。

208. 含 50%乙醇和 50%水的溶液，用普通蒸馏的方法不能获得 98%的乙醇水溶液。

209. 采用图解法与逐板法求理论塔板数的基本原理相同。

210. 精馏采用饱和蒸汽进料时，精馏段与提馏段下降液体的流量相等。

211. 精馏塔的总板效率就是各单板效率的平均值。

212. 实现稳定的精馏操作必须保持全塔系统的物料平衡和热量平衡。

213. 最小回流比状态下的理论塔板数为最少理论塔板数。

214. 分离任务要求一定，当回流比一定时，在五种进料状况中，冷液进料的 q 值最大，提馏段操作线与平衡线之前的距离最小，分离所需的总理论塔板数最多。

215. 精馏操作时，塔釜温度偏低，其他操作条件不变，则馏出液的组成变低。

216. 间歇蒸馏塔塔顶馏出液中的轻组分浓度随着操作的进行逐渐增大。

217. 已知某精馏塔操作时的进料线(q 线)方程为：$y=0.6$，则该塔的进料热状况为饱和液体进料。

218. 精馏塔的不正常操作现象有液泛、泄露和气体的不均匀分布。

219. 对于普通物系，原料组成浓度越低，塔顶产品达到同样浓度所需的最小回流比越大。

220. 精馏过程塔顶产品流量总是小于塔釜产品流量。

221. 精馏塔釜压升高将导致塔釜温度下降。

222. 精馏塔压力升高，液相中易挥发组分浓度升高。

223. 理想的进料板位置是气体和液体的组成与进料的气体和液体组成最接近。

224. 灵敏板温度上升，塔顶产品浓度将提高。

225. 减压蒸馏时应先加热再抽真空。

226. 精馏塔操作中常采用灵敏板温度来控制塔釜再沸器的加热蒸汽量。

227. 雾沫夹带过量是造成精馏塔液泛原因之一。

228. 二元溶液连续精馏计算中，进料热状态的变化将引起操作线与 q 线的变化。

229. 精馏过程中，平衡线随回流的变化而变化。

230. 决定精馏塔分离能力大小的主要因素是相对挥发度、理论塔板数、回流比。

231. 过饱和度是产生结晶过程的根本推动力。

232. 冷却结晶适用于溶解度随温度降低而显著降低的物系。

233. 当溶液处于饱和状态时，溶解与结晶过程停止。

234. DTB 型结晶器属于间歇结晶设备。

235. 根据双模理论，吸收过程的主要阻力集中在两流体的双模内。

236. 亨利定律是稀溶液定律，适用于任何压力下的难溶气体。

237. 亨利系数 E 值很大，为易溶气体。

238. 难溶气体的吸收阻力主要集中在气膜上。

239. 吸收操作是双向传质过程。

240. 水吸收氨-空气混合气体中的氨的过程属于液膜控制。

241. 填料吸收塔正常操作时的气体流速必须小于载点气速。

242. 填料吸收塔正常操作时的气体流速必须大于载点气速，小于泛点气速。

243. 吸收塔中气液两相为并流流动。

244. 填料塔的基本结构包括：圆柱形塔体、填料、填料压板、填料支撑板、液体分布装置、液体再分布装置。

245. 吸收过程一般只能在填料塔中进行。

246. 吸收既可以选用板式塔，也可以用填料塔。

247. 吸收塔在开车时，先启动吸收剂，后充压至操作压力。

248. 吸收塔在停车时，先卸压至常压后方可停止吸收剂。

249. 填料塔的液体再分布器的主要作用就是防止壁流的产生。

250. 吸收塔的吸收速率随着温度的提高而增大。

251. 吸收操作中，所选用的吸收剂的黏度要低。

252. 吸收操作中吸收剂用量越多越有利。

253. 提高传热系数可以提高蒸发器的蒸发能力。

254. 在蒸发操作中，由于溶液中含有溶质，故其沸点必然低于纯溶剂在同一压力下的沸点。

255. 蒸发操作中，少量不凝性气体的存在，对传热的影响可忽略不计。

256. 蒸发过程的实质是通过间壁的传热过程。

257. 多效蒸发流程中，主要用在蒸发过程中有晶体析出场合的平流加料。

258. 多效蒸发流程中，效数越多越好。

259. 中央循环管式蒸发器是强制循环蒸发机。

260. 逆流加料的蒸发流程不需要用泵来输送溶液，因此能耗低，装置简单。

261. 溶液在中央循环管蒸发器中的自然循环是由于压强差造成的。

262. 萃取操作时选择性系数的大小反映了萃取剂对原溶液分离能力的大小，选择性系数必须大于 1，并且越大越有利于分离。

263. 分配系数 k_A 小于 1，表示萃余相中 A 组分的浓度小于萃取相中 A 组分的浓度。

264. 萃取塔开车时，应先注满连续相，后进分散相。

265. 萃取塔正常操作时，两相的速度必须高于液泛速度。

266. 均相混合液中有热敏性组分，采用萃取方法可以避免物料受热破坏。

267. 填料塔不可以用来做萃取设备。

268. PPB 塑料管其耐高温型能优于 PPR 塑料管。

269. 蒸馏操作是单向传质过程。

270. 吸收操作中，增大液体吸收剂的用量有利于增加传质推动力，提高吸收速率。

271. 吸收塔的吸收速率随着温度的提高而增大。

272. 根据双模理论，在气液两相界面处传质阻力最大。

273. 当气体溶解度很大时，吸收阻力主要集中在液膜上。

274. 有些精馏塔投料开车前需要进行化学处理，如加入阻聚剂。

275. 吸收塔装置的开工状态为塔系统均处于常温常压下，各调节阀处于手动关闭状态，各手操阀处于关闭状态，氮气置换已完毕，公用工程已具备条件，可以直接进行氮气充压。

276. 吸收塔开车操作时，氮气充压后可以进吸收油。

277. 湿物料在设备内被抄板抄起至一定高度后落下，在下落过程中接触热风，进行干燥的是流化床干燥。

278. 真空干燥开车时需要预热干燥塔，塔内等冷凝水全部变为蒸汽排出以后方可进料。

279. 回流比的上限值为全回流。

280. 控制精馏塔时加大加热蒸汽量，则塔内温度一定升高。
281. 如果塔中有直接蒸汽，为了避免塔板漏液，可以在降量时增加一些直接蒸汽量。
282. 精馏塔停车时，应逐步降低塔的负荷，相应的减少加热量和冷却量直到停车。
283. 吸收塔在停车时，先卸压至常压后方可停止吸收剂。
284. 吸收塔遇到停电、停水的情况应紧急停车。
285. 精馏塔塔釜液面不稳定是进料组成发生变化造成的。
286. 在精馏塔操作中，气相负荷过小会出现“干板”现象。
287. 精馏塔塔釜温度超标不会引起再沸器管束损坏。
288. 填料吸收塔内压差太大是进塔原料气量大造成的。
289. 吸收塔中，填料损坏是吸收塔产生传质效果差的原因之一。
290. 吸收操作中，循环泵故障不会影响吸收塔传质效果。
291. 吸收操作中，冷却系统故障不会影响吸收塔传质效果。
292. 吸收操作中，喷淋密度小是吸收塔传质效果差的原因之一。
293. 原始开车时，钝化效果不会造成塔体腐蚀。
294. 吸收操作中，原料选择不当和设计不合理都会损坏再分布器。
295. 在干燥操作中，塔壁有积粉与气流分布不均匀无关。
296. 在干燥操作中，产品水分含量高与溶液供量大，雾化效果差有关。
297. 在干燥操作中，产品颗粒太细与溶液浓度太低有关。
298. 填料塔本身结构可以降低吸收温度。
299. 可以适当增加吸收剂的用量来降低吸收塔的温度。
300. 吸收塔内体系温度过高容易降低吸收率。
301. 当精馏塔塔压低时，可以适当增加加热蒸汽的用量来调节。
302. 可以用增大塔顶冷凝器中冷却剂用量和回流比来降低塔顶压力。
303. 反应釜中压力过高时，应打开进料阀降低釜内压力。
304. 脱硫装置吸收塔如果液体高时，先确认排浆管路阀门开关正确，控制系统无误。
305. 精馏塔塔釜液位可以通过调节塔釜换热器加热介质的流量来调节。

三、填空题

1. 根据蒸馏操作中采用的方法不同，可分为(　　)、(　　)和(　　)。
2. 单元操作中，精馏是用来分离(　　)；吸收是用来分离(　　)。
3. 精馏、吸收、萃取等都属于(　　)。
4. 易挥发组分是指(　　)较大，(　　)较低，(　　)较高的组分。
5. 影响气体溶解度的因素是(　　)和(　　)，对于气体吸收过程中，易溶气体吸收的主要阻力集中在(　　)，故属于(　　)控制。
6. 精馏是将混合液进行(　　)和(　　)，而使混合液分离成(　　)组分的操作。
7. 再沸器在开车时应先开(　　)阀，排除(　　)后，再开(　　)阀。
8. 精馏塔主要分为(　　)和(　　)两类。
9. 在气体吸收过程中，操作气速过大会导致大量的(　　)，甚至造成(　　)，使吸收无法进行。
10. 某精馏塔中有三个加料口，当进料温度降低时，(　　)段负荷加重，故应向

(　　)加料口切换。

11. 填料塔在装填填料时，应尽可能使其在塔内分布均匀，否则容易出现液体的(　　)和(　　)现象，从而降低了塔的效率。

12. 某精馏塔中有三个加料口，若当混合液中易挥发组分浓度变小时，(　　)段的负荷加重，故应向(　　)加料口切换。

13. 根据双膜理论，气体吸收的主要阻力集中在(　　)和(　　)中。

14. 对于气体吸收过程中，难溶气体吸收的主要阻力集中在(　　)，故属于控制(　　)。

15. 理想溶液服从(　　)定律，当两组分混合形成理想溶液时，混合前后既没有(　　)的变化，也没有(　　)的变化。

16. 回流比是(　　)与(　　)的比值，习惯上用字母(　　)表示。

17. 难挥发组分是指饱和蒸气压(　　)，沸点(　　)，挥发度(　　)的组分。

18. 色谱法实质是混合物中各个组分在(　　)的两相之间，利用(　　)而使混合物得到分离。

19. 若某含氧酸 H_nRO_{2n-1} 的相对分子质量为 m，则 R 元素的原子量为(　　)。

20. 一氧化碳是一种剧毒气体，如果空气中含有(　　)的 CO 就会使人中毒，当含有(　　)以上的时候使人中毒死亡。

21. 影响聚合物稳定性的因素有(　　)、(　　)、(　　)、(　　)、(　　)和溶化等。

22. 化工节能的途径主要有：(　　)、(　　)和(　　)三种。

23. 压力容器按压力大小分为四个等级，如低压容器压力值为(　　)MPa，高压容器压力值为(　　)MPa。

24. DCS 是(　　)的英文缩写，一般由过程(　　)单元接口、(　　)、CRT 操作站和(　　)四大部分组成。

25. 色谱仪的实质是利用(　　)技术，加上(　　)技术。

26. 对固体和液体而言，溶解度是指一定温度下，溶质在(　　)溶剂中达到(　　)所溶解的克数。

27. 影响化学平衡的因素中，当温度升高，平衡向(　　)移动，温度降低，平衡向(　　)移动。

28. 水在烧开前揭开盖子可以看到水中壶壁上有大量气泡是因为(　　)。

29. 焓是单位物质所含有的(　　)，其国际单位是(　　)。

30. 在环境生态学中，BOD 代表(　　)，COD 代表(　　)。

31. 在某测压点测得设备真空度 600mmHg，当地大气压为 748mmHg 时，用国际单位制来表示此点的绝压值为(　　)MPa。

32. 在相同的流动情况下，流体的黏度越大，则阻力(　　)，压头损失(　　)。

33. 影响化学平衡因素中，当压力增加，平衡向(　　)移动，压力降低，平衡向(　　)移动。

34. 热电偶的热电特性由(　　)和(　　)所决定。

35. 转子流量计的标定规定在(　　)℃和(　　)mmHg 下进行。

36. 色谱分析法是一种(　　)技术，也称为(　　)、(　　)等。

37. 酸碱式灭火器内装有 $NaHCO_3$溶液和稀 H_2SO_4，其能灭火是由于生成的 CO_2不能燃烧，试写出其反应的化学方程式：(　　)。

38. 压力容器气密性试验的程序是(　　)，同时进行检查，气体温度应(　　)。

39. 检修过程中要做到“三不见天”是指(　　)不见天，(　　)不见天，(　　)不见天。

40. 泵所输送液体的黏度越大，则液体在泵内(　　)的越大，使泵的(　　)、(　　)、(　　)都减小，而(　　)增大。

41. 冷凝传热分为(　　)和(　　)，(　　)的效果好。

42. 色谱仪是对混合物(　　)，从而实现对多组分的复杂混合物进行(　　)分析及(　　)分析。

43. 影响化学平衡的因素中，当反应物浓度增大，平衡向(　　)方向移动；减少反应物浓度，平衡向(　　)方向移动。

44. 酸雨的形成主要是由于工业上(　　)。

45. 燃烧必须具备的三个条件是(　　)、(　　)、(　　)。

46. 化工厂生产中一个简单的自动化调节系统包括(　　)、(　　)、(　　)和(　　)。

47. 测得某流体的工程压强为 1471.2mmHg，换算后为(　　)kgf/cm^2、(　　)mH_2O、(　　)Pa。

48. 流体稳定流动下用压头表示的能量衡算式为：(　　)此衡算式称为：(　　)方程。

49. 强化传热的途径有(　　)、(　　)、(　　)，其中最有效的途径是 (　　)。

50. 在生产中节水的一个重要手段是(　　)。

51. 当压缩比(　　)时，通常就采用多级压缩。例如某四级压缩机的压缩比等于 81，则每级压缩比为(　　)。

52. 某组分的浓度为 0.001%，等于(　　)ppm，(　　)ppb 。

53. 有一混酸含 $HNO_3$12.72%，经过硝化釜反应后，出口 HNO_3含量为 5.85%，其转化率为(　　)。

54. 改变管路特性的最简便方法是调节(　　)的开启程度，这样改变了管路(　　)，从而达到调节 (　　)的目的。

55. 离心式压缩机开车启动时，空车运行(　　)以上，未发现异常现象，即可逐渐(　　)进行升压。

56. 生产中碳钢阀门的最高使用温度为(　　)。

57. 当离心泵的转速改变时，其 Q、H、N 均发生变化，它们的关系是(　　)、(　　)、(　　)。

58. 离心压缩机停车时，要同时(　　)阀门，先停主机，等待停稳后，再(　　)。

59. 生产中不锈钢阀门的最高使用温度为(　　)。

60. 在化学反应过程中，当反映热数值为正值时是(　　)反应，其数值为负值时是(　　)反应。

61. 化学需氧量(COD)反映了在一定条件下(　　)。

62. 单螺杆挤出机的主要参数为(　　)、(　　)和(　　)。

63. 加氢原料油在储存中应添加(　　)，防止储存中发生聚合反应。

64. 丙烯氧化制丙烯醛、丙烯酸反应的主要原料气组成为(　　)、(　　)、(　　)。

65. 选用无毒或(　　)的化学品替代已有的有毒化学品，是消除化学品危害最根本的方法。

66. 隔离就是将工人与(　　)分隔开来。

67. 为使碳四为液相，反应器压力必须高于同温度下碳四的(　　)。

68. 根据用火部位危险程度，用火分为(　　)级。

69. 石油化学有两大资源：(　　)和(　　)。

70. 混沉淀法不能除去水中的(　　)。

71. 高分子化合物根据分子型状可分为(　　)、(　　)、和(　　)。

72. 参与聚合反应并构成丁腈橡胶主体的丙烯腈称其为(　　)。

73. 正在生产的工艺装置区属于(　　)用火区。

74. 活性污泥法能从污水中去除溶解的和胶体的(　　)有机物、能被活性污泥吸附的(　　)和其他一些物质。

75. 薄膜和管材是用(　　)方法加工生产的。

76. 塑料加工中常见的改性方法有(　　)、(　　)、(　　)、(　　)。

77. 高分子化合物根据其热性质可分为(　　)、(　　)和(　　)化合物。

四、简答题

1. 蒸馏的基本原理是什么？
2. 什么叫闪蒸？
3. 一个完整的精馏塔是由哪几部分构成的？各起什么作用？
4. 塔液泛应如何处理？
5. 简述精流塔回流的作用是什么？
6. 何谓气液平衡关系？
7. 何谓理论塔板？
8. 何谓精馏原理？
9. 何谓拉乌尔定律？
10. 回流比的大小对精馏操作有什么影响？
11. 塔盘安装的顺序是什么？
12. 什么是吸收？气体吸收操作在化工生产中主要用来达到哪几种目的？
13. 什么是雾沫夹带现象？其影响因素有哪些？
14. 影响塔板效率的主要因素有哪些？
15. 塔板上气液接触可分为几种类型？
16. 何谓气体吸收的气膜控制？气膜控制时应怎样强化吸收速率？
17. 何谓气体吸收的液膜控制？液膜控制时应怎样强化吸收速率？
18. 轻油包括哪几种低沸点馏分油？
19. 化工污染的特点是什么？
20. 磁力离心泵的工作原理是什么？有哪些特点？
21. 化工生产的危险性有哪些？
22. 什么叫温室效应？

23. 我国目前仍面临的环保问题有哪些?
24. 动火现场具备哪些条件才可以办理动火证?
25. 怎样安装压力表?
26. 压力容器发生哪些现象时，操作人员有权立即采取紧急停车措施?
27. 疏水器的作用是什么? 如何正确使用?
28. 何谓“三不动火”?
29. 如遇突然停电，精馏塔应如何操作?
30. 在 ABS 树脂中，三种单体各赋予 ABS 什么性能?
31. 挤出机操作中应注意哪些问题?
32. 什么是离子交换树脂?
33. 何为裂解? 石油化工中的裂解指的是什么?
34. 工业上常用的自由基引发剂有几种? 分别举一例。
35. 油品的掺和性指的是什么?
36. 什么是水的硬度?
37. 什么叫自燃点?
38. 装置防冻的基本方法有哪些?
39. 为什么设备倒液时要先倒空后泄压?
40. 炉子投用前要求烘炉的目的是什么?
41. 泡沫灭火器原理是什么? 写出化学反应式。
42. 管道水锤有什么危害性?
43. 什么叫串级调节? 如何投用?
44. 集散控制系统有何特点?
45. 润滑油中的水对润滑油有何害处?
46. 如何提高加热炉的效率?
47. DCS 工艺流程画面由哪几部分内容组成?
48. DCS 主要使用哪三种技术?
49. 裂解生产乙烯中，用水蒸气作为稀释剂的好处有几点?
50. ISO 标准共分为几种?

五、作图题

1. 画出间歇精馏流程的典型图。
2. 画出连续精馏塔流程的典型图。
3. 画出三组分精馏典型流程图。
4. 画出带部分吸收剂循环的吸收和解吸联合流程图。
5. 画出自动调节系统方框图。

六、计算题

1. 已知苯和甲苯在 85℃时的饱蒸气压分别为 116.9kPa 和 46.0kPa，105℃时的饱和蒸气压分别为 204.2kPa 和 86.0kPa，试求温度为 85℃和 105℃时，该溶液的相对挥发度和平均相对挥发度。

2. 正庚烷(　　)和正辛烷(　　)所组成的溶液在 388K 时沸腾，此时外界压力为

101.3kPa，在该温度下 $P_A^0=160kPa$，$P_B^0=74.8kPa$。试求平衡时气液相中的正庚烷和正辛烷的组成。

3. 某厂用甘油生产硝化甘油，若1t甘油可生产1.47t硝化甘油。试计算硝化甘油的收率是多少。

4. 含有60%(质量)乙醇的溶液以每小时1000kg的加料量进入精馏塔，要求塔顶产出90%(质量)乙醇，塔釜出来的残液中含有乙醇小于10%(质量)，试计算每小时塔顶产量和残液量。

5. 某有机物的相对分子质量是88，不具酸性，不跟钠起反应，它水解后产生 A 和 B 两种有机物，A 和 B 都能跟钠起反应生成氢气。B 具有酸性，A 和 B 的相对分子质量分别是46和60，这个有机物的名称是什么？

6. 水以2m/s的速度在内径为41mm、长200m(直管长度与当量长度之和)的管内流动，摩擦系数为0.02，问损失多少压头？

7. 若配制5t5%的 Na_2CO_3 溶液，须加多少纯碳酸钠？并求其摩尔浓度。

8. 若生产1t纯度95%的硝化甘油产品，需98%的硝酸和纯甘油各多少(假设已知反应转化率为80%)？

9. 某连续精馏塔，已知 $X_F=0.5$，$X_D=0.84$，q 线与平衡线的交点坐标为(0.60，0.75)，采用的回流比为最小回流比的2倍，试求(1)回流比 R；(2)精馏段操作线方程。

10. 现测定一传热面积为 $2m^2$ 的列管式换热器的总传热系数 K 值，已知热水走管程，测得其流量为1500kg/h，进口温度为80℃，出口温度为50℃，冷水走壳程，测得进口温度为15℃，出口为30℃，逆流流流动[水的平均比热容为 $C_p=4.18\times10^3$[J/(kg·k)]。

11. 某氯碱厂要配制100t电解用的食盐(NaCl)饱和溶液。在温度90℃时，食盐的溶解度为38.5g。问需要水和盐各多少t。

12. 每小时将15000kg含苯40%和甲苯60%的溶液，在连续精馏塔中进行分离，要求釜残液中含苯不高于2%(以上为质量百分数)。塔顶馏出液的回收率为97.1%，操作压强为1atm(1atm=101.325kPa)。试求馏出液和釜残液的流量及组成，以千摩尔流量和摩尔分率表示。

13. 某逆流吸收过程的相平衡关系 $Y^*=X$、$Y_1=0.1$、$X_2=0.01$。试求：(1)当吸收率为80%时，最小液气比为多少？(2)若将吸收率提高至85%，最小液气比又为多少？

14. 用清水逆流吸收混合气体中的溶质 A。混合气体的处理量为52.62kmol/h，其中 A 的摩尔分率为0.03，要求 A 的吸收率为95%。操作条件下的平衡关系为：$Y^*=0.65X$。若取溶剂用量为最小用量的1.4倍，求每小时送入吸收塔顶的清水量 L_S。

15. 聚氯乙烯树脂的湿基含水量为6%，干燥后产品中的湿基含水量为0.3%。干燥产品量为5000kg/h，试求树脂在干燥器中蒸发的水分量(kg/h)。

七、论述题

1. 精馏塔塔釜温度对产品质量的影响？

2. 塔顶采出量变大对精馏操作有什么影响？

3. 论述精馏塔在什么情况下可采用全回流操作。

4. 论述减压精馏的优点。

5. 简述塔的回流比对塔分离效果的影响。

6. 进料组成的变化对精馏操作的影响及处理。
7. 论述化工生产过程的物料衡算过程。
8. 论述精馏塔压力确定的原则。
9. 论述温度对精馏塔操作的影响。
10. 论述阀门的维护。
11. 论述流化床与固定床的优缺点。
12. 论述进料量大小对精馏操作的影响。

7.1.3　参考答案

一、选择题

题号	1	2	3	4	5	6	7	8	9	10	11	12
答案	A	D	D	D	A	A	C	B	C	C	A	C
题号	13	14	15	16	17	18	19	20	21	22	23	24
答案	B	C	A	C	B	D	B	C	C	D	D	C
题号	25	26	27	28	29	30	31	32	33	34	35	36
答案	A	B	A	D	C	D	B	B	A	A	B	C
题号	37	38	39	40	41	42	43	44	45	46	47	48
答案	B	B	B	B	D	B	D	D	C	A	B	B
题号	49	50	51	52	53	54	55	56	57	58	59	60
答案	B	C	B	B	C	B	A	C	C	D	A	B
题号	61	62	63	64	65	66	67	68	69	70	71	72
答案	A	C	A	C	D	C	C	B	B	B	B	B
题号	73	74	75	76	77	78	79	80	81	82	83	84
答案	C	A	C	D	A	C	A	C	B	A	B	D
题号	85	86	87	88	89	90	91	92	93	94	95	96
答案	D	A	C	C	D	C	C	C	A	B	A	D
题号	97	98	99	100	101	102	103	104	105	106	107	108
答案	B	B	B	D	B	C	B	D	C	D	B	C
题号	109	110	111	112	113	114	115	116	117	118	119	120
答案	B	A	B	B	B	C	A	A	C	A	D	C
题号	121	122	123	124	125	126	127	128	129	130	131	132
答案	A	C	A	C	C	B	D	B	B	C	C	A
题号	133	134	135	136	137	138	139	140	141	142	143	144
答案	A	B	B	A	A	D	D	D	D	B	C	A
题号	145	146	147	148	149	150	151	152	153	154	155	156
答案	B	A	B	C	C	C	A	A	D	B	D	D
题号	157	158	159	160	161	162	163	164	165	166	167	168
答案	A	C	B	B	C	B	C	B	C	C	B	B
题号	169	170	171	172	173	174	175	176	177	178	179	180
答案	A	C	B	C	A	A	A	A	B	D	B	A
题号	181	182	183	184	185	186	187	188	189	190	191	192
答案	B	C	A	D	D	A	B	D	C	B	A	A

续表

题号	193	194	195	196	197	198	199	200	201	202	203	204
答案	C	D	D	A	A	D	C	C	B	D	D	A
题号	205	206	207	208	209	210	211	212	213	214	215	216
答案	A	C	D	B	A	B	B	B	D	B	A	B
题号	217	218	219	220	221	222	223	224	225	226	227	228
答案	A	C	B	D	D	B	C	A	A	C	B	C
题号	229	230	231	232	233	234	235	236	237	238	239	240
答案	D	A	B	A	B	D	C	A	B	A	C	A
题号	241	242	243	244	245	246	247	248	249	250	251	252
答案	D	C	B	D	B	C	C	C	C	D	D	D
题号	253	254	255	256	257	258	259	260	261	262	263	264
答案	D	B	A	A	A	B	B	B	B	C	A	C
题号	265	266	267	268	269	270	271	272	273	274	275	276
答案	C	A	D	C	B	B	A	A	D	A	C	C
题号	277	278	279	280	281	282	283	284	285	286	287	288
答案	D	C	C	A	B	A	B	C	A	D	C	C
题号	289	290	291	292	293	294	295	296	297	298	299	300
答案	D	A	D	D	C	B	B	A	D	A	D	A
题号	301	302	303	304	305	306	307	308	309	310	311	312
答案	B	A	C	A	D	A	B	B	C	C	D	B
题号	313	314	315	316	317	318	319	320				
答案	B	D	D	A	C	A	D	A				

二、判断题

题号	1	2	3	4	5	6	7	8	9	10	11	12
答案	√	√	×	×	×	√	√	√	×	×	×	√
题号	13	14	15	16	17	18	19	20	21	22	23	24
答案	√	×	√	×	×	×	×	×	×	√	×	√
题号	25	26	27	28	29	30	31	32	33	34	35	36
答案	√	√	×	×	√	×	×	√	√	×	×	×
题号	37	38	39	40	41	42	43	44	45	46	47	48
答案	√	√	×	√	×	×	×	√	×	×	×	√
题号	49	50	51	52	53	54	55	56	57	58	59	60
答案	×	√	×	×	×	√	√	×	×	×	×	×
题号	61	62	63	64	65	66	67	68	69	70	71	72
答案	×	×	×	×	√	√	√	×	×	×	×	×
题号	73	74	75	76	77	78	79	80	81	82	83	84
答案	×	×	×	×	√	√	×	√	×	√	×	√
题号	85	86	87	88	89	90	91	92	93	94	95	96
答案	√	×	×	√	√	×	√	√	√	√	×	×

续表

题号	97	98	99	100	101	102	103	104	105	106	107	108
答案	√	×	√	×	√	√	√	×	×	×	×	×
题号	109	110	111	112	113	114	115	116	117	118	119	120
答案	√	√	√	√	×	×	√	√	×	√	√	×
题号	121	122	123	124	125	126	127	128	129	130	131	132
答案	√	×	√	√	√	×	√	×	√	√	√	√
题号	133	134	135	136	137	138	139	140	141	142	143	144
答案	√	√	√	√	×	×	√	×	√	×	×	√
题号	145	146	147	148	149	150	151	152	153	154	155	156
答案	√	×	√	×	√	√	×	√	×	√	√	√
题号	157	158	159	160	161	162	163	164	165	166	167	168
答案	√	√	√	√	√	√	×	×	×	×	√	√
题号	169	170	171	172	173	174	175	176	177	178	179	180
答案	√	√	√	×	√	×	√	√	√	×	√	√
题号	181	182	183	184	185	186	187	188	189	190	191	192
答案	√	×	×	×	×	√	√	√	×	×	√	√
题号	193	194	195	196	197	198	199	200	201	202	203	204
答案	√	√	×	×	×	√	√	√	×	√	√	×
题号	205	206	207	208	209	210	211	212	213	214	215	216
答案	√	×	×	√	√	√	×	√	×	×	√	×
题号	217	218	219	220	221	222	223	224	225	226	227	228
答案	×	×	√	×	×	√	√	×	×	√	√	√
题号	229	230	231	232	233	234	235	236	237	238	239	240
答案	×	√	√	√	×	×	√	√	×	×	√	×
题号	241	242	243	244	245	246	247	248	249	250	251	252
答案	×	√	×	×	×	√	×	×	√	×	√	×
题号	253	254	255	256	257	258	259	260	261	262	263	264
答案	√	×	×	√	√	×	×	×	√	√	×	√
题号	265	266	267	268	269	270	271	272	273	274	275	276
答案	×	√	×	×	×	√	×	×	×	√	√	√
题号	277	278	279	280	281	282	283	284	285	286	287	288
答案	×	×	√	×	√	√	√	√	√	√	×	√
题号	289	290	291	292	293	294	295	296	297	298	299	300
答案	√	×	×	√	×	√	×	√	√	×	√	√
题号	301	302	303	304	305							
答案	√	√	×	√	√							

三、填空题

1. 简单蒸馏、精馏、特殊精馏
2. 均相液体混合物、均相气体混合物

3. 传质分离过程
4. 挥发度、沸点、饱和蒸气压
5. 温度、压力、气膜中、气膜
6. 多次而且同时部分汽化、部分冷凝、较纯
7. 冷凝水排放、积水、进汽
8. 板式塔、填料塔
9. 雾沫夹带、液泛
10. 提馏段、上一个
11. 沟流、壁流
12. 精馏段、下一个
13. 气膜、液膜
14. 液膜中、液膜
15. 拉乌尔、体积、热效应
16. 回流量、塔顶采出量、*R*
17. 较低、较高、较小
18. 互不相溶、分配的差异
19. $m-33n+16$
20. 0.02%、0.15%
21. 电解质、乳化剂、机械作用、放置时间、冷冻
22. 合理用能、安全用能、充分用能
23. 0.098~1.568.9.8~98
24. 集散控制系统、输入/输出、过程控制单元、通信网络
25. 色谱分离、检测
26. 100g、饱和
27. 吸热方向、放热方向
28. 水中空气的溶解度随温度升高而减小，故吸附在壁上
29. 热量、kJ/kg
30. 生化需氧量、化学需氧量
31. 0.0197
32. 越大、越大
33. 体积减小、体积增大
34. 热电偶电极材料的化学成分、物理特性
35. 20.760
36. 物理分离、色层法、层析法
37. $2NaHCO_3+H_2SO_4 = 2CO_2+2H_2O+Na_2SO_4$
38. 缓慢升压到设计压力，后保持 30min、不低于 5℃
39. 润滑油、洗过的机件、铅粉和黄干油
40. 能量损失、流量、扬程、效率、轴功率
41. 膜状冷凝、滴状冷凝，滴状冷凝

42. 先分离后检测、定性、定量
43. 生成物、反应物
44. 燃烧含硫物料生成的二氧化硫
45. 燃烧物、助燃物、点火源
46. 调节对象、测量变送器、调节器、调节阀
47. 2、20、19.62×10^4
48. $z_1 + \frac{u_1^2}{2g} + \frac{p_1}{\rho g} + H_e = z_2 + \frac{u_2^2}{2g} + \frac{p_2}{\rho g} + H_f$、柏努利方程
49. 增大传热面积、提高传热温度差、增大传热系数，增大传热系数
50. 提高水的重复利用率
51. 大于 8，3
52. 10，10000
53. 54%
54. 泵出口阀、特性曲线(阻力)、流量或工作压强
55. 15min、关闭放空阀
56. 450℃
57. $\frac{Q_1}{Q_2} = \frac{n_1}{n_2}$、$\frac{H_1}{H_2} = (\frac{n_1}{n_2})^2$、$\frac{N_1}{N_2} = (\frac{n_1}{n_2})^3$
58. 关闭进、排气；停油泵和冷却水
59. 600℃
60. 放热、吸热
61. 化学方法能氧化的有机物量
62. 螺杆直径、长径比、压缩比
63. 阻聚剂
64. 丙烯、空气、水
65. 低毒
66. 危险化学品
67. 饱和蒸汽压
68. 三
69. 石油、天然气
70. 溶解性有机污染物
71. 线型高分子、板状高分子、网状高分子
72. 结合丙烯腈
73. 一级
74. 可生物降解的、悬浮固体
75. 挤出成型
76. 共混改性、增强改性、填充改性、助剂改性
77. 热固性、热塑性、热分解性

四、简答题

1. 答：以液体混合物的气液平衡为基础，利用混合物中各组分饱和蒸气压(或沸点、挥发度)的不同，使混合物分离的单元操作叫蒸馏。

2. 答：在蒸馏过程中，原料液经节流阀后，压力骤然降低成为过热液体，使料液在较低的温度下沸腾，料液降温焓值减少所放出的显热作为料液部分汽化所需的潜热(汽化焓)，这种过程叫闪蒸。

3. 答：完整的精馏塔是由精馏段、提馏段和进料段三部分组成。精馏段的作用是将进料的气相部分中轻组分提浓，在塔顶得到合格产品；提馏段的作用是将进料的液相中重组分提浓以保证塔底产品质量，也提高了塔顶产品收率。

4. 答：(1)若只是局部液泛，压降增大不太多则可减少釜加热蒸汽量，减少进料量或暂停进料，等塔内气速降低后，塔内条件正常后再逐步加大投料，直至正常为止。

(2)若液泛严重，则需马上停车，待塔身持液量全部落入塔底后，放出釜液，留正常操作的液面高度后重新开车。

5. 答：(1)提供塔内的液相回流或气相回流，使气，液两相在塔盘上充分接触，达到传质传热的目的。(2)取走塔内剩余的热量，维持全塔热平衡，以利于控制产品质量。

6. 答：在一定条件下，当从液体中汽化出来分子的速率与蒸汽冷凝返回液相中的分子速率相等时，气液两相的组成处于平衡状态。平衡状态下气液相之间的组成关系即为气液相平衡关系。

7. 答：是指在塔板上气液两相接触十分充分，接触时间足够长，以至从该板上升的蒸汽组成与自该板下降液相组成之间处于平衡状态。

8. 答：利用液体混合物中各组分饱和蒸气压(或沸点、挥发度)的不同，通过多次并同时部分汽化和部分冷凝，从而使溶液得到较纯分离的一种操作。

9. 答：在一定温度条件下，溶液上方蒸气中某一组分的分压，等于该纯组分在该温度下的饱和蒸气压乘以该组分在溶液中的摩尔分率。

其数学表达式为：$p_A = p_A^0 \cdot x_A$

10. 答：在操作中为满足产品的质量要求，改变回流比的大小是经常遇到的问题。当塔顶馏分中重组分含量增加时，常采用加大回流比的方法将重组分冷凝下来，以使产品质量合格。当精馏段的轻组分下降到提馏段造成塔釜温度下降时，可用适当减小回流比的方法提高塔釜的温度。增加回流比对从塔顶得到产品的精馏来说，可以提高产品质量，但却降低了塔的生产能力，增加了水、电、汽的消耗。回流比过大，还会造成塔内物料的循环增加，导致液泛，破坏了塔塔正常操作，一般回流比控制在最小回流比的1.1~2倍为宜。

11. 答：①支撑点的测量校正；②塔盘板安装；③通道板拆装；④清理杂物；⑤检查人员检查确认；⑥通道板安装；⑦人孔封闭；⑧填写安装、封闭记录。

12. 答：使混合气体与适当的液体接触，使气体中的一个或几个组分溶解于该液体内而形成溶液，不能溶解的组分则保留在气相中，于是原混合气体的组分得以分离，这种利用各组分溶解度不同而分离气体混合物的操作称为吸收。

13. 答：在板式塔操作中，当上升气体脱离塔板上的鼓泡液层时，气泡破裂而将部分液体喷溅成许多细小的液滴及雾沫，当上升气体的空塔速度超过一定限度时，这些液滴和雾沫会被气体大量带至上层塔板，此现象称雾沫夹带现象。影响因素有空塔气速，塔板间距和再沸器的换热面积等。

14. 答：第一、物系性质因素(如液体的黏度、密度)直接影响板上液流的程度，进而影响传质系数和气体接触面积；第二、塔板结构因素，主要包括板间距、堰高、塔径以及液体在板上的流径-长度等；第三、操作条件，指温度、压力、气体上升速度，气液流量比等因素，其中气速的影响尤为重要，在避免大量雾沫夹带和避免发生淹塔现象的前提下，增大气速对于提高塔板效率一般是有利的。

15. 答：(1)鼓泡接触：当塔内气速较低的情况下，气体以一个个气泡的形态穿过液层上升；(2)蜂窝状接触：随着气速的提高，单位时间内通过液层气体数量的增加，使液层变成为蜂窝状况；(3)泡沫接触：气体速度进一步加大时，穿过液层的气泡直径变小，呈现泡沫状态的接触形式；(4)喷射接触：气体高速穿过塔板，将板上的液体都粉碎成为液滴，此时传质和传热过程是在气体和液滴的外表面之间进行。

16. 答：对易溶气体，其溶解度较大，吸收质在交界面处很容易穿过溶液进入液体被溶解吸收，因此吸收阻力主要集中在气膜这一侧，气膜阻力成为吸收过程的主要矛盾，而称为气膜控制。当气膜控制时，要提高吸收速率，减少吸收阻力，应加大气体流速，减小气膜厚度。

17. 答：对难溶气体，由于其溶解度很小，这时吸收质穿过气膜的速度比溶解于液体来得快，因此液膜阻力成为吸收过程的主要矛盾，而称为液膜控制。当吸收是液膜控制时，要提高吸收速率，降低吸收的阻力，关键应首先增大液体流速，减小液膜厚度。

18. 答：轻油包括直馏汽油、抽余油、重整拨头油等含烷烃较多的低沸点馏分油。

19. 答：(1)毒性大，有强制刺激或腐蚀性，能直接损害人体健康，污染土壤、河流等；(2)污染物种类多，危害大；(3)污染后恢复困难。

20. 答：磁力泵由磁力偶合器和泵头两部分组成，磁力偶合器的外磁缸和电动机相联为主动件，内磁缸和叶轮相联为被动件，内外磁缸之间由密闭的隔离套隔离。动力磁场透过隔离套，推拉偶合使叶轮旋转，从而达到输送介质的目的。

磁力泵是一种无泄漏、无轴封、耐腐蚀、磁力偶合的新型泵，其结构简单，体积小，噪音低，使用寿命长，彻底解决了一般离心泵的跑、冒、滴、漏的弊病，应用于输送易燃、易爆、易挥发、毒性大和贵重纯度高的液体。

21. 答：(1) 易燃、易爆和有毒、有腐蚀性的物质多。

(2) 高温、高压设备多。

(3) 工艺复杂、操作要求严格。

(4) 三废多，污染重。

(5) 事故多，损失重大。

22. 答：由于煤炭、石油等矿物燃料用量的增加，使大气中的二氧化碳等气体含量相应增加，而能够吸收二氧化碳的森林被大量破坏，也使大气中二氧化碳的浓度不断上升，这类气体透过太阳短波辐射，使大气层变暖，对地球起保温作用，这种现象称为温室效应。

23. 答：(1)国民经济处于高投入、高消耗的发展阶段，资源浪费大，污染严重。(2)能源、原材料等污染密集，现工业发展使环境压力日益增大。(3)水土流失严重，草原退水，土地沙化、碱化。(4)乱砍滥伐，造成森林面积缩小。(5)水污染使水资源短缺的矛盾加剧。(6)一些珍稀动物、植物物种濒临绝迹。

24. 答：(1)设备和容器外部动火时，设备和容器外空间可燃物含量必须在0.2%以下；(2)设备和容器内部动火时，设备和容器内空间可燃物含量在0.1%以下，氧含量必须在18%以上；(3)要切断一切可燃物的来源，现场有防火措施；(4)动火单位有看火人；(5)带料、带压的设备及管线附近动火时，必须有特殊防火措施。具备上述条件办理动火证，经有关领导批准即可动火。

25. 答：安装前应对压力表进行校验。为保证测量准确，取压点须有代表性。应选在流速平稳的直线管段上，不要选在管线的弯曲、死角处，取压管一般不得伸入设备和管道内。当测压介质为气体时，应装在管道的上半部，介质为蒸汽时，在管道上半部与水平中心线成0~45°夹角范围内，最好在管道水平中心线上，介质为液体时，在管道下半部与水平中心线成0~45°夹角范围内。被测介质温度超过80℃时，为防止过热损坏仪表元件，在取压点与压力表阀门间应加环形或U形弯管。测量压缩机或泵出口的脉动压力时，可在压力表前装缓冲器或节流器，必要时加装阻逆阀。测量介质中有灰尘、颗粒或杂质时应加粗取压管或装除尘器、排污阀。对潮湿气体应加装水分离器。为避免测量滞后，导压管最长不超过50m。

26. 答：发生下列异常现象之一，操作人员即可采取停车措施并报告有关负责人和有关部门。

(1) 容器工作压力、介质温度或壁温超过允许值，采取措施仍不能解决。

(2) 压力容器的主要受压元件发生裂纹、鼓包、变形和泄漏等危及安全生产的故障。

(3) 压力容器的安全附件失效，接管端断裂，紧固件损坏难以保证安全运行。

(4) 发生火灾且直接威胁到压力容器的安全运行。

27. 答：疏水器的作用是排水阻汽。应按下列要求使用：

(1) 刚开车时由于冷凝液较多，应开启旁通阀，开动疏水器将凝液排出。

(2) 正常操作时应关闭旁通阀，禁止跑汽操作，因为我们要利用蒸汽冷凝放出的潜热来加热。

(3) 当疏水器能力不够或有故障时，可间断开启旁通阀排液，以保证加热效果。

28. 答：一是没有动火证不动火；二是防火措施不落实不动火；三是防火监护人不在场不动火。

29. 答：(1)切断各泵电源和蒸汽发生器电源；(2)将蒸汽加热阀门关小；(3)塔段全回流操作；(4)停电时间超过1h，则按停车处理。

30. 答：在ABS树脂中丙烯腈使聚合物耐化学腐蚀性，具有一定的表面硬度；丁二烯使聚合物呈橡胶状韧性；苯乙烯使聚合物具有刚性和流动性。因此ABS树脂具有耐热表面硬度高、尺寸稳定、耐化学性及电性能良好，易于成型和机械加工，容易着色，可进行表面镀膜。

31. 答：(1) 料筒加热时要打开加料口冷却水；

(2) 料筒温度达到工艺要求后应恒温半小时；

(3) 不允许空载运转，防止螺杆与机筒摩擦；

(4) 在低速下启动，在运行中随时注意温度、压力、电流的变化，以及有无异常杂音；

(5) 严禁金属物品或其他硬物掉入料斗；

(6) 若有异物掉入料斗不得用手掏取，必须停车；

(7) 开车时要在机器的侧面操作，防止物料喷出烫伤。

32. 答：离子交换树脂是一种具有离子交换能力、化学合成的球状多孔性高分子聚合物，有阴阳离子交换树脂两种。

33. 答：广义地说，凡是有机化合物在高温下分子发生分解的反应过程都称为裂解。石油化工中的裂解是指石油烃(裂解原料)在隔绝空气和高温条件下分子发生分解反应而生成小分子烯烃或(和)炔烃的过程。

34. 答：工业上常用的自由基引发剂主要有：

(1) 过氧化物类，如过氧化氢异丙苯等；

(2) 偶氮化合物类，如偶氮二异丁腈等；

(3) 氧化-还原引发体系，如过氧化氢-亚铁盐氧化-还原体系。

35. 答：不同的油品，化学稳定性不同。当把它们相互掺混时，有时可能会产生一些固体沉淀物或胶状半凝固体，这样就会堵塞管道和设备，严重时可能造成装置停车。不同的油品是否允许相互掺混的性质，即油品掺混性。

36. 答：水的硬度是衡量溶于水中的钙和镁离子含量的尺度，分为永久硬度、暂时硬度、总硬度。

37. 答：自燃点：物质由于温度升高而使氧化过程加快。当温度升高到一定程度，就可以不用明火而自行燃烧，这种现象称为自燃。使某种物质受热发生自燃的最低温度，称为物质的自燃点，也叫自燃温度。

38. 答：(1)流动法：保持管线或设备内的介质不停地流动，防止介质结冰或凝固。(2)加热法：利用热源给管线或设备内的介质加热，使其保持一定温度，防止介质结冰或凝固。(3)排空法：把管线或设备内的介质排空，防止介质结冰或凝固。

39. 答：因为设备中有压力时容易排尽物料，同时烃类在泄压时易挥发造成设备冻堵、冷脆，排尽后泄压，减少排放量，减轻对周围环境的影响。

40. 答：烘炉的目的在于干燥炉膛内的耐火材料，使表面水和结晶水挥发脱去，以免在炉子升温过程中，由于水分的突然汽化，造成耐火材料裂缝，甚至倒塌。

41. 答：由硫酸铝和碳酸氢钠泡沫粉在水中反应产生泡沫，其反应式为：$Al_2(SO_4)_3+6NaHCO_3 = 3Na_2SO_4+2Al(OH)_3+6CO_2\uparrow$，反应后生成的大量的 CO_2 加上泡沫粉中的发泡剂吹出的大量泡沫，通过喷嘴喷出，覆盖于着火物表面，隔绝空气而灭火。

42. 答：当管道中发生水锤时，由于产生超过管道中许多倍的压力增值，以致可能使管子破裂，焊缝、法兰破坏，这种现象在大直径下高速流动的长管中尤为危险，而且发生水锤时，阀门前面的压力增加，阀门后面压力却减少甚至形成真空，对阀门的破坏力更大。

43. 答：串级调节回路有主副两个调节器，主调节器的输出就是副调节器的给定，副调节器去控制阀门。串级调节回路一般情况下应先投用副回路，再投用主回路。具体步骤如下：

(1) 用手动使主副参数都趋于工艺给定值。

(2) 投用副回路，使副回路稳定，副调节器投“AUTO”。

(3) 调节主参数，使主参数趋于给定值。

(4) 将主调节器投“AUTO”，副调节器投“CAS”。

44. 答：(1)显示操作集中。(2)控制功能强。(3)数据处理方便。(4)系统构成灵活，扩张性好。(5)安装简便。(6)具有自诊断功能。(7)可靠性高。

45. 答：(1)水分可使润滑油的黏度降低和减弱油膜的强度，从而降低润滑效果；(2)在低于0℃时水要结冰，严重地影响润滑油的低温流动性；(3)水分会增加润滑油泡沫性，使润滑油易于产生泡沫；(4)水分能加速润滑油的氧化和促进低分子有机酸对金属的腐蚀；(5)水分会使金属部件生锈。

46. 答：(1)搞好空气预热器操作，降低排烟温度，提高空气入炉温度；(2)降低加热炉过剩空气系数；(3)采用高效燃烧器；(4)减少炉壁散热损失；(5)设置和改进控制系统；(6)加强加热炉的技术管理，提高操作水平；(7)吹灰器正常使用。

47. 答：由以下内容组成：(1)画面文件名及描述；(2)模拟的工艺流程内容；(3)仪表动态数据框；(4)功能选择显示区；(5)泵和风机的运行状态；(6)操作调节面板；(7)回路操作方法显示；(8)液(界)面动态显示。

48. 答：(1)计算机技术；(2)通信技术；(3)控制技术。

49. 答：裂解生产乙烯中水蒸气作为稀释剂除了可降低烃分压外，还具有以下作用：(1)可以稳定裂解温度。由于水蒸气的热容量较大，能较好地起到控制温度的作用，防止炉管过热，是一种较为理想的热载体。(2)用水蒸气作为稀释剂，可以在后序的急冷工序中冷凝，可循环使用，减少环境污染。(3)保护炉管。由于原料中含有硫等腐蚀性物质，加入水蒸气能起到保护炉管作用。(4)起到清焦的作用。

50. 答：ISO标准共分为六种：

(1) ISO推荐标准；

(2) ISO技术报告；

(3) ISO标准；

(4) 联合技术委员会制订的标准；

(5) 国际标准的补充草案；

(6) 国际标准的修改方案。

五、作图题

1. 画出间歇精馏流程的典型图。见图7-1。

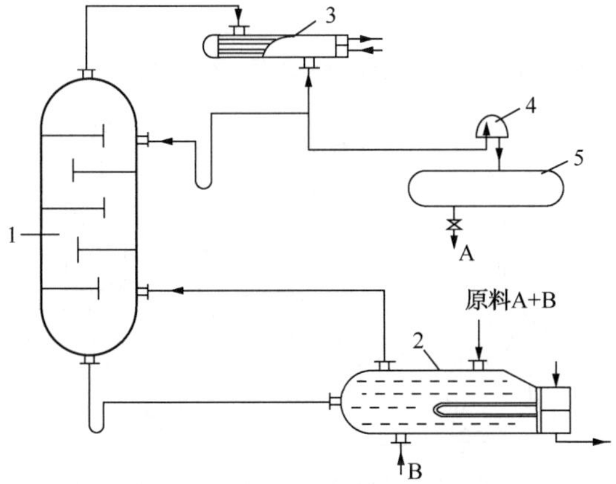

图7-1 典型间歇精馏流程

1—精馏塔；2—再沸器；3—冷凝器；4—观察罩；5—馏出液储罐

2. 画出连续精馏塔流程的典型图。见图 7-2。

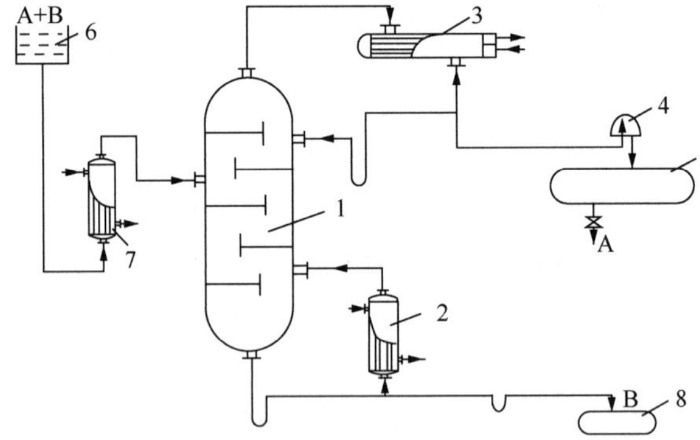

图 7-2　典型连续精馏塔流程

1—精馏塔；2—再沸器；3—冷凝器；4—观察罩；
5—馏出液储罐；6—高位槽；7—预热器；8—残液储罐

3. 画出三组分精馏典型流程图。见图 7-3。

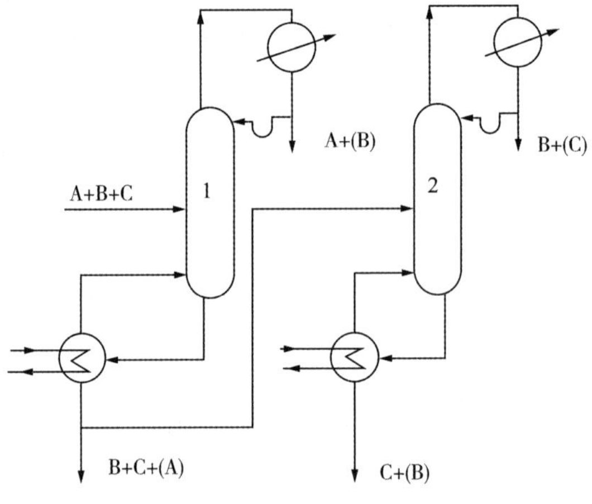

图 7-3　三组分精馏流程图

4. 画出带部分吸收剂循环的吸收和解吸联合流程。见图 7-4。

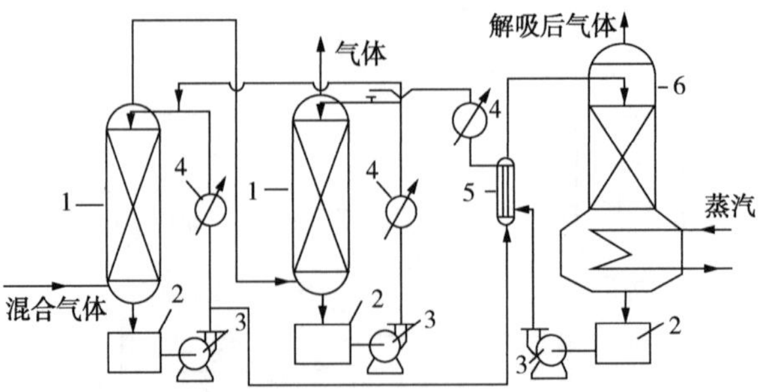

图 7-4　带部分吸收剂循环的吸收和解吸联合流程

1—吸收塔；2—储罐；3—泵；4—冷却器；5—换热器；6—解吸塔

5. 画出自动调节系统方框图。见图 7-5。

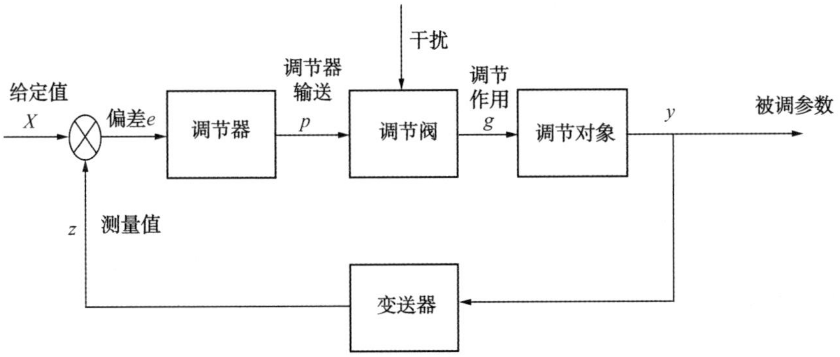

图 7-5　自动调节系统方框图

六、计算题

1. 85℃相对挥发度 2.54、105℃相对挥发度 2.37. 平均挥发度 2.46。
2. 正庚烷液相组成 0.31，气相组成 0.49。
3. 59.5%
4. 塔顶产量 625kg/h，残液量 375kg/h。
5. 乙酸乙酯
6. 19.89m。
7. 250kg，0.509mol/L。
8. 硝酸 1.01t，甘油 0.48t。
9. 3，$y=0.75x+0.21$
10. 615W/(m^2·℃)
11. 食盐 27.8t，水 72.2t。
12. 馏出液量 80kmol/h，组成 0.935；釜残液量 95kmol/h，组成 0.0235。
13. 0.889，0.944。
14. 44.1kmol/h
15. 303kg 水/h。

七、论述题

1. 答：当精馏塔塔釜温度过高，将导致塔内气相负荷过大，造成塔温上升，雾沫夹带严重，板效率下降，塔顶馏出液浓度下降；反之造成塔温下降，漏液现象严重，使残液中易挥发组分浓度上升。

2. 答：当采出量变大，则回流量减少，塔内气-液平衡受到破坏。一般来说塔内料液少，气液接触不好，传质效率下降，同时塔顶温度升高，难挥发组分易被带入塔顶，此时精馏效果下降，塔顶产品质量容易不合格。

3. 答：(1)精馏塔开车初期，采用全回流操作，当塔顶采出物料各项指标合格后，转入正常操作。

(2) 生产不正常时，大量的重组分被蒸出，塔顶采出样不合格，此时应停止进料(或少进料)，采用全回流操作，直到塔顶采出合格后，再转入正常操作。

4. 答：(1)可降低混合液体中各组分的沸点，避免高温下容易分解的物质发生分解或高沸点混合液结焦，从而达到易分离的目的。

(2) 减少蒸汽消耗，热源易于实现。

(3) 组分不受破坏，能提高分离能力。

(4) 对于毒性大的物质，减压可降低物料泄漏量，减少环境污染。

5. 答：对于某一特定的塔，在一定负荷条件下，回流比一经确定，就应保持相对稳定。增大回流比通常可提高精馏效果，但当塔满负荷运行时，加大回流比，蒸汽速度过高，则会造成雾沫夹带或液泛，使分离效果变差。若减小回流比，将导致精馏塔各段温度上升组成发生变化，同样分离不好。加大还是减小回流比，主要应考虑塔板数及塔板效率。

6. 答：如果进料组成中轻组分减少，精馏段塔板数显得不够，塔顶馏分中重组分含量将增加，顶温上升。解决的办法是加大冷剂量，降低回流温度，加大回流比，进料口下移，保证分离效果。

如果进料组成组成中轻组分增加，提馏段塔板将显得不够，使釜液中轻组分含量增大。解决的办法是加大加热蒸汽量，减小回流比，进料口上移，从而保证分离效果。

7. 答：根据物质守恒定律，在一个稳定的化工生产过程中向系统或设备所投入的物料总量必等于所得产品总量及过程损失总量之和，即：

$$W_{入}=W_{出}+W_{损}$$

式中 $W_{入}$——投入物料总量，kg/h；

$W_{出}$——所得的产品总量，kg/h；

$W_{损}$——损失物料量，kg/h。

按照这一规律对总物料或其中某一组分进行的计算，称为物料衡算。通过物料衡算可以了解化工生产的原料量、产量、损耗量，确定设备的生产能力及其主要尺寸；判定操作过程进行的好坏和经济效益的评价等等。

8. 答：任何一个精馏塔都是依据在一恒定的操作压力下的气液平衡数据进行设计、计算和操作的。对于一些沸点高、高温时性质不稳定，易分解、聚合、结焦的物料，或在常压下相对挥发度较小、有剧毒的物料，则常常采用减压精馏。由于减压操作降低了物料沸腾温度，可避免物料在高温时热分解、聚合、结焦等可能性，且减少了有毒物料的泄漏、污染等情况。如果被分离的混合物在常温常压下是气体或沸点较低，则可以采用加压蒸馏的方法。塔压的选择还应考虑传热设备的造价，塔的耐压性能、操作费用等综合经济效果。当原料液常压下是液体时，则一般尽可能地采用常压操作，这样对设备的要求简单，附属设备也少。

9. 答：在一定的操作压力下气-液平衡与温度有密切的关系。不同的温度都对应着不同的气-液平衡组成。塔顶、塔釜的气-液平衡组成就是产品的质量情况，它们所对应的平衡温度就被确定为塔顶、塔釜的温度指标。当操作压力恒定时，温度也要保持相对的稳定。若温度改变，则产品的质量和产量都相应地发生变化。如塔顶温度升高时，塔顶产品中难挥发组分含量增加，因此虽然塔顶产品产量可以增加，但质量却下降了。又如塔釜温度升高则也同样会使塔顶产品中难挥发组分增加，质量下降。

10. 答：(1)阀门的螺纹部分应经常擦拭，保持清洁和润滑良好，使传动零部件动作灵活，无卡涩现象。

(2)阀门的零件应保持齐全完好。

(3) 填料处发生渗漏时，应适当将压盖螺母拧紧，或增添填料，如果填料硬化变质，应更换新填料。换填料时应采取安全措施，防止介质溢出伤人。

(4) 冬季保温层应完好，排净停用阀门内部积水，要严防冻结和冻裂。

(5) 露天的阀门传动装置应加防护罩，以防雨、雪和大气的侵蚀。

(6) 经常检查安全阀是否渗漏和挂污垢，发现后及时解决，并定期校验其灵敏度。

(7) 对于减压阀要经常观察减压效能，发现减压值变动大时，应解体检修。

(8) 对于逆止阀应经常测听阀瓣或阀芯的跳动情况，发现声音异常时，应及时修理，防止掉落失效。

(9) 当阀门全开后，应将手轮倒转少许，使螺纹之间严密，以免松动损伤。

(10) 保持电动装置的清洁，不应受汽、水和油污的沾污，并保持电器接点不松动。

11. 答：(1)优点。①由于固体粒子相互碰撞，不停运动，所以不容易局部过热。②由于气体的大量取出和循环，带走大部分反应热，再加上激烈运动的粒子本身也起了将热传至它处的作用，所以流化床的传热比固定床快，温度较均匀且易控制。③由于流化床的颗粒悬浮在流化床中，气固接触面积大，扩散阻力减小，所以流化过程中总的反应速度较大。④由于流化床中，催化剂粒子和产品连续地进行补给和排出，这对于寿命较短或易衰减的催化剂来讲是突出的优点。

(2) 缺点。①由于床层物粒激烈混合，粒子在床内的运动呈弯流型，浓度比较均匀，与平推流相比，降低了反应速度，增加了副反应，使转化率降低。②由于新催化剂和产品颗粒连续注入和抽出，必然有部分新的粒子被抽出，也会有部分粒子长期留于反应器中，结果降低了催化剂的平均活性和原料的利用率，即降低催化剂的收率和原料的转化率。③流化床反应器靠大量循环气体使粒子流态化和传热，所以反应器体积大，设备的生产强度较低。④由于粒子对设备激烈碰撞，设备磨损较大，特别是流动方向改变的地方磨损更为严重。

12. 答：进料量的变化有一定的允许范围，若进料量变化超出了范围，使上升气流量、釜液采出量大为增加，塔顶冷凝器和塔釜再沸器热负荷能力不能再承受时，塔顶、塔釜温度将发生变化，从而导致塔顶、塔釜产品组成的改变。如果进料量的变化，再沸器、冷凝器能承受负荷变化，而塔本身结构、尺寸不能承受此负荷时，将发生漏液、淹塔、液泛、雾沫夹带等不正常现象，其结果使塔的平衡遭到破坏，塔顶、塔釜产品都不合格。当进料量很小，低于操作下限时，必须将回流加大，接近全回流时方能操作，只要进料量在规定的范围内变化，及时调节热、冷剂量，塔顶、塔釜采出量，顶温、釜温不会有明显的变化，是能保持一定的分离效果的。

7.2　相关技能实训项目

7.2.1　技能训练1　精馏仿真操作

- **训练目标**

1. 了解工业精馏装置的操作原理及其工艺流程。
2. 学会精馏塔全回流、部分回流的操作过程。
3. 学会精馏塔的温度、压力控制。
4. 掌握精馏系统的冷态开车、正常运行、正常停车的操作要点。

5. 能正确分析事故产生的原因，并掌握事故处理的方法。

● **工艺流程**

原料为 67.8℃脱丙烷塔的釜液(主要有 C_4、C_5、C_6、C_7 等)，由脱丁烷塔(DA-405)的第 16 块板进料(全塔共 32 块板)，进料量由流量控制器 FIC101 控制。灵敏板温度由调节器 TC101 通过调节再沸器加热蒸汽的流量，来控制提馏段灵敏板温度，从而控制丁烷的分离质量。见图 7-6。

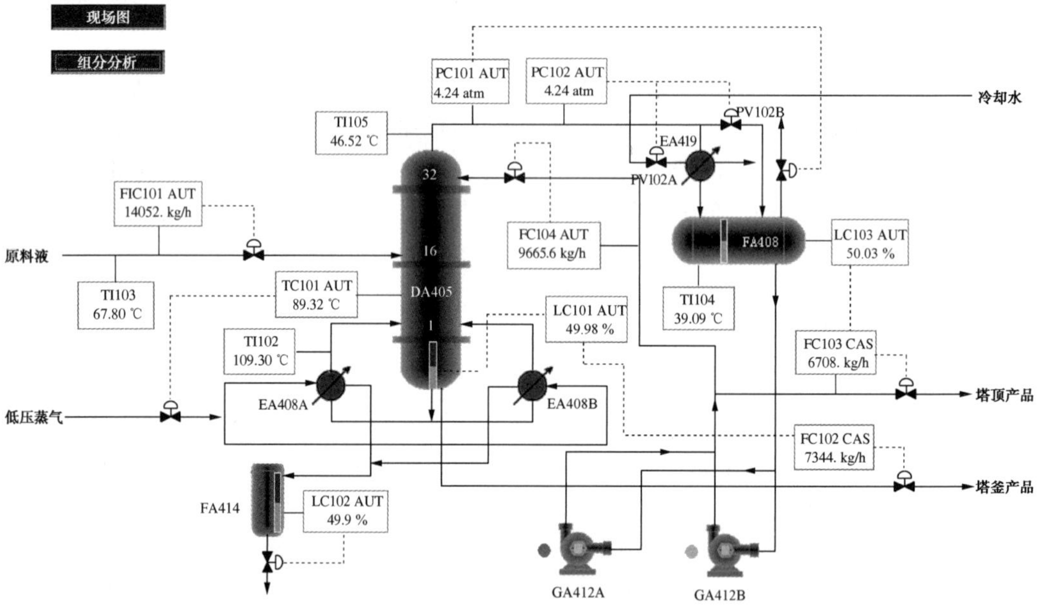

图 7-6 精馏塔 DCS 图

1atm = 101.325kPa

脱丁烷塔塔釜液(主要为 C_5 以上馏分)一部分作为产品采出，另一部分经再沸器(EA-418A、B)部分汽化为蒸气从塔底上升。塔釜的液位和塔釜产品采出量由 LC101 和 FC102 组成的串级控制器控制。再沸器采用低压蒸汽加热，塔釜蒸汽缓冲罐(FA—414)液位由液位控制器 LC102 调节底部采出量。

塔顶的上升蒸气(C_4 馏分和少量 C_5 馏分)经塔顶冷凝器(EA-419)全部冷凝成液体，该冷凝液靠位差流入回流罐(FA-408)。塔顶压力 PC102 采用分程控制：在正常的压力波动下，通过调节塔顶冷凝器的冷却水量来调节压力，当压力超高时，压力报警系统发出报警信号，PC102 调节塔顶至回流罐的排气量来控制塔顶压力调节气相出料。操作压力 4.25atm(表压)(1atm = 101.325kPa)，高压控制器 PC101 将调节回流罐的气相排放量，来控制塔内压力稳定。冷凝器以冷却水为载热体。回流罐液位由液位控制器 LC103 调节塔顶产品采出量来维持恒定。回流罐中的液体一部分作为塔顶产品送下一工序，另一部分液体由回流泵(GA-412A、B)送回塔顶做为回流，回流量由流量控制器 FC104 控制。

● **训练要领**

1. 冷态开车过程：包括进料过程、启动再沸器、建立回流、调整至正常等过程操作。

2. 正常运行过程：主要维持各工艺参数稳定运行，密切注意参数变化。

3. 正常停车过程：降负荷、停进料和再沸器、停回流、降压、降温等操作。

4. 事故处理过程：当发生冷却水中断、加热蒸汽压力过高、加热蒸汽压力过低、停电、回流泵坏、回流控制阀卡等事故时，及时发现并排除。

- **思考与分析**

1. 精馏装置的主要设备有哪些？

2. 在本单元中，如果塔顶温度、压力都超过标准，可以有几种方法将系统调节稳定？

3. 若精馏塔灵敏板温度过高或过低，则意味着分离效果如何？应通过改变哪些变量来调节至正常？

4. 请分析本流程中如何通过分程控制来调节精馏塔正常的操作压力。

7.2.2　技能训练 2　吸收操作仿真训练

- **训练目标**

1. 了解工业吸收解吸的操作原理及其工艺流程。

2. 学会吸收剂冷循环、热循环的操作过程。

3. 学会吸收塔、解吸塔的塔压控制。

4. 掌握吸收解吸系统的冷态开车、正常运行、正常停车的操作要点。

5. 能正确分析事故产生的原因，并掌握事故处理的方法。

- **工艺流程**

本单元以 C_6 油为吸收剂，分离气体混合物（其中 $C_4$25.13%，CO 和 $CO_2$6.26%，$N_2$64.58%，$H_2$3.5%，$O_2$0.53%）中的 C_4 组分（吸收质）。见图 7-7 所示。

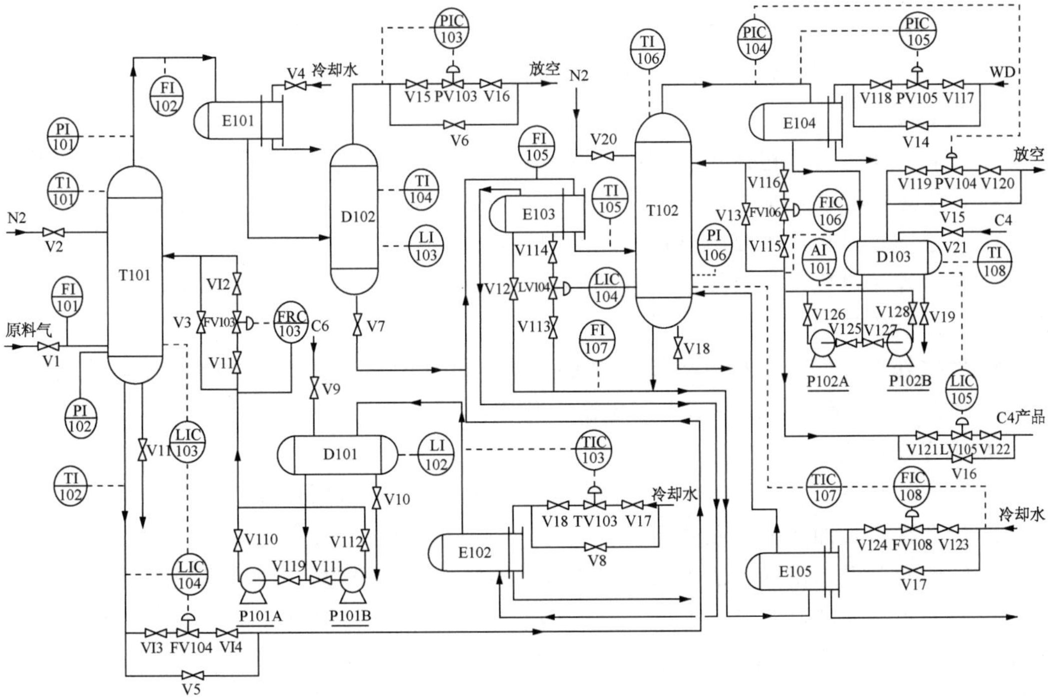

图 7-7　吸收解吸仿真实训流程图

从界区外来的富气从底部进入吸收塔 T-101。界区外来的纯 C_6 油吸收剂储存于 C_6 油贮罐 D-101 中，由 C_6 油泵 P-101A/B 送入吸收塔 T-101 的顶部，C_6 流量由 FRC103 控制。吸收剂 C_6 油在吸收塔 T-101 中自上而下与富气逆向接触，富气中 C_4 组分被溶解在 C_6 油中。不溶解的贫气自 T-101 顶部排出，经盐水冷却器 E-101 被-4℃的盐水冷却至 2℃进入尾气分离罐 D-102。吸收了 C_4 组分的富油（$C_4$8.2%，$C_6$91.8%）从吸收塔底部排出，经贫富油换热器 E-103 预热至 80℃进入解吸塔 T-102。吸收塔塔釜液位由 LIC101 和 FIC104 通过调节塔釜富油采出量串级控制。见图 7-7 所示。

来自吸收塔顶部的贫气在尾气分离罐 D-102 中回收冷凝的 C_4、C_6 后，不凝气在 D-102 压力控制器 PIC103（1.2MPaG）控制下排入放空总管进入大气。回收的冷凝液（C_4、C_6）与吸收塔釜排出的富油一起进入解吸塔 T-102。

预热后的富油进入解吸塔 T-102 进行解吸分离。塔顶气相出料（$C_4$95%）经全冷器 E-104 换热降温至 40℃全部冷凝进入塔顶回流罐 D-103，其中一部分冷凝液由 P-102A/B 泵打回流至解吸塔顶部，回流量 8.0t/h 由 FIC106 控制，其他部分作为 C_4 产品在液位控制（LIC105）下由 P-102A/B 泵抽出。塔釜 C_6 油在液位控制（LIC104）下，经贫富油换热器 E-103 和盐水冷却器 E-102 降温至 5℃返回至 C_6 油储罐 D-101 再利用，返回温度由温度控制器 TIC103 通过调节 E-102 循环冷却水流量控制。

T-102 塔釜温度由 TIC104 和 FIC108 通过调节塔釜再沸器 E-105 的蒸汽流量串级控制，控制温度 102℃。塔顶压力由 PIC-105 通过调节塔顶冷凝器 E-104 的冷却水流量控制，另有一塔顶压力保护控制器 PIC-104，在塔顶有凝气压力高时通过调节 D-103 放空量降压。

因为塔顶 C_4 产品中含有部分 C_6 油及其他 C_6 油损失，所以随着生产的进行，要定期观察 C_6 油贮罐 D-101 的液位，补充新鲜 C_6 油。

- **训练要领**

1. 冷态开车过程：包括氮气充压、吸收塔及解吸塔进吸收油、吸收油冷循环、吸收油热循环、进富气及调整等过程操作。

2. 正常运行过程：主要维持各工艺参数稳定运行，密切注意参数变化。

3. 正常停车过程：包括停富气进料和产品出料、停吸收塔系统、停解吸塔系统和吸收油贮罐泄油等操作。

4. 事故处理过程：当发生冷却水中断、加热蒸汽中断、仪表风中断、停电、泵坏、阀卡、再沸器结垢严重等事故时，及时发现并排出。

- **思考与分析**

1. 为什么在高压、低温的条件下进行操作对吸收过程的进行有利？

2. 什么是吸收油冷循环和热循环？

3. 操作时若发现富油无法进入解吸塔，会有哪些原因导致？应如何调整？

4. 假如本单元的操作已经平稳，这时吸收塔的进料富气温度突然升高，分析会出现什么现象？如果造成系统不稳定，吸收塔的塔顶压力上升（塔顶 C_4 增加），有几种手段将系统调节正常？

5. C_6油储罐进料阀为一手操阀，有没有必要在此设一个调节阀，使进料操作自动化，为什么？

7.2.3　技能训练 3　流化床仿真操作

- **训练目标**

1. 了解流化床反应器的结构、操作原理、工艺流程及其优点。
2. 掌握流化床反应器的冷态开车、正常运行、正常停车的操作要点。
3. 能正确分析流化床反应器事故产生的原因，并掌握事故处理的方法。

- **工艺流程**

该流化床反应器取材于 HIMONT 工艺本体聚合装置，用于生产高抗冲击共聚物。具有剩余活性的干均聚物(聚丙烯)，在压差作用下自闪蒸罐 D-301 流到该气相共聚反应器 R-401。见图 7-8 所示。

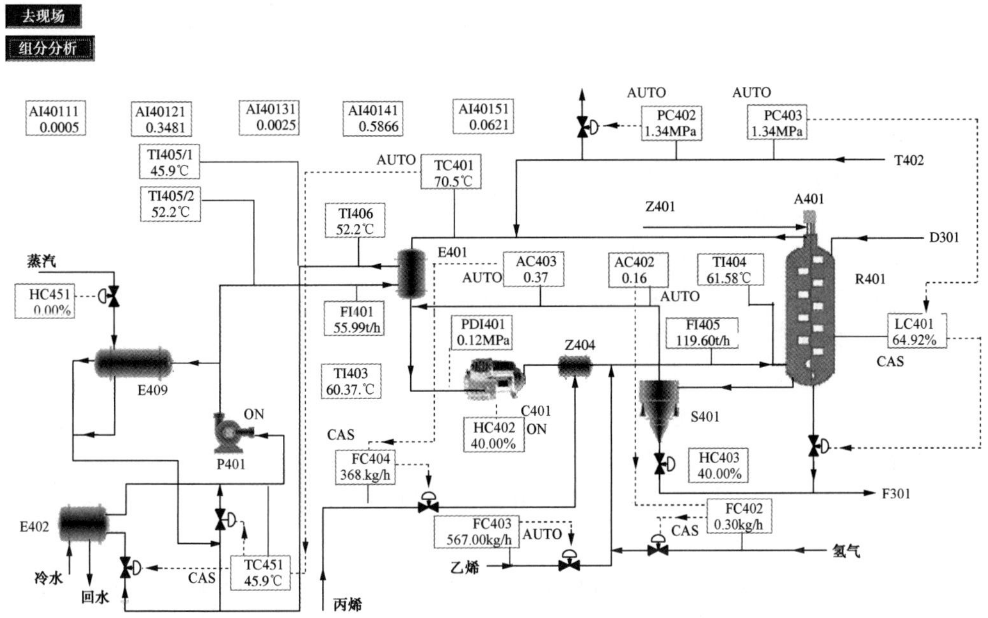

图 7-8　流化床仿真流程图

在气体分析仪的控制下，氢气被加到乙烯进料管道中，以改进聚合物的黏度，满足加工需要。

聚合物从顶部进入流化床反应器，落在流化床的床层上。流化气体(反应单体)通过一个特殊设计的栅板进入反应器。由反应器底部出口管路上的控制阀来维持聚合物的料位。聚合物料位决定了停留时间，从而决定了聚合反应的程度，为了避免过度聚合的鳞片状产物堆积在反应器壁上，反应器内配置一转速较慢的刮刀，以使反应器壁保持干净。

栅板下部夹带的聚合物细末，用一台小型旋风分离器 S401 除去，并送到下游的袋式过滤器中。

所有末反应的单体循环返回到流化压缩机的吸入口。

来自乙烯汽提塔顶部的回收气相与气相反应器出口的循环单体汇合，而补充的氢气、乙烯和丙烯加入到压缩机排出口。

循环气体用工业色谱仪进行分析，调节氢气和丙烯的补充量。

然后调节补充的丙烯进料量以保证反应器的进料气体满足工艺要求的组成。

用脱盐水作为冷却介质，用一台立式列管式换热器将聚合反应热撤出。该热交换器位于循环气体压缩机之前。

共聚物的反应压力约为 1.4MPa(表)，温度 70℃。注意：该系统压力位于闪蒸罐压力和袋式过滤器压力之间，从而在整个聚合物管路中形成一定压力梯度，以避免容器间物料的返混并使聚合物向前流动。

- **训练要领**

1. 冷态开车过程：包括开车准备、干态运行开车、共聚反应物开车、过渡到稳定状态等操作。

2. 正常运行过程：主要维持各工艺参数稳定运行，密切注意参数变化。

3. 正常停车过程：降反应器料位、关闭乙烯进料，保压、关丙稀及氢气进料、氮气吹扫等操作。

4. 事故处理过程：当发生泵停、压缩机停、丙稀进料停、乙烯进料停和催化剂停等事故时，及时发现并排出。

- **思考与分析**

1. 在开车及运行过程中，为什么一直要保持氮封？
2. 冷态开车时，为什么要首先进行系统氮气充压加热？
3. 什么叫流化床？与固定床比有什么特点？

7.2.4 技能训练 4 锅炉仿真操作

- **训练目标**

1. 了解锅炉的结构、操作原理、工艺流程及其优点。
2. 掌握锅炉的冷态开车、正常运行、正常停车的操作要点。
3. 能正确分析锅炉事故产生的原因，并掌握事故处理的方法。

- **工艺流程**

本软件为每小时产生 65t 过热蒸汽锅炉仿真培训而设计。锅炉的主要用途是提供中压蒸汽及消除催化裂化装置再生的 CO 废气对大气的污染，回收催化装置再生的废气之热能。见图 7-9 所示。

主要设备为 WGZ65/39-6 型锅炉，采用自然循环，双汽包结构。锅炉主体由省煤器、上汽包、对流管束、下汽包、下降管、水冷壁、过热器、表面式减温器、联箱组成。省煤器的主要作用是预热锅炉给水，降低排烟温度，提高锅炉热效率。上汽包的主要作用是汽水分离，连接受热面构成正常循环。水冷壁的主要作用是吸收炉膛辐射热。过热器分低温段、高温段过热器，其主要作用是使饱和蒸汽变成过热蒸汽。减温器的主要作用是微调过热蒸汽的温度(调整范围约 10~33℃)。

锅炉设有一套完整的燃烧设备，可以适应燃料气、燃料油、液态烃等多种燃料。根据不同蒸汽压力既可单独烧一种燃料，也可以多种燃料混烧，还可以分别和 CO 废气混烧。本软件为燃料气、燃料油、液态烃与 CO 废气混烧仿真。

除氧器通过水位调节器 LIC101 接受外界来水经热力除氧后，一部分经低压水泵 P102 供全厂各车间，另一部分经高压水泵 P101 供锅炉用水，除氧器压力由 PIC101 单回路控制。锅炉给水一部分经减温器回水至省煤器；另一部分直接进入省煤器，两路给水调节阀通过过热蒸汽温度调节器 TIC101 分程控制，被烟气回热至 256℃饱和水进入上汽包，再经对流管束至下汽包，再通过下降管进入锅炉水冷壁，吸收炉膛辐射热使其在水冷壁里变成汽水混合

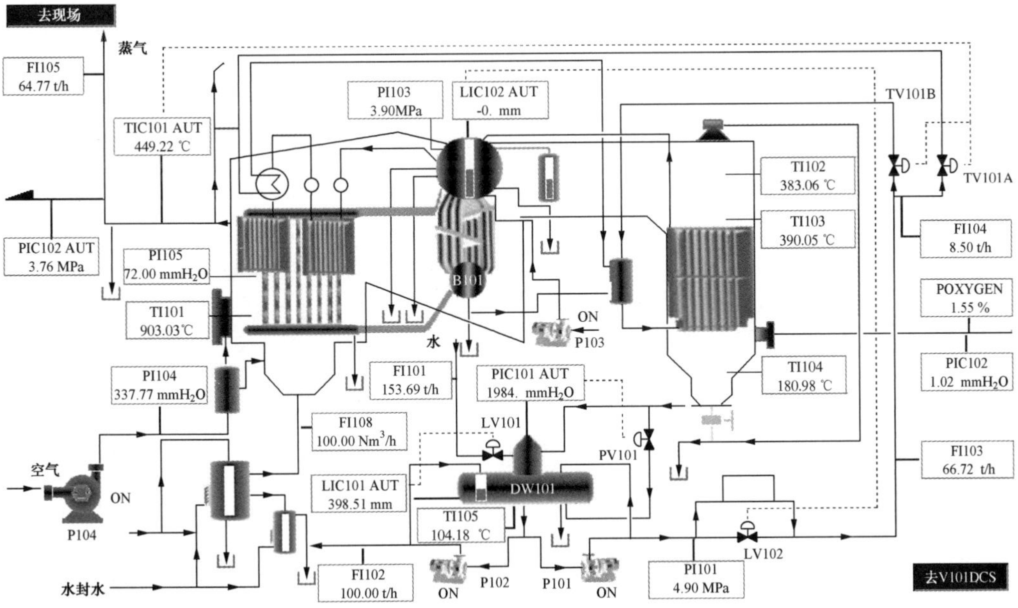

图 7-9　锅炉供气系统 DSC 图

$1mmH_2O=9.806Pa$

物，然后进入上汽包进行汽水分离。锅炉总给水量由上汽包液位调节器 LIC102 单回路控制。

256℃的饱和蒸汽经过低温段过热器(通过烟气换热)、减温器(锅炉给水减温)、高温段过热器(通过烟气换热)，变成 447℃、3.77MPa 的过热蒸汽供给全厂用户。

燃料气包括高压瓦斯气和液态烃，分别通过压力控制器 PIC104 和 PIC103 单回路控制进入高压瓦斯罐 V-101，高压瓦斯罐顶气通过过热蒸汽压力控制器 PIC102 单回路控制进入六个点火枪；燃料油经燃料油泵 P105 升压进入六个点火枪进料燃烧室。

燃烧所用空气通过鼓风机 P104 增压进入燃烧室

CO 烟气系统由催化裂化再生器产生，温度为 500℃，经过水封罐进入锅炉，燃烧放热后再排至烟窗。

锅炉排污系统包括连排系统和定排系统，用来保持水蒸气品质。

- **训练要领**

1. 冷态开车过程：包括启动公用工程、除氧器投用、锅炉上水、燃料系统投用、锅炉点火、锅炉升压、锅炉并汽、锅炉负荷提升、至催化裂化除氧水流量提升等操作。

2. 正常运行过程：主要维持各工艺参数稳定运行，密切注意参数变化及时调整。

3. 正常停车过程：停车前准备、锅炉负荷降量、关闭燃料系统、停上汽包上水、泄液等操作。

4. 事故处理过程：当发生锅炉满水、锅炉缺水、对流管坏、减温器坏、蒸汽管坏、给水管坏、二次燃烧、电源中断等事故时，及时发现并排出。

- **思考与分析**

1. 观察在出现锅炉负荷(锅炉给水)剧减时，汽包水位将出现什么变化？为什么？

2. 具体指出本单元中减温器的作用。

3. 说明为什么上下汽包之间的水循环不用动力设备，其动力何在？